해석학 탐구

박춘기 지음

敎友社

머 리 말

이 책은 수학과 2, 3학년 학생과 자연과학 또는 공학을 전공하는 학생들을 위한 해석학의 입문서로서 대학 1학년 과정의 미분적분학에 나오는 내용과 Riemann-Stieltjes 적분, 함수열과 함수급수에 관한 내용을 개념과 이론 위주로 엄밀하게 다루고 이론의 이해를 돕기 위하여 적절한 예제들을 첨가하였으며 연습문제 풀이를 뒷 부분에 수록하였다.

이 책 내용의 개요는 다음과 같다.

1장에서는 도입단계로 집합, 실수 및 함수의 성질들을 다루었다.

2장에서는 수열의 극한을 수학적으로 엄밀하게 정의하고 수열에 관한 여러 성질들을 이끌어 내었다.

3장에서는 함수의 극한을 수학적으로 엄밀하게 정의하고 함수의 극한에 관한 여러 성질들을 이끌어 내었다.

4장에서는 연속함수와 균등연속함수를 수학적으로 엄밀하게 정의하고 3장에서 얻은 함수의 극한에 관한 여러 성질들을 이용하여 연속함수와 균등연속함수에 관한 성질들을 다루었다.

5장에서는 함수의 극한을 이용하여 도함수를 정의하고 도함수의 성질들을 이끌어 내고 특히, 평균값의 정리와 로피탈의 법칙을 이끌어 내고 그 응용들을 다루었다.

6장에서는 집합의 상한과 하한 개념을 이용하여 Riemann 적분과 Riemann-Stieltjes 적분을 정의하고 이 적분에 관한 여러 성질들을 다루었다.

7장에서는 수열의 극한을 이용하여 무한급수의 수렴과 발산을 정의하고 무한급수의 여러 수렴, 발산 판정법을 이끌어 내고 그 예를 들었다.

8장에서는 실수에서의 수열과 무한급수의 일반화로서 함수열과 함수급수의 점별수렴과 균등수렴을 정의하고 그 성질들을 이끌어 냈으며 특히, 균등수렴과 함수의 연속성, 미분, 적분과의 관계를 다루었다.

끝으로, 이 책을 출판하는 데 아낌없이 도와주신 교우사 오판근 사장님과 편집부 여러분께 깊이 감사드린다.

2007년 2월

저자 씀...

차 례

제 5 장 미 분 / 121

제 6 장 Riemann 적분 / 153

제 7 장 무한급수 / 213

제 8 장 함수열과 함수급수 / 239

1

집합과 함수

1.1 집합

어떤 성질을 만족하는 대상의 모임을 **집합**(set)이라고 하고, 집합을 구성하는 대상의 낱낱을 이 집합의 **원소**(element 또는 member)라고 한다. x가 집합 A의 원소임을 $x \in A$로 나타내고, 또한 x가 집합 A의 원소가 아님을 $x \notin A$로 나타낸다.

두 집합 A와 B에 대하여 A의 각 원소가 B에 속하면 A를 B의 **부분집합**(subset)이라고 하고

$$A \subseteq B$$

로 나타낸다. 또한, A가 B의 부분집합이 아님을

$$A \not\subseteq B$$

로 나타낸다.

원소를 한 개도 갖지 않은 집합을 **공집합**(empty set)이라고 하고 $\varnothing$로 나타낸다. 공집합은 임의의 집합의 부분집합이다.

[정의 1.1] 두 집합 A와 B에 대하여 $A \subseteq B$이고 동시에 $B \subseteq A$일 때, A와 B는 서로 같다(equal)고 하고

$$A = B$$

로 나타낸다.

집합 A가 집합 B의 부분집합이고 $A \neq B$일 때 A를 B의 진부분집합(proper subset)이라고 한다.

[정의 1.2] 집합 A와 B가 한 집합 U의 부분집합일 때, A와 B의 합집합(union), 교집합(intersection), 차집합(difference)을 각각 다음과 같이 정의한다.

$$A \cup B = \{x \in U \mid x \in A \text{ 또는 } x \in B\}$$
$$A \cap B = \{x \in U \mid x \in A \text{이고 } x \in B\}$$
$$A - B = \{x \in U \mid x \in A \text{이고 } x \notin B\}$$

특히, $A \cap B = \varnothing$일 때 A와 B는 서로소(disjoint)라고 한다. 또한

$$A^C = \{x \in U \mid x \notin A\}$$

를 U에 대한 A의 여집합(complement)이라고 한다.

[정의 1.3] 두 집합 A, B에 대하여 $x \in A$이고 $x \in B$로 이루어진 모든 순서쌍 (x, y)들의 집합을 집합 A와 B의 카테션곱(Cartesian product) 또는 곱집합이라고 하고 기호

$$A \times B = \{(x, y) \mid x \in A,\ x \in B\}$$

로 나타낸다. 일반적으로, 유한 개의 집합 $A_1, \cdots, A_n$에 대하여 모든 순서조 $(x_1, \cdots, x_n)$(단, $x_1 \in A_1, \cdots, x_n \in A_n$)들의 집합을 $A_1, \cdots, A_n$의 카테션곱이라고 하고 $A_1 \times \cdots \times A_n$으로 나타낸다. 즉,

$$A_1 \times \cdots \times A_n = \{(x_1, \cdots, x_n) \mid x_1 \in A_1, \cdots, x_n \in A_n\}$$

이다. 특히, $A_1 = \cdots = A_n = A$일 때 $A \times \cdots \times A$를 간단히 A^n으로 나타낸다.

[정리 1.4] A, B, C가 한 집합 U의 부분집합일 때, 다음이 성립한다.

(i) $A \cup B = B \cup A$, $A \cap B = B \cap A$

(ii) $(A \cup B) \cup C = A \cup (B \cup C)$

$(A \cap B) \cap C = A \cap (B \cap C)$

(iii) $A \cup (B \cap C) = (A \cup B) \cap (A \cup C)$

$A \cap (B \cup C) = (A \cap B) \cup (A \cap C)$

(iv) $(A \cup B)^c = A^c \cap B^c$, $(A \cap B)^c = A^c \cup B^c$

(v) $A \times (B \cup C) = (A \times B) \cup (A \times C)$

$A \times (B \cap C) = (A \times B) \cap (A \times C)$

증명 (i), (ii)의 증명은 생략한다.

(iii)
$$\begin{aligned} x \in A \cup (B \cap C) &\Leftrightarrow x \in A \vee x \in B \cap C \\ &\Leftrightarrow x \in A \vee (x \in B \wedge x \in C) \\ &\Leftrightarrow (x \in A \vee x \in B) \wedge (x \in A \vee x \in C) \\ &\Leftrightarrow x \in A \cup B \wedge x \in A \cup C \\ &\Leftrightarrow x \in (A \cup B) \cap (A \cup C) \end{aligned}$$

따라서 $A \cup (B \cap C) = (A \cup B) \cap (A \cup C)$가 성립한다. 같은 방법으로 $A \cap (B \cup C) = (A \cap B) \cup (A \cap C)$가 성립함을 보일 수 있다.

(iv)
$$\begin{aligned} x \in (A \cup B)^c &\Leftrightarrow x \notin A \cup B \\ &\Leftrightarrow x \notin A \wedge x \notin B \\ &\Leftrightarrow x \in A^c \wedge x \in B^c \\ &\Leftrightarrow x \in A^c \cap B^c \end{aligned}$$

따라서 $(A \cup B)^c = A^c \cap B^c$이 성립한다. 같은 방법으로 $(A \cap B)^c = A^c \cup B^c$이 성립함을 보일 수 있다.

(v) $$\begin{aligned} (x, y) \in A \times (B \cup C) &\Leftrightarrow x \in A \wedge y \in B \cup C \\ &\Leftrightarrow x \in A \wedge (y \in B \vee y \in C) \\ &\Leftrightarrow (x \in A \wedge y \in B) \vee (x \in A \wedge y \in C) \\ &\Leftrightarrow (x, y) \in A \times B \vee (x, y) \in A \times C \\ &\Leftrightarrow (x, y) \in (A \times B) \cup (A \times C) \end{aligned}$$

따라서 $A \times (B \cup C) = (A \times B) \cup (A \times C)$가 성립한다. 같은 방법으로 $A \times (B \cap C) = (A \times B) \cap (A \times C)$가 성립함을 보일 수 있다. ■

연습문제 1.1

1. 정리 1.4 (i)(ii)를 증명하여라.

2. $A \subseteq B$일 필요충분조건은 $A \cap B = A$임을 증명하여라.

3. A, B, C가 전체집합 U의 부분집합일 때 다음이 성립함을 증명하여라.

   (i) $A - B = A \cap B^c$

   (ii) $A - (B \cup C) = (A - B) \cap (A - C)$

   (iii) $A - (B \cap C) = (A - B) \cup (A - C)$

4. A, C가 집합 X의 부분집합이고, B, D가 집합 Y의 부분집합일 때, $(A \times B) \cap (C \times D) = (A \cap C) \times (B \cap D)$이 성립함을 증명하여라.

5. 집합족 $\{A_1, A_2, \cdots, A_n\}$과 집합 B에 대하여 다음이 성립함을 증명하여라.

   (i) $B \cap (\cup_{i=1}^{n} A_i) = \cup_{i=1}^{n} (B \cap A_i)$

   (ii) $B \cup (\cap_{i=1}^{n} A_i) = \cap_{i=1}^{n} (B \cup A_i)$

1.2 함수

[정의 1.5] 두 집합 X, Y에 대하여 X의 각 원소에 Y의 원소가 하나씩 대응될 때, 이 대응을 X에서 Y로의 **함수**(function)라고 하고, 기호로

$$f : X \to Y$$

로 나타내고 X를 f의 **정의역**(domain)이라고 하고 Y를 f의 **공변역**(codomain)이라고 한다. 함수 f에 의하여 $x \in X$에 대응하는 원소를 $y \in Y$라고 하면 이 대응을

$$f : x \mapsto y \text{ 또는 } y = f(x)$$

로 나타내고 이 y를 f에 의한 x의 **상**(image) 또는 x에서 f의 **함수값**(value of function)이라고 한다.

f가 X에서 Y로의 함수이고 $A \subseteq X$일 때, A의 각 원소의 상 전체의 집합을 f에 의한 A의 상이라고 하고 $f(A)$로 나타낸다. 즉,

$$f(A) = \{ f(x) \mid x \in A \}$$

이다. 특히, 정의역 X의 상 $f(X) = \{ f(x) \mid x \in X \}$를 f의 **치역**(range)이라고 하고 range(f)로 나타낸다. 또한, $X \times Y$의 부분집합 $\{(x, f(x)) \mid x \in X\}$를 f의 **그래프**(graph)라고 한다.

f가 X에서 Y로의 함수이고 $B \subseteq Y$일 때, $\{x \in X \mid f(x) \in B\}$를 f에 의한 B의 **역상**(inverse image)이라고 하고 $f^{-1}(B)$로 나타낸다. 즉,

$$f^{-1}(B) = \{ x \in X \mid f(x) \in B \}$$

이다.

[정리 1.6] 함수 $f: X \to Y$와 $A, B \subseteq X$에 대하여 다음이 성립한다.

(i) $A \subseteq B \Rightarrow f(A) \subseteq f(B)$

(ii) $f(A \cup B) = f(A) \cup f(B)$

(iii) $f(A \cap B) \subseteq f(A) \cap f(B)$

증명 (i) $A \subseteq B$라고 가정하자. $y \in f(A)$이면 $y = f(x)$인 $x \in A$가 존재한다. $A \subseteq B$이므로 $x \in B$이다. 따라서 $y \in f(B)$이다. 그러므로 $f(A) \subseteq f(B)$이다.

(ii) $y \in f(A \cup B)$이면 $y = f(x)$인 $x \in A \cup B$가 존재한다. 즉, $x \in A$ 또는 $x \in B$이다. 따라서 $y \in f(A)$ 또는 $y \in f(B)$이다. 즉, $y \in f(A) \cup f(B)$이다. 그러므로 $f(A \cup B) \subseteq f(A) \cup f(B)$이다.

역으로, $A \subseteq A \cup B$, $B \subseteq A \cup B$이므로 (i)에 의하여 $f(A) \subseteq f(A \cup B)$, $f(B) \subseteq f(A \cup B)$이다. 따라서 $f(A) \cup f(B) \subseteq f(A \cup B)$이다.

(iii) $A \cap B \subseteq A$, $A \cap B \subseteq B$이므로, (i)에 의하여 $f(A \cap B) \subseteq f(A)$, $f(A \cap B) \subseteq f(B)$이다. 따라서 $f(A \cap B) \subseteq f(A) \cap f(B)$이다. ■

[정리 1.7] 함수 $f: X \to Y$와 $C, D \subseteq Y$에 대하여 다음이 성립한다.

(i) $C \subseteq D \Rightarrow f^{-1}(C) \subseteq f^{-1}(D)$

(ii) $f^{-1}(C \cup D) = f^{-1}(C) \cup f^{-1}(D)$

(iii) $f^{-1}(C \cap D) = f^{-1}(C) \cap f^{-1}(D)$

(iv) $f^{-1}(D^c) = (f^{-1}(D))^c$

증명 (i) $C \subseteq D$라고 가정하자. $x \in f^{-1}(C)$이면 $f(x) \in C$이다. $C \subseteq D$이므로 $f(x) \in D$이다. 따라서 $x \in f^{-1}(D)$이다. 그러므로 $f^{-1}(C) \subseteq f^{-1}(D)$이다.

(ii) $x \in f^{-1}(C \cup D)$이면 $f(x) \in C \cup D$이다. 즉, $f(x) \in C$ 또는 $f(x) \in D$이다. 따라서 $x \in f^{-1}(C)$ 또는 $x \in f^{-1}(D)$이다. 즉, $x \in f^{-1}(C) \cup f^{-1}(D)$이다. 그러므로 $f^{-1}(C \cup D) \subseteq f^{-1}(C) \cup f^{-1}(D)$이다.

역으로, $C \subseteq C \cup D$, $D \subseteq C \cup D$이므로 (i)에 의하여 $f^{-1}(C) \subseteq f^{-1}(C \cup D)$, $f^{-1}(D) \subseteq f^{-1}(C \cup D)$이다. 따라서 $f^{-1}(C) \cup f^{-1}(D) \subseteq f^{-1}(C \cup D)$이다.

(iii) (ii)와 같은 방법으로 증명할 수 있다.

(iv) $x \in f^{-1}(D^c)$이면 $f(x) \in D^c$ 즉, $f(x) \not\in D$이다. 따라서 $x \not\in f^{-1}(D)$ 즉, $x \in (f^{-1}(D))^c$이다. 그러므로 $f^{-1}(D^c) \subseteq (f^{-1}(D))^c$이다.

역으로, $x \in (f^{-1}(D))^c$이면 $x \not\in f^{-1}(D)$이다. 따라서 $f(x) \not\in D$ 즉, $f(x) \in D^c$이다. 따라서 $x \in f^{-1}(D^c)$이다. 그러므로 $(f^{-1}(D))^c \subseteq f^{-1}(D^c)$이다. ■

[정의 1.8] 함수 $f : X \to Y$에 대하여

(i) 임의의 x_1, $x_2 \in X$에 대하여 $f(x_1) = f(x_2)$이면 언제나 $x_1 = x_2$일 때, f를 **일대일함수**(one-to-one function) 또는 **단사함수**(injective function)라고 한다.

(ii) $f(X) = Y$일 때 즉, 각 $y \in Y$에 대하여 $f(x) = y$를 만족하는 $x \in X$가 존재할 때, f를 **위로의 함수**(onto function) 또는 **전사함수**(surjective function)라고 한다.

(iii) f가 단사이고 전사인 함수일 때, f를 **일대일대응**(one-to-one correspondence) 또는 **전단사함수**(bijective function)라고 한다.

[정의 1.9] $f : X \to Y$가 단사함수일 때, 임의의 $y \in f(X)$에 대하여

$$f^{-1}(y) = x \Leftrightarrow y = f(x)$$

로 정의된 함수 $f^{-1} : f(X) \to X$를 f의 **역함수**(inverse function)라고 한다.

특히, $f : X \to Y$가 전단사함수이면 $f^{-1} : Y \to X$도 전단사함수이다.

[정의 1.10] 두 함수 $f : X \to Y$와 $g : Y \to Z$에 대하여, 임의의 $x \in X$에 대하여

$$(g \circ f)(x) = g(f(x))$$

로 정의된 함수 $g \circ f : X \to Z$를 f와 g의 합성함수(composite function)라고 한다.

[정리 1.11]

(i) $f : X \to Y$, $g : Y \to X$가 모든 $x \in X$에 대하여 $(g \circ f)(x) = x$를 만족하면 f는 단사함수이다.

(ii) $f : X \to Y$, $g : Y \to X$가 모든 $y \in Y$에 대하여 $(f \circ g)(y) = y$를 만족하면 f는 전사함수이다.

증명 (i) $f(x_1) = f(x_2)$, $x_1, x_2 \in X$라고 두면 $(g \circ f)(x_1) = g(f(x_1)) = g(f(x_2)) = (g \circ f)(x_2)$이다. 가정에 의하여 $x_1 = x_2$이다. 따라서 f는 단사함수이다.

(ii) 임의의 $y \in Y$에 대하여 $g(y) \in X$이고 $f(g(y)) = (f \circ g)(y) = y$이므로 f는 전사함수이다. ■

연습문제 1.2

1. 정리 1.7(iii)을 증명하여라.

2. $f : X \to Y$가 전단사함수이면 $f^{-1} : Y \to X$도 전단사함수임을 증명하여라.

3. $f : X \to Y$, $g : Y \to Z$이고 $B \subseteq Z$이면 $(g \circ f)^{-1}(B) = f^{-1}(g^{-1}(B))$임을 증명하여라.

4. $f : X \to Y$, $g : Y \to Z$가 단사함수이면 $g \circ f : X \to Z$도 단사함수이고 $(g \circ f)^{-1} = f^{-1} \circ g^{-1}$임을 증명하여라.

5. $f : X \to Y$, $g : Y \to Z$가 전사함수이면 $g \circ f : X \to Z$도 전사함수임을 증명하여라.

6. $f : X \to Y$이고 $A \subseteq X$, $B \subseteq Y$일 때 다음이 성립함을 증명하여라.
   (i) $A \subseteq f^{-1}(f(A))$
   (ii) $f(f^{-1}(B)) \subseteq B$

7. $f : X \to Y$이고 $A \subseteq X$, $B \subseteq Y$일 때 다음이 성립함을 증명하여라.
   (i) f가 단사함수이면 $A = f^{-1}(f(A))$이다.
   (ii) f가 전사함수이면 $f(f^{-1}(B)) = B$이다.

1.3 실수의 성질

이 책에서 자연수의 집합을 $\mathbb{N}$, 정수의 집합을 $\mathbb{Z}$, 유리수의 집합을 $\mathbb{Q}$, 실수의 집합을 $\mathbb{R}$로 나타낸다.

[정의 1.12] 실수의 집합 $\mathbb{R}$의 두 이항 연산 덧셈($+$)과 곱셈($\cdot$)은 다음의 성질을 만족한다.

(i) 임의의 $a, b \in \mathbb{R}$에 대하여 $a+b=b+a$이다.

(ii) 임의의 $a, b, c \in \mathbb{R}$에 대하여 $(a+b)+c=a+(b+c)$이다.

(iii) 모든 $a \in \mathbb{R}$에 대하여 $a+0=a$를 만족하는 $0 \in \mathbb{R}$이 존재한다. 이때 $0 \in \mathbb{R}$을 덧셈에 대한 **항등원**이라고 한다.

(iv) 각 $a \in \mathbb{R}$에 대하여 $a+a'=0$을 만족하는 $a' \in \mathbb{R}$이 존재한다. 이때 $a'=-a$로 나타내고 이를 덧셈에 대한 **역원**이라고 한다.

(v) 임의의 $a, b \in \mathbb{R}$에 대하여 $a \cdot b = b \cdot a$이다.

(vi) 임의의 $a, b, c \in \mathbb{R}$에 대하여 $(a \cdot b) \cdot c = a \cdot (b \cdot c)$이다.

(vii) 모든 $a \in \mathbb{R}$에 대하여 $a \cdot 1 = a$를 만족하는 $1(\neq 0) \in \mathbb{R}$이 존재한다. 이때 $1(\neq 0) \in \mathbb{R}$을 곱셈에 대한 **단위원**이라고 한다.

(viii) 0이 아닌 각 $a \in \mathbb{R}$에 대하여 $a \cdot a' = 1$을 만족하는 $a' \in \mathbb{R}$이 존재한다. 이때 $a' = a^{-1}$ 또는 $\dfrac{1}{a}$로 나타내고 이를 곱셈에 대한 **역원**이라고 한다.

(ix) 임의의 $a, b, c \in \mathbb{R}$에 대하여 $a \cdot (b+c) = a \cdot b + a \cdot c$이다.

[공리 1.13] 다음 성질을 만족하는 공집합이 아닌 $\mathbb{R}$의 부분집합 P가 존재한다.

(i) $a, b \in P$이면 $a+b \in P$이다.

(ii) $a, b \in P$이면 $a \cdot b \in P$이다.

(iii) 각 $a \in P$에 대하여 다음 중에서 하나만 성립한다.

$$a \in P,\ a=0,\ -a \in P$$

$a \in P$이면 a를 양의 실수(positive real number)라고 하고 $-a \in P$이면 a를 음의 실수(negative real number)라고 한다.

[정의 1.14] 실수의 집합 $\mathbb{R}$에서의 순서관계 $<$를 $b-a\in P$이면 $a<b$ 또는 $b>a$로 나타낸다.

또한 $a<b$ 또는 $a=b$이면 $a\leq b$ 또는 $b\geq a$로 나타낸다.

정의 1.14에서 다음을 알 수 있다.

$$a\in P \Leftrightarrow a>0, \quad -a\in P \Leftrightarrow a<0$$

[정리 1.15] 임의의 $a, b, c\in\mathbb{R}$에 대하여 다음이 성립한다.

(i) $a<b$이고 $b<c$이면 $a<c$이다.

(ii) 다음 중에서 하나만 성립한다.

$$a<b, \quad a=b, \quad b<a$$

(iii) $a<b$이면 $a+c<b+c$이다.

(iv) $a<b$이고 $c>0$이면 $a\cdot c<b\cdot c$이다.

증명 (i) $a<b$이고 $b<c$이면 $b-a\in P$이고 $c-b\in P$이다. 공리 1.13(i)에 의하여 $(b-a)+(c-b)=c-a\in P$이므로 $a<c$이다.

(ii) 공리 1.13(iii)에 의하여 다음 중에서 하나만 성립한다.

$$b-a\in P,\ b-a=0,\ -(b-a)=a-b\in P$$

따라서 다음 중에서 하나만 성립한다.

$$a<b,\ a=b,\ b<a$$

(iii) $a<b$이면 $b-a=(b+c)-(a+c)\in P$이다. 따라서 $a+c<b+c$이다.

(iv) $a<b$이고 $c>0$이면 $b-a\in P$이고 $c\in P$이다. 공리 1.13(ii)에 의하여 $(b-a)\cdot c=b\cdot c-a\cdot c\in P$이다. 따라서 $a\cdot c<b\cdot c$이다. ■

실수 a의 **절대값**(absolute value) $|a|$를 다음과 같이 정의한다.

$$|a| = \begin{cases} a & (a \geq 0) \\ -a & (a < 0) \end{cases}$$

위의 정의로부터 임의의 $a, b \in \mathbb{R}$에 대하여 다음의 **삼각부등식**(triangle inequality)이 성립한다.

$$|a+b| \leq |a| + |b|$$
$$||a| - |b|| \leq |a-b|$$

임의의 $a, b \in \mathbb{R}\ (a < b)$에 대하여 **유한구간**(finite interval)을 다음과 같이 정의한다.

$$(a, b) = \{x \in \mathbb{R} \mid a < x < b\}$$
$$[a, b] = \{x \in \mathbb{R} \mid a \leq x \leq b\}$$
$$[a, b) = \{x \in \mathbb{R} \mid a \leq x < b\}$$
$$(a, b] = \{x \in \mathbb{R} \mid a < x \leq b\}$$

여기서 (a, b)를 **개구간**(open interval)이라고 하고 $[a, b]$를 **폐구간**(closed interval)이라고 하며 $[a, b)$와 $(a, b]$를 **반개구간**(half-open interval) 또는 **반폐구간**(half-closed interval)이라고 한다. **무한구간**(infinite interval)인 경우도 다음과 같이 정의한다.

$$(a, \infty) = \{x \in \mathbb{R} \mid x > a\}$$
$$[a, \infty) = \{x \in \mathbb{R} \mid x \geq a\}$$
$$(-\infty, a) = \{x \in \mathbb{R} \mid x < a\}$$
$$(-\infty, a] = \{x \in \mathbb{R} \mid x \leq a\}$$
$$(-\infty, \infty) = \mathbb{R}$$

[정의 1.16] S가 $\mathbb{R}$의 공집합이 아닌 부분집합이라고 하자.

(i) 모든 $x \in S$에 대하여 $x \leq M$을 만족하는 $M \in \mathbb{R}$이 존재할 때 S를 위로 유계(bounded above)라고 하고, M을 S의 상계(upper bound)라고 한다.

(ii) 모든 $x \in S$에 대하여 $m \leq x$을 만족하는 $m \in \mathbb{R}$이 존재할 때 S를 아래로 유계(bounded below)라고 하고, m을 S의 하계(lower bound)라고 한다.

(iii) S가 위로 유계이고 동시에 아래로 유계일 때 S를 유계(bounded)라고 한다.

[정의 1.17] S가 $\mathbb{R}$의 공집합이 아닌 부분집합이라고 하자.

(i) 다음 두 조건을 만족하는 $a \in \mathbb{R}$를 S의 상한(supremum) 또는 최소상계(least upper bound)라고 하고 $\sup S$ 또는 lub S로 나타낸다.

(a) a는 S의 상계이다.

(b) b가 S의 상계이면 $a \leq b$이다.

(ii) 다음 두 조건을 만족하는 $a \in \mathbb{R}$를 S의 하한(infimum) 또는 최대하계(greatest lower bound)라고 하고 $\inf S$ 또는 glb S로 나타낸다.

(a) a는 S의 하계이다.

(b) b가 S의 하계이면 $b \leq a$이다.

(iii) S가 위로 유계가 아니면 $\sup S = \infty$로 나타내고, S가 아래로 유계가 아니면 $\inf S = -\infty$로 나타낸다.

위의 정의로부터 다음을 얻을 수 있다.

(i) $a \in \mathbb{R}$가 집합 S의 상한($\sup S = a$)일 필요충분조건은 다음과 같다.

(a) 모든 $x \in S$에 대하여 $x \leq a$이다.

(b) 임의의 $\epsilon > 0$에 대하여 $a - \epsilon < x$인 $x \in S$가 존재한다.

(ii) $a \in \mathbb{R}$가 집합 S의 하한($\inf S = a$)일 필요충분조건은 다음과 같다.

(a) 모든 $x \in S$에 대하여 $a \leq x$이다.

(b) 임의의 $\epsilon > 0$에 대하여 $x < a + \epsilon$인 $x \in S$가 존재한다.

[공리 1.18] (완비성공리) $\mathbb{R}$의 공집합이 아닌 부분집합 S가 위로 유계이면 반드시 S의 상한이 존재한다.

[정리 1.19] $\mathbb{R}$의 공집합이 아닌 부분집합 S가 아래로 유계이면 반드시 S의 하한이 존재한다.

증명 $A = \{y \in \mathbb{R} \mid y$는 S의 하계$\}$로 두면 S가 아래로 유계이므로 $A \neq \varnothing$이다. 또한, $x \in S$에 대하여 모든 $y \in A$는 $y \leq x$이다. 즉, $x \in S$는 A의 상계이다. 따라서 A는 위로 유계인 $\mathbb{R}$의 부분집합이다. 공리 1.18에 의하여 A는 상한을 가진다. $\sup A = a$로 두면, 모든 $x \in S$는 A의 상계이므로 모든 $x \in S$에 대하여 $a \leq x$이다. 따라서 a는 S의 하계이다. b가 S의 하계라고 하면 $b \in A$이다. $\sup A = a$이므로 $b \leq a$이다. 따라서 a는 S의 하한이다. ■

[공리 1.20] (자연수의 정렬성) S가 공집합이 아닌 $\mathbb{N}$의 부분집합이면 S는 최소원을 가진다. 즉, 모든 $k \in S$에 대하여 $m \leq k$를 만족하는 $m \in S$이 존재한다.

[정리 1.21] (Archimedes 성질) 임의의 $a \in \mathbb{R}\,(a > 0)$에 대하여 $a < n$인 자연수 n이 존재한다.

증명 정리가 성립하지 않는다고 가정하자. 즉, 적당한 $a \in \mathbb{R}\,(a > 0)$가 존재하여 모든 자연수 n에 대하여 $a \geq n$이 성립한다고 가정하자. 그러면 자연수의 집합 $\mathbb{N}$은 위로 유계이다. 완비성공리에 의하여 $\sup \mathbb{N}$이 존재한다. $\sup \mathbb{N} = \alpha$라고 하면 $\alpha - 1 < \alpha$이므로 $\alpha - 1 < n$인 $n \in \mathbb{N}$이 존재한다. 따라서 $\alpha < n + 1$이고 $n + 1 \in \mathbb{N}$이므로 이것은 $\sup \mathbb{N} = \alpha$에 모순이다. 따라서 임의의 $a \in \mathbb{R}\,(a > 0)$에 대하여 $a < n$인 자연수 n이 존재한다. ■

> [따름정리 1.22] 임의의 $a, b \in \mathbb{R}\,(a>0,\ b>0)$에 대하여 다음이 성립한다.
>
> (i) $b < na$를 만족하는 자연수 n이 존재한다.
>
> (ii) $0 < \frac{1}{n} < a$를 만족하는 자연수 n이 존재한다.
>
> (iii) $n-1 \le a < n$을 만족하는 자연수 n이 존재한다.

증명 (i) Archimedes 성질에 의하여 $\frac{b}{a} < n$을 만족하는 자연수 n이 존재한다. 따라서 $b < na$를 만족하는 자연수 n이 존재한다.

(ii) (i)에서 $b=1$로 두면 $1 < na$를 만족하는 자연수 n이 존재한다. 따라서 $0 < \frac{1}{n} < a$를 만족하는 자연수 n이 존재한다.

(iii) $S = \{k \in \mathrm{N} \mid a < k\}$로 두면 Archimedes 성질에 의하여 $S \subseteq \mathrm{N}$이고 $S \neq \varnothing$이다. 자연수의 정렬성에 의하여 S는 최소원 n을 가진다. $n-1 < n$이고 n이 S의 최소원이므로 $n-1 \notin S$이다. 따라서 $n-1 \le a < n$이 성립한다.

■

> [정리 1.23] **(유리수의 조밀성)** 임의의 $a, b \in \mathbb{R}$가 $a < b$이면, $a < r < b$를 만족하는 유리수 r이 존재한다.

증명 (i) $a > 0$인 경우: $b-a > 0$이므로 따름정리 1.22(i)에 의하여 $n(b-a) > 1$ 즉, $nb - na > 1$을 만족하는 자연수 n이 존재한다. $na > 0$이므로 따름정리 1.22(iii)에 의하여 $m-1 \le na < m$을 만족하는 자연수 m이 존재한다. 따라서, $m \le na+1 < nb$가 성립한다. 그러므로 $na < m < nb$ 즉, $a < \frac{m}{n} < b$가 성립한다. 여기서 $r = \frac{m}{n}$으로 두면 r은 유리수이고 $a < r < b$를 만족한다.

(ii) $a < 0$인 경우: $-a > 0$이므로 Archimedes 성질에 의하여 $-a < n$인 자연수 n이 존재한다. $0 < a+n < b+n$이므로 (i)에 의하여 $a+n < r' < b+n$을 만족하는 유리수 r'이 존재한다. 여기서 $r = r'-n$으로 두면 r은 유리수이고 $a < r < b$를 만족한다.

(iii) $a=0$인 경우: $b>0$이므로 따름정리 1.22(ii)에 의하여 $a=0<\frac{1}{n}<b$를 만족하는 자연수 n이 존재한다. 여기서 $r=\frac{1}{n}$로 두면 r은 유리수이고 $a<r<b$를 만족한다. ■

[따름정리 1.24] (무리수의 조밀성) 임의의 $a, b\in\mathbb{R}$가 $a<b$이면, $a<\alpha<b$를 만족하는 무리수 α가 존재한다.

증명 $a<b$이므로 $a-\sqrt{2}<b-\sqrt{2}$이다. 정리 1.23에 의하여 $a-\sqrt{2}<r<b-\sqrt{2}$ 즉, $a<r+\sqrt{2}<b$를 만족하는 유리수 r이 존재한다. 여기서 $\alpha=r+\sqrt{2}$로 두면 α는 무리수이고 $a<\alpha<b$를 만족한다. ■

[정리 1.25] (수학적 귀납법) 자연수 n에 관한 명제 $P(n)$이 두 조건

(i) $P(1)$은 참이다.
(ii) $P(k)$가 참이면 $P(k+1)$도 참이다.

를 만족하면, $P(n)$은 모든 자연수 n에 대하여 참이다.

증명 정리의 가정이 참이라고 하고 정리의 결론을 부정하자. 즉, $P(n)$이 거짓인 적당한 자연수 n이 존재한다고 가정하자. $S=\{n\in\mathbb{N} \mid P(n)$이 거짓이다$\}$로 두면 $S\neq\varnothing$이다. 자연수의 정렬성에 의하여 S는 최소원 m을 가진다. 가정 (i)에 의하여 $1\notin S$이므로 $m>1$이다. m이 S의 최소원이므로 $m-1\notin S$이다. 즉, $P(m-1)$은 참이다. 따라서, 가정 (ii)에 의하여 $P(m)$도 참이다. 즉, $m\notin S$이다. 이것은 $m\in S$에 모순이다. 따라서, $P(n)$은 모든 자연수 n에 대하여 참이다. ■

[정리 1.26] (Bernoulli 부등식) $x\geq -1$인 임의의 $x\in\mathbb{R}$와 임의의 $n\in\mathbb{N}$에 대하여 $(1+x)^n\geq 1+nx$이다.

증명 $1+x = 1+x$이므로 $n=1$일 때 위의 명제가 성립한다.

$n=k$일 때 위의 명제가 성립한다고 가정하자. 즉, $(1+x)^k \geq 1+kx$라고 가정하자. $x \geq -1$이므로 $x+1 \geq 0$이다. 따라서

$$\begin{aligned}(1+x)^{k+1} &= (1+x)^k(1+x) \geq (1+kx)(1+x) \\ &= 1+(k+1)x+kx^2 \geq 1+(k+1)x\end{aligned}$$

이다. 그러므로 $n=k+1$일 때 위의 명제가 성립한다. 수학적귀납법에 의하여 임의의 $n \in \mathbb{N}$에 대하여 위의 명제가 성립한다. 즉, 임의의 $n \in \mathbb{N}$에 대하여 $(1+x)^n \geq 1+nx$가 성립한다. ■

연습문제 1.3

1. 실수의 집합 $\mathbb{R}$의 덧셈에 대한 항등원 0과 곱셈에 대한 단위원 1이 유일함을 증명하여라.

2. 임의의 $a \in \mathbb{R}$에 대하여 덧셈에 대한 역원과 곱셈에 대한 역원이 유일함을 증명하여라.

3. 임의의 $a, b, c \in \mathbb{R}$에 대하여 다음이 성립함을 증명하여라.

   (i) $a \cdot 0 = 0$
   (ii) $a = b \iff a + c = b + c$
   (iii) $a \cdot b = 0 \iff a = 0$ 또는 $b = 0$
   (iv) $a = b \iff a \cdot c = b \cdot c$ (단, $c \neq 0$)

4. 임의의 $a, b, c, d \in \mathbb{R}$에 대하여 다음이 성립함을 증명하여라.

   (i) $a < b,\ c < 0 \Rightarrow a \cdot c > b \cdot c$
   (ii) $a < b,\ c < d \Rightarrow a + c < b + d$

5. 임의의 $a, b \in \mathbb{R}$에 대하여 $|a+b| \leq |a| + |b|$임을 증명하여라.

6. 임의의 $a, b \in \mathbb{R}$에 대하여 $|a \cdot b| = |a| \cdot |b|$임을 증명하여라.

7. $\varnothing \neq A \subseteq B \subseteq \mathbb{R}$일 때 다음이 성립함을 증명하여라.

   (i) $\sup A \leq \sup B$
   (ii) $\inf A \geq \inf B$

8. $\varnothing \neq S \subseteq \mathbb{R}$일 때 다음이 성립함을 증명하여라.

   (i) 임의의 $a \geq 0$에 대하여 $\sup aS = a \sup S$, $\inf aS = a \inf S$이다.
   (ii) 임의의 $a < 0$에 대하여 $\sup aS = a \inf S$, $\inf aS = a \sup S$이다.

9. 임의의 자연수 n에 대하여 다음이 성립함을 증명하여라.

$$1^3+2^3+3^3+\cdots+n^3=\left[\frac{1}{2}n(n+1)\right]^2$$

10. (이항정리) 임의의 $x, y\in\mathbb{R}$와 임의의 $n\in\mathbb{N}$에 대하여 다음이 성립함을 증명하여라.

$$(x+y)^n={}_nC_0x^n+{}_nC_1x^{n-1}y+\cdots+{}_nC_rx^{n-r}y^r+\cdots+{}_nC_{n-1}xy^{n-1}+{}_nC_ny^n$$

11. 임의의 자연수 n에 대하여 x^n-y^n은 $x-y$를 인수로 가짐을 증명하여라.

1.4 가산집합과 비가산집합

이 절에서는 가산집합과 비가산집합을 정의하고 그 성질들을 다룬다.

[정의 1.27] 집합 A에서 집합 B로의 전단사함수가 존재할 때 A와 B는 **대등**(equipotent or equivalent)이라고 하고 $A \sim B$로 나타낸다.

임의의 집합 A, B에 대하여 다음이 성립함을 알 수 있다.

(i) $A \sim A$이다.

(ii) $A \sim B$이면 $B \sim A$이다.

(iii) $A \sim B$이고 $B \sim C$이면 $A \sim C$이다.

[정의 1.28] $A = \varnothing$이거나 적당한 자연수 n에 대하여 $\{1, 2, \cdots, n\} \sim A$일 때 A를 **유한집합**(finite set)이라고 하고, A가 유한집합이 아닐 때 A를 **무한집합**(infinite set)이라고 한다.

A가 유한집합이거나 $\mathbb{N} \sim A$일 때 A를 **가산집합**(countable set)이라고 하고 A가 가산집합이 아닐 때 A를 **비가산집합**(uncountable set)이라고 한다.

항등함수 $i : \mathbb{N} \rightarrow \mathbb{N}$, $i(n) = n$은 전단사함수이므로 자연수 전체의 집합 $\mathbb{N}$은 가산집합이다.

A가 가산집합이면 전단사함수 $f : \mathbb{N} \rightarrow A$가 존재한다. 각 $n \in \mathbb{N}$에 대하여 $f(n) = a_n$으로 두면

$$A = \{a_1, a_2, \cdots, a_n, \cdots\}$$

으로 나타낼 수 있다.

【예제 1.1】 정수 전체의 집합 $\mathbb{Z}$는 가산집합이다.

풀이 함수 $f: \mathrm{N} \to \mathbb{Z}$를 다음과 같이 정의하자.

$$f(n) = \begin{cases} \dfrac{n}{2}, & n = 2, 4, 6, \cdots \\ -\dfrac{n-1}{2}, & n = 1, 3, 5, \cdots \end{cases}$$

함수 f는 전단사함수이다. $\mathrm{N} \sim \mathbb{Z}$이므로 $\mathbb{Z}$는 가산집합이다.

[정리 1.29] 가산집합의 부분집합은 가산집합이다.

증명 B를 가산집합 A의 임의의 부분집합이라고 하자. B가 유한집합이면 명백하다. B가 무한집합이라고 가정하자. A가 가산집합이므로

$$A = \{a_1, a_2, \cdots, a_n, \cdots\}$$

으로 나타낼 수 있다. 집합 B의 원소 중에서 첨자가 가장 작은 것을 n_1로 두고 집합 $B - \{a_{n_1}\}$의 원소 중에서 첨자가 가장 작은 것을 n_2로 두자. 이와 같이 첨자 n_{k-1}을 택한 후 집합 $B - \{a_{n_1}, a_{n_2}, \cdots, a_{n_{k-1}}\}$의 원소 중에서 첨자가 가장 작은 것을 n_k로 두자. B가 무한집합이므로 모든 $k \in \mathrm{N}$에 대하여 $n_k \in \mathrm{N}$가 대응된다. 함수 $f: \mathrm{N} \to B$, $f(k) = x_{n_k}$로 정의하면 f는 전단사함수가 된다. 따라서 B는 가산집합이다. ■

[따름정리 1.30] 집합 $\mathrm{N} \times \mathrm{N}$은 가산집합이다.

증명 함수 $f: \mathrm{N} \times \mathrm{N} \to \mathrm{N}$, $f(m, n) = 2^m 3^n$으로 정의하자. $(m_1, n_1) \neq (m_2, n_2)$이면 $f(m_1, n_1) \neq f(m_2, n_2)$이므로 f는 단사함수이다. 따라서 $\mathrm{N} \times \mathrm{N} \sim f(\mathrm{N} \times \mathrm{N})$이다. $f(\mathrm{N} \times \mathrm{N})$은 N의 부분집합이므로 정리 1.29에 의하여 $f(\mathrm{N} \times \mathrm{N})$은 가산집합이다. 따라서 $\mathrm{N} \times \mathrm{N}$은 가산집합이다. ■

[정리 1.31] 각 $n \in \mathbb{N}$에 대하여 A_n이 가산집합이면 $\cup_{n=1}^{\infty} A_n$은 가산집합이다.

증명 각 $n \in \mathbb{N}$에 대하여 A_n이 가산집합이므로

$$\begin{aligned} A_1 &= \{a_{11}, a_{12}, a_{13}, \cdots\} \\ A_2 &= \{a_{21}, a_{22}, a_{23}, \cdots\} \\ &\cdots\cdots\cdots\cdots\cdots\cdots \\ A_n &= \{a_{n1}, a_{n2}, a_{n3}, \cdots\} \\ &\cdots\cdots\cdots\cdots\cdots\cdots \end{aligned}$$

으로 나타낼 수 있다. 함수 $f: \mathbb{N} \times \mathbb{N} \to \cup_{n=1}^{\infty} A_n$, $f(m, n) = a_{mn}$으로 정의하면 f는 전사함수이다. 따라서 $\cup_{n=1}^{\infty} A_n$은 $\mathbb{N} \times \mathbb{N}$의 부분집합과 대등이다. $\mathbb{N} \times \mathbb{N}$이 가산집합이므로 정리 1.29에 의하여 $\cup_{n=1}^{\infty} A_n$도 가산집합이다. ■

[따름정리 1.32] 유리수 전체의 집합 $\mathbb{Q}$는 가산집합이다.

증명 각 $n \in \mathbb{N}$에 대하여

$$A_n = \{\cdots, \frac{-2}{n}, \frac{-1}{n}, \frac{0}{n}, \frac{1}{n}, \frac{2}{n}, \cdots\}$$

로 두면 $A_n \sim \mathbb{Z}$이므로 A_n은 가산집합이다. 정리 1.31에 의하여 $\mathbb{Q} = \cup_{n=1}^{\infty} A_n$은 가산집합이다. ■

[정리 1.33] 집합 $(0, 1) = \{x \in \mathbb{R} \mid 0 < x < 1\}$은 비가산집합이다.

증명 $(0, 1)$이 가산집합이라고 가정하자. 그러면 $(0, 1) = \{x_1, x_2, \cdots, x_n, \cdots\}$으로 나타낼 수 있다. 각 x_i를 다음과 같이 무한소수로 나타낼 수 있다.

$$
\begin{aligned}
x_1 &= 0.a_{11}a_{12}a_{13}\cdots \\
x_2 &= 0.a_{21}a_{22}a_{23}\cdots \\
&\cdots\cdots\cdots\cdots \\
x_n &= 0.a_{n1}a_{n2}a_{n3}\cdots \\
&\cdots\cdots\cdots\cdots
\end{aligned}
$$

여기서 각 $a_{nk} \in \{0, 1, 2, \cdots, 9\}$ 이다. $y = 0.y_1y_2y_3\cdots$, $y_n \in \{1, 2, \cdots, 9\}$, $y_n \neq a_{nn}(n = 1, 2, 3, \cdots)$으로 두자. 그러면 $y \in (0, 1)$이고 $y \neq x_n(n = 1, 2, 3, \cdots)$이다. 이것은 모순이다. 따라서 $(0, 1)$은 비가산집합이다. ■

> [따름정리 1.34] 실수 전체의 집합 $\mathbb{R}$은 비가산집합이다.

증명 함수 $f : (0, 1) \to \mathbb{R}$, $f(x) = \tan\left(\pi x - \frac{\pi}{2}\right)$로 정의하면 f는 전단사함수이다. 따라서 $(0, 1) \sim \mathbb{R}$ 이다. $(0, 1)$이 비가산집합이므로 $\mathbb{R}$ 도 비가산집합이다.

■

연습문제 1.4

1. 집합 A, B, C, D에 대하여 $A \sim B$, $C \sim D$이면 $A \times C \sim B \times D$임을 증명하여라.

2. $(0, 1) \sim [0, 1]$임을 증명하여라.

3. "$\sim$"은 동치관계임을 증명하여라.

4. A, B가 가산집합이면 $A \times B$도 가산집합임을 증명하여라.

5. 무리수 전체의 집합은 비가산집합임을 증명하여라.

6. 구간 (a, b)는 비가산집합임을 증명하여라.

2

수 열

2.1 수열의 극한

이 절에서는 수열의 극한을 정의하고 그 성질에 대하여 알아본다.

[정의 2.1] 자연수의 집합 $\mathbb{N}$에서 실수의 집합 $\mathbb{R}$로의 함수

$$f : \mathbb{N} \rightarrow \mathbb{R}$$

를 실수열(sequence of real numbers) 또는 간단히 수열(sequence)이라고 하고, 각 $n \in \mathbb{N}$에 대하여 $f(n) = a_n$이라고 할 때 수열 f를

$$a_1,\ a_2,\ \cdots,\ a_n,\ \cdots,\ \{a_n\} \text{ 또는 } \{a_n\}_{n=1}^{\infty}$$

으로 나타낸다. 이 때 a_n을 수열의 제n항이라고 한다.

[정의 2.2] 임의의 $\epsilon > 0$에 대하여

$$n \geq N \Rightarrow |a_n - A| < \epsilon$$

을 만족하는 자연수 N이 존재할 때, 수열 $\{a_n\}$은 A로 수렴한다(converge)고 하며 또한 A를 수열 $\{a_n\}$의 극한(limit)이라고 하고

$$\lim_{n \to \infty} a_n = A$$

로 나타낸다. 수열 $\{a_n\}$이 수렴하지 않을 때, 수열 $\{a_n\}$은 발산한다(diverge)고 한다.

【예제 2.1】 $\lim_{n \to \infty} \frac{1}{n} = 0$임을 보여라.

풀이 임의의 $\epsilon > 0$에 대하여

$$n \geq N \Rightarrow \left| \frac{1}{n} - 0 \right| < \epsilon$$

을 만족하는 자연수 N이 존재함을 보이면 된다.

$$\left| \frac{1}{n} - 0 \right| = \frac{1}{n}$$

이므로 $\frac{1}{N} < \epsilon$ 즉, $N > \frac{1}{\epsilon}$을 만족하는 자연수 N을 택하자. 그러면

$$n \geq N \Rightarrow \left| \frac{1}{n} - 0 \right| = \frac{1}{n} \leq \frac{1}{N} < \epsilon$$

이다. 따라서 $\lim_{n \to \infty} \frac{1}{n} = 0$이다.

【예제 2.2】 $\lim_{n\to\infty} \dfrac{n+1}{2n+3} = \dfrac{1}{2}$임을 보여라.

풀이 임의의 $\epsilon > 0$에 대하여

$$n \geq N \Rightarrow \left| \frac{n+1}{2n+3} - \frac{1}{2} \right| < \epsilon$$

을 만족하는 자연수 N이 존재함을 보이면 된다.

$$\begin{aligned} \left| \frac{n+1}{2n+3} - \frac{1}{2} \right| &= \left| \frac{2(n+1)-(2n+3)}{2(2n+3)} \right| \\ &= \frac{1}{2(2n+3)} < \frac{1}{4n} \end{aligned}$$

이므로 $\dfrac{1}{4N} < \epsilon$ 즉, $N > \dfrac{1}{4\epsilon}$을 만족하는 자연수 N을 택하자. 그러면

$$n \geq N \Rightarrow \left| \frac{n+1}{2n+3} - \frac{1}{2} \right| < \frac{1}{4n} \leq \frac{1}{4N} < \epsilon$$

이다. 따라서 $\lim_{n\to\infty} \dfrac{n+1}{2n+3} = \dfrac{1}{2}$이다.

【예제 2.3】 $\lim_{n\to\infty} (\sqrt{n+1} - \sqrt{n}) = 0$임을 보여라.

풀이 임의의 $\epsilon > 0$에 대하여

$$n \geq N \Rightarrow | \sqrt{n+1} - \sqrt{n} | < \epsilon$$

을 만족하는 자연수 N이 존재함을 보이면 된다.

$$\begin{aligned} | \sqrt{n+1} - \sqrt{n} | &= \frac{(\sqrt{n+1} - \sqrt{n})(\sqrt{n+1} + \sqrt{n})}{\sqrt{n+1} + \sqrt{n}} \\ &= \frac{1}{\sqrt{n+1} + \sqrt{n}} \\ &< \frac{1}{2\sqrt{n}} \end{aligned}$$

이므로 $\frac{1}{2\sqrt{N}} < \epsilon$ 즉, $N > \frac{1}{4\epsilon^2}$을 만족하는 자연수 N을 택하자. 그러면

$$n \geq N \Rightarrow |\sqrt{n+1} - \sqrt{n}| < \frac{1}{2\sqrt{n}} \leq \frac{1}{2\sqrt{N}} < \epsilon$$

이다. 따라서 $\lim_{n \to \infty} (\sqrt{n+1} - \sqrt{n}) = 0$이다.

【예제 2.4】 $\lim_{n \to \infty} \sqrt[n]{n} = 1$임을 보여라.

풀이 임의의 $\epsilon > 0$에 대하여

$$n \geq N \Rightarrow |\sqrt[n]{n} - 1| < \epsilon$$

을 만족하는 자연수 N이 존재함을 보이면 된다. $n > 1$에 대하여 $\sqrt[n]{n} > 1$이므로, $\sqrt[n]{n} = 1 + a_n$, $a_n > 0$으로 두자. 그러면 $n > 1$에 대하여 $n = (1+a_n)^n$이다. 이항정리에 의하여 $n > 1$에 대하여

$$n = 1 + na_n + \frac{n(n-1)}{2}a_n^2 + \cdots + a_n^n \geq 1 + \frac{n(n-1)}{2}a_n^2$$

이다. 따라서, $n > 1$에 대하여 $a_n^2 \leq \frac{2}{n}$ 즉, $a_n \leq \sqrt{\frac{2}{n}}$이다. $\sqrt{\frac{2}{N_1}} < \epsilon$ 즉, $N_1 > \frac{2}{\epsilon^2}$를 만족하는 자연수 N_1을 택하자. $N = \max(2, N_1)$으로 두면

$$n \geq N \Rightarrow |\sqrt[n]{n} - 1| = a_n \leq \sqrt{\frac{2}{n}} \leq \sqrt{\frac{2}{N}} \leq \sqrt{\frac{2}{N_1}} < \epsilon$$

이다. 따라서 $\lim_{n \to \infty} \sqrt[n]{n} = 1$이다.

> [정리 2.3] 수열이 극한을 가지면 그 극한은 유일하다.

증명 A와 A'이 수열 $\{a_n\}$이 극한이라고 가정하자. 그러면 임의의 $\epsilon > 0$에 대하여 자연수 N_1과 N_2가 존재하여

$$n \ge N_1 \Rightarrow |a_n - A| < \frac{\epsilon}{2}$$

$$n \ge N_2 \Rightarrow |a_n - A'| < \frac{\epsilon}{2}$$

을 만족한다. $N = \max(N_1, N_2)$으로 두면

$$\begin{aligned} n \ge N \Rightarrow |A - A'| &= |A - a_n + a_n - A'| \\ &\le |A - a_n| + |a_n - A'| \\ &< \frac{\epsilon}{2} + \frac{\epsilon}{2} = \epsilon \end{aligned}$$

이다. $\epsilon > 0$은 임의의 양수이므로 $|A - A'| = 0$ 즉, $A = A'$이다. ■

[정의 2.4] $\{a_n\}$을 수열이라고 하자.

(i) 모든 자연수 n에 대하여 $a_n \le M$을 만족하는 $M \in \mathbb{R}$이 존재할 때 $\{a_n\}$을 위로 유계(bounded above)라고 한다.

(ii) 모든 자연수 n에 대하여 $m \le a_n$을 만족하는 $m \in \mathbb{R}$이 존재할 때 $\{a_n\}$을 아래로 유계(bounded below)라고 한다.

(iii) $\{a_n\}$이 위로 유계이고 동시에 아래로 유계일 때 즉, 모든 자연수 n에 대하여 $m \le a_n \le M$을 만족하는 $m, M \in \mathbb{R}$이 존재할 때 또는 모든 자연수 n에 대하여 $|a_n| \le M$을 만족하는 $M > 0$이 존재할 때 $\{a_n\}$을 유계(bounded)라고 한다.

[정리 2.5] 수렴하는 수열은 유계이다.

증명 수열 $\{a_n\}$이 A로 수렴한다고 가정하자. $\epsilon = 1$로 두면

$$n \ge N \Rightarrow |a_n - A| < 1$$

을 만족하는 자연수 N이 존재한다. 따라서

$$n \geq N \Rightarrow |a_n| \leq |a_n - A| + |A| < 1 + |A|$$

이다. $M = \max(|a_1|, |a_2|, \cdots, |a_{N-1}|, 1+|A|)$으로 두면, 모든 자연수 n에 대하여 $|a_n| \leq M$을 만족하므로 $\{a_n\}$은 유계이다. ■

[정리 2.6] $\{a_n\}$이 유계수열이고 $\lim_{n \to \infty} b_n = 0$이면 $\lim_{n \to \infty} a_n b_n = 0$이다.

증명 수열 $\{a_n\}$이 유계이므로 모든 자연수 n에 대하여 $|a_n| \leq M$을 만족하는 $M > 0$이 존재한다. $\epsilon > 0$을 임의의 실수라고 하자. $\lim_{n \to \infty} b_n = 0$이므로 자연수 N이 존재하여

$$n \geq N \Rightarrow |b_n| < \frac{\epsilon}{M}$$

을 만족한다. 따라서

$$n \geq N \Rightarrow |a_n b_n| = |a_n||b_n| < M\frac{\epsilon}{M} = \epsilon$$

이다. 그러므로 $\lim_{n \to \infty} a_n b_n = 0$이다. ■

[정리 2.7] $\lim_{n \to \infty} a_n = A$이고 $\lim_{n \to \infty} b_n = B$이면 다음이 성립한다.

(i) $\lim_{n \to \infty} (a_n + b_n) = A + B$

(ii) 임의의 $c \in \mathbb{R}$에 대하여 $\lim_{n \to \infty} ca_n = cA$이다.

(iii) $\lim_{n \to \infty} a_n b_n = AB$

(iv) $B \neq 0$이고 모든 자연수 n에 대하여 $b_n \neq 0$이면 $\lim_{n \to \infty} \frac{a_n}{b_n} = \frac{A}{B}$이다.

증명 (i) $\epsilon > 0$을 임의의 실수라고 하자. $\lim_{n \to \infty} a_n = A$이고 $\lim_{n \to \infty} b_n = B$이므로 자연수 N_1과 N_2가 존재하여

$$n \geq N_1 \Rightarrow |a_n - A| < \frac{\epsilon}{2}$$

$$n \geq N_2 \Rightarrow |b_n - B| < \frac{\epsilon}{2}$$

을 만족한다. $N = \max(N_1, N_2)$으로 두면

$$\begin{aligned} n \geq N \Rightarrow |(a_n + b_n) - (A + B)| &= |a_n - A + b_n - B| \\ &\leq |a_n - A| + |b_n - B| \\ &< \frac{\epsilon}{2} + \frac{\epsilon}{2} = \epsilon \end{aligned}$$

이다. 따라서 $\lim_{n \to \infty}(a_n + b_n) = A + B$이다.

(ii) $c = 0$이면, 모든 자연수 n에 대하여 $|ca_n - cA| = 0$이므로 명백히 성립한다. $c \neq 0$라고 하고 $\epsilon > 0$을 임의의 실수라고 하자. $\lim_{n \to \infty} a_n = A$이므로 자연수 N이 존재하여

$$n \geq N \Rightarrow |a_n - A| < \frac{\epsilon}{|c|}$$

을 만족한다. 따라서

$$\begin{aligned} n \geq N \Rightarrow |ca_n - cA| &= |c||a_n - A| \\ &< |c|\frac{\epsilon}{|c|} = \epsilon \end{aligned}$$

이다. 따라서 $\lim_{n \to \infty} ca_n = cA$이다.

(iii) 수열 $\{a_n\}$이 수렴하므로 정리 2.5에 의하여 $\{a_n\}$은 유계이다. 따라서 모든 자연수 n에 대하여 $|a_n| \leq M$을 만족하는 $M > 0$이 존재한다. $\epsilon > 0$을 임의의 실수라고 하자. $\lim_{n \to \infty} a_n = A$이고 $\lim_{n \to \infty} b_n = B$이므로 자연수 N_1과 N_2가 존재하여

$$n \geq N_1 \Rightarrow |a_n - A| < \frac{\epsilon}{2(1 + |B|)}$$

$$n \geq N_2 \Rightarrow |b_n - B| < \frac{\epsilon}{2M}$$

을 만족한다. $N = \max(N_1, N_2)$으로 두면

$$\begin{aligned} n \ge N \Rightarrow |a_n b_n - AB| &= |a_n b_n - a_n B + a_n B - AB| \\ &\le |a_n b_n - a_n B| + |a_n B - AB| \\ &= |a_n||b_n - B| + |B||a_n - A| \\ &< M\frac{\epsilon}{2M} + |B|\frac{\epsilon}{2(1+|B|)} < \epsilon \end{aligned}$$

이다. 따라서 $\lim_{n \to \infty} a_n b_n = AB$이다.

(iv) 우선 $\lim_{n \to \infty} \frac{1}{b_n} = \frac{1}{B}$임을 보이자. $\epsilon > 0$을 임의의 실수라고 하자. $\lim_{n \to \infty} b_n = B$이므로 $\frac{|B|}{2} > 0$에 대하여 자연수 N_1이 존재하여

$$n \ge N_1 \Rightarrow |b_n - B| < \frac{|B|}{2}$$

을 만족한다. 따라서

$$\begin{aligned} n \ge N_1 \Rightarrow |b_n| &= |B - (B - b_n)| \\ &\ge |B| - |B - b_n| \\ &> |B| - \frac{|B|}{2} = \frac{|B|}{2} \end{aligned}$$

이다. 또한 $\lim_{n \to \infty} b_n = B$이므로 자연수 N_2가 존재하여

$$n \ge N_2 \Rightarrow |b_n - B| < \frac{\epsilon |B|^2}{2}$$

을 만족한다. $N = \max(N_1, N_2)$으로 두면

$$\begin{aligned} n \ge N \Rightarrow \left|\frac{1}{b_n} - \frac{1}{B}\right| &= \left|\frac{B - b_n}{b_n B}\right| = \frac{|b_n - B|}{|b_n||B|} \\ &< \frac{(\epsilon |B|^2)/2}{(|B|/2)|B|} = \epsilon \end{aligned}$$

이다. 따라서 $\lim_{n \to \infty} \frac{1}{b_n} = \frac{1}{B}$이다. 따라서 (iii)에 의하여

$$\lim_{n\to\infty}\frac{a_n}{b_n}=\lim_{n\to\infty}a_n\frac{1}{b_n}=A\frac{1}{B}=\frac{A}{B}$$

가 성립한다. ■

【예제 2.5】 $\displaystyle\lim_{n\to\infty}\frac{3n^2-n+3}{2n^2+5n-2}=\frac{3}{2}$임을 보여라.

풀이 정리 2.7과 예제 2.1에 의하여

$$\begin{aligned}\lim_{n\to\infty}\frac{3n^2-n+3}{2n^2+5n-2}&=\lim_{n\to\infty}\frac{3-\frac{1}{n}+3\left(\frac{1}{n}\right)^2}{2+5\left(\frac{1}{n}\right)-2\left(\frac{1}{n}\right)^2}\\&=\frac{\lim_{n\to\infty}3-\lim_{n\to\infty}\frac{1}{n}+3\left(\lim_{n\to\infty}\frac{1}{n}\right)^2}{\lim_{n\to\infty}2+5\left(\lim_{n\to\infty}\frac{1}{n}\right)-2\left(\lim_{n\to\infty}\frac{1}{n}\right)^2}\\&=\frac{3}{2}\end{aligned}$$

이다.

> [정리 2.8] (조임정리) 모든 자연수 n에 대하여 $a_n\le b_n\le c_n$이고 $\lim_{n\to\infty}a_n=\lim_{n\to\infty}c_n=L$이면 $\lim_{n\to\infty}b_n=L$이다.

증명 $\epsilon>0$을 임의의 실수라고 하자. $\lim_{n\to\infty}a_n=\lim_{n\to\infty}c_n=L$이므로 자연수 N_1과 N_2가 존재하여

$$n\ge N_1 \Rightarrow |a_n-L|<\epsilon \text{ 즉, } L-\epsilon<a_n<L+\epsilon$$
$$n\ge N_2 \Rightarrow |c_n-L|<\epsilon \text{ 즉, } L-\epsilon<c_n<L+\epsilon$$

을 만족한다. $N=\max(N_1, N_2)$으로 두면

$$n\ge N \Rightarrow L-\epsilon<a_n\le b_n\le c_n<L+\epsilon \text{ 즉, } |b_n-L|<\epsilon$$

이다. 따라서 $\lim_{n\to\infty}b_n=L$이다. ■

【예제 2.6】 $\lim_{n \to \infty} \frac{\sin n}{n} = 0$임을 보여라.

풀이 모든 자연수 n에 대하여

$$-\frac{1}{n} \leq \frac{\sin n}{n} \leq \frac{1}{n}$$

이다. 예제 2.1에 의하여 $\lim_{n \to \infty} \left(-\frac{1}{n}\right) = \lim_{n \to \infty} \frac{1}{n} = 0$이므로 정리 2.8에 의하여 $\lim_{n \to \infty} \frac{\sin n}{n} = 0$이다.

연습문제 2.1

1. 정의 2.2에 의하여 다음 수열의 극한을 증명하여라.

(i) $\lim_{n\to\infty} \frac{n+3}{n^2-3} = 0$

(ii) $\lim_{n\to\infty} \frac{n^2-2}{3n^2+1} = \frac{1}{3}$

(iii) $\lim_{n\to\infty} \left(3 - \frac{1}{2^n}\right) = 3$

2. 수열 $\{(-1)^n\}$은 발산함을 증명하여라.

3. 다음 수열의 극한을 구하여라.

(i) $\lim_{n\to\infty} \frac{\sqrt{3n^2+2}}{n+5}$

(ii) $\lim_{n\to\infty} \left(\sqrt{n^2+n} - n\right)$

(iii) $\lim_{n\to\infty} \frac{n}{2^n}$

4. $0 \le a < 1$일 때 $\lim_{n\to\infty} a^n = 0$임을 증명하여라.

5. $\lim_{n\to\infty} a_n = A$이면 $\lim_{n\to\infty} a_n^2 = A^2$임을 증명하여라.

6. $a > 0$일 때 $\lim_{n\to\infty} a^{\frac{1}{n}} = 1$임을 증명하여라.

7. $\lim_{n\to\infty} a_n = A$이면 $\lim_{n\to\infty} |a_n| = |A|$임을 증명하고 역이 성립하지 않음을 보여라.

8. $\lim_{n\to\infty} a_n = 0$일 필요충분조건은 $\lim_{n\to\infty} |a_n| = 0$임을 증명하여라.

9. 모든 자연수 n에 대하여 $a_n \geq 0$라고 하자. $\lim_{n\to\infty} a_n = A$이면 $\lim_{n\to\infty} \sqrt{a_n} = \sqrt{A}$ 임을 증명하여라.

10. 수열 $\{a_n\}$에 대하여

$$\sigma_n = \frac{a_1 + a_2 + a_3 + \cdots + a_n}{n}, \quad n = 1, 2, 3, \cdots$$

으로 정의하자. $\lim_{n\to\infty} a_n = A$이면 $\lim_{n\to\infty} \sigma_n = A$임을 증명하고 역이 성립하지 않음을 보여라.

2.2 단조수열과 무한극한

앞 절에서 수렴하는 수열은 유계임을 알았다. 그러나 그 역은 성립하지 않는다. 이 절에서는 유계인 단조수열은 수렴함을 보인다. 또한 무한극한을 다룬다.

[정의 2.9] $\{a_n\}$을 수열이라고 하자.

(i) 모든 자연수 n에 대하여 $a_n \le a_{n+1}$일 때 $\{a_n\}$을 **단조증가수열**(monotone increasing sequence)이라고 하고, $a_n \ge a_{n+1}$일 때 $\{a_n\}$을 **단조감소수열**(monotone decreasing sequence)이라고 한다. 단조증가 또는 단조감소수열을 통틀어 **단조수열**(monotone sequence)이라고 한다.

(ii) 모든 자연수 n에 대하여 $a_n < a_{n+1}$일 때 $\{a_n\}$을 **순증가수열**(strictly increasing sequence)이라고 하고, $a_n > a_{n+1}$일 때 $\{a_n\}$을 **순감소수열**(strictly decreasing sequence)이라고 한다. 순증가 또는 순감소수열을 통틀어 **순단조수열**(strictly monotone sequence)이라고 한다.

[정리 2.10] $\{a_n\}$이 위로 유계인 단조증가수열이면 $\{a_n\}$은 수렴하고 $\lim_{n\to\infty} a_n = \sup\{a_n \mid n \in \mathbb{N}\}$이다.

증명 수열 $\{a_n\}$이 위로 유계이므로 실수의 완비성공리에 의하여 집합 $\{a_n \mid n \in \mathbb{N}\}$은 상한 $L = \sup\{a_n \mid n \in \mathbb{N}\}$을 가진다. $\lim_{n\to\infty} a_n = L$임을 보이자. $\epsilon > 0$을 임의의 실수라고 하자. $L-\epsilon$은 집합 $\{a_n \mid n \in \mathbb{N}\}$의 상계가 아니므로

$$L - \epsilon < a_N \le L$$

을 만족하는 자연수 N이 존재한다. 수열 $\{a_n\}$이 단조증가이므로

$$n \ge N \ \Rightarrow\ L - \epsilon < a_N \le a_n \le L < L + \epsilon \ \text{즉,}\ |a_n - L| < \epsilon$$

을 만족한다. 따라서 $\lim_{n\to\infty} a_n = L$이다. ■

[따름정리 2.11] $\{a_n\}$이 아래로 유계인 단조감소수열이면 $\{a_n\}$은 수렴하고 $\lim_{n\to\infty} a_n = \inf\{a_n \mid n \in \mathbb{N}\}$이다.

증명 $\{a_n\}$이 아래로 유계인 단조감소수열이므로 $\{-a_n\}$은 위로 유계인 단조증가수열이다. 정리 2.10에 의하여 $\{-a_n\}$은 수렴하고

$$\lim_{n\to\infty}(-a_n) = \sup\{-a_n \mid n \in \mathbb{N}\} = -\inf\{a_n \mid n \in \mathbb{N}\}$$

이다. 따라서, $\{a_n\}$은 수렴하고 $\lim_{n\to\infty} a_n = \inf\{a_n \mid n \in \mathbb{N}\}$이다. ■

【예제 2.7】 수열 $\{a_n\}$이 $a_1 = 1, a_{n+1} = \sqrt{3+a_n}$ $(n \geq 1)$으로 정의되었을 때 $\{a_n\}$이 수렴함을 보이고 그 극한을 구하여라.

풀이 $a_1 = 1 < 3$이다. $1 \leq a_k < 3$이라고 가정하면

$$1 \leq a_{k+1} = \sqrt{3+a_k} < \sqrt{3+3} < 3$$

이다. 수학적 귀납법에 의하여 모든 자연수 n에 대하여 $1 \leq a_n < 3$이다. $a_1 = 1 < 2 = a_2$이다. $a_k < a_{k+1}$이라고 가정하면

$$a_{k+2} = \sqrt{3+a_{k+1}} > \sqrt{3+a_k} = a_{k+1}$$

이다. 수학적 귀납법에 의하여 모든 자연수 n에 대하여 $a_n < a_{n+1}$이다. 따라서 수열 $\{a_n\}$은 위로 유계인 단조증가수열이다. 정리 2.10에 의하여 $\{a_n\}$은 수렴한다. $\lim_{n\to\infty} a_{n+1} = \sqrt{3+\lim_{n\to\infty} a_n}$에서 $\lim_{n\to\infty} a_n = L$로 두면 $L = \sqrt{3+L}$. 즉, $L^2 - L - 3 = 0$이므로 $L = \dfrac{1 \pm \sqrt{13}}{2}$이다. 모든 자연수 n에 대하여 $1 \leq a_n < 3$이므로 $L = \dfrac{1+\sqrt{13}}{2}$이다. 따라서 $\lim_{n\to\infty} a_n = \dfrac{1+\sqrt{13}}{2}$이다.

【예제 2.8】 $a_n = \left(1+\dfrac{1}{n}\right)^n$ 으로 정의된 수열 $\{a_n\}$은 수렴함을 보여라.

증명 이항정리에 의하여

$$\begin{aligned} a_n = \left(1+\frac{1}{n}\right)^n &= 1 + \frac{n}{1!}\frac{1}{n} + \frac{n(n-1)}{2!}\left(\frac{1}{n}\right)^2 + \frac{n(n-1)(n-2)}{3!}\left(\frac{1}{n}\right)^3 \\ &\quad + \cdots + \frac{n(n-1)\cdots 2\cdot 1}{n!}\left(\frac{1}{n}\right)^n \\ &= 1+1+\frac{1}{2!}\left(1-\frac{1}{n}\right)+\frac{1}{3!}\left(1-\frac{1}{n}\right)\left(1-\frac{2}{n}\right) \\ &\quad + \cdots + \frac{1}{n!}\left(1-\frac{1}{n}\right)\left(1-\frac{2}{n}\right)\cdots\left(1-\frac{n-1}{n}\right) \end{aligned}$$

이다. 같은 방법으로

$$\begin{aligned} a_{n+1} &= 1+1+\frac{1}{2!}\left(1-\frac{1}{n+1}\right)+\frac{1}{3!}\left(1-\frac{1}{n+1}\right)\left(1-\frac{2}{n+1}\right) \\ &\quad + \cdots + \frac{1}{n!}\left(1-\frac{1}{n+1}\right)\left(1-\frac{2}{n+1}\right)\cdots\left(1-\frac{n-1}{n+1}\right) \\ &\quad + \frac{1}{(n+1)!}\left(1-\frac{1}{n+1}\right)\left(1-\frac{2}{n+1}\right)\cdots\left(1-\frac{n}{n+1}\right) \end{aligned}$$

이다. a_n은 $n+1$개의 항을 가지고 있고 a_{n+1}은 $n+2$개의 항을 가지고 있으며 a_n의 각 항은 a_{n+1}의 대응하는 항보다 작고 a_{n+1}은 양수인 항을 한 개 더 가지고 있다. 따라서 모든 자연수 n에 대하여 $a_n \le a_{n+1}$이다. 즉, $\{a_n\}$은 단조증가수열이다. 모든 자연수 n에 대하여 $2^{n-1} \le n!$임을 이용하여

$$\begin{aligned} a_n &= 1+1+\frac{1}{2!}\left(1-\frac{1}{n}\right)+\frac{1}{3!}\left(1-\frac{1}{n}\right)\left(1-\frac{2}{n}\right) \\ &\quad + \cdots + \frac{1}{n!}\left(1-\frac{1}{n}\right)\left(1-\frac{2}{n}\right)\cdots\left(1-\frac{n-1}{n}\right) \\ &\le 1+1+\frac{1}{2!}+\frac{1}{3!}+\cdots+\frac{1}{n!} \\ &\le 1+1+\frac{1}{2}+\frac{1}{2^2}+\cdots+\frac{1}{2^{n-1}} \\ &= 1+\frac{1-\left(\frac{1}{2}\right)^n}{1-\frac{1}{2}} \\ &< 1+\frac{1}{1-\frac{1}{2}} = 3 \end{aligned}$$

을 얻는다. 따라서 $\{a_n\}$은 위로 유계인 수열이다. 정리 2.10에 의하여 $\{a_n\}$은 수렴한다. 이 수열의 극한을 $\lim_{n\to\infty}\left(1+\frac{1}{n}\right)^n = e$로 나타내며, 여기서 $e = 2.7182818284\cdots$인 무리수로서 이 수를 오일러의 수(Euler's number)라고 한다.

[정의 2.12] 임의의 $M>0$에 대하여

$$n \geq N \Rightarrow a_n > M$$

을 만족하는 자연수 N이 존재할 때, 수열 $\{a_n\}$은 ∞로 **발산한다**(diverge)고 하며

$$\lim_{n\to\infty} a_n = \infty$$

로 나타낸다. 또한 임의의 $M>0$에 대하여

$$n \geq N \Rightarrow a_n < -M$$

을 만족하는 자연수 N이 존재할 때, 수열 $\{a_n\}$은 $-\infty$로 **발산한다**(diverge)고 하며

$$\lim_{n\to\infty} a_n = -\infty$$

로 나타낸다.

【예제 2.9】 $\lim_{n\to\infty}\frac{n^3+2}{n+1} = \infty$임을 보여라.

풀이 $M>0$을 임의의 실수라고 하자. 모든 자연수 n에 대하여

$$\frac{n^3+2}{n+1} \ge \frac{n^3}{2n} = \frac{n^2}{2}$$

이므로 $\frac{N^2}{2} > M$ 즉, $N > \sqrt{2M}$을 만족하는 자연수 N을 택하자. 그러면

$$n \ge N \Rightarrow \frac{n^3+2}{n+1} \ge \frac{n^2}{2} \ge \frac{N^2}{2} > M$$

이다. 따라서 $\lim_{n\to\infty} \frac{n^3+2}{n+1} = \infty$이다.

【예제 2.10】 $\lim_{n\to\infty} -\sqrt{n^2+1} = -\infty$임을 보여라.

풀이 $M > 0$을 임의의 실수라고 하자. 모든 자연수 n에 대하여

$$-\sqrt{n^2+1} \le -\sqrt{n^2} = -n$$

이므로 $-N < -M$ 즉, $N > M$을 만족하는 자연수 N을 택하자. 그러면

$$n \ge N \Rightarrow -\sqrt{n^2+1} \le -n \le -N < -M$$

이다. 따라서 $\lim_{n\to\infty} -\sqrt{n^2+1} = -\infty$이다.

[정리 2.13] $\{a_n\}$이 모든 자연수 n에 대하여 $a_n > 0$인 수열이라고 하자. 그러면 $\lim_{n\to\infty} a_n = \infty$일 필요충분조건은 $\lim_{n\to\infty} \frac{1}{a_n} = 0$이다.

증명 $\lim_{n\to\infty} a_n = \infty$라고 가정하자. 임의의 $\epsilon > 0$에 대하여 $M = \frac{1}{\epsilon}$으로 두면 $M > 0$이고

$$n \ge N \Rightarrow a_n > M = \frac{1}{\epsilon}$$

을 만족하는 자연수 N이 존재한다. 따라서

$$n \geq N \;\Rightarrow\; \left|\frac{1}{a_n} - 0\right| = \frac{1}{a_n} < \epsilon$$

이다. 그러므로 $\lim_{n \to \infty} \frac{1}{a_n} = 0$이다.

역으로 $\lim_{n \to \infty} \frac{1}{a_n} = 0$이라고 가정하자. 임의의 $M > 0$에 대하여 $\epsilon = \frac{1}{M}$로 두면 $\epsilon > 0$이고

$$n \geq N \;\Rightarrow\; \left|\frac{1}{a_n} - 0\right| = \frac{1}{a_n} < \epsilon = \frac{1}{M}$$

을 만족하는 자연수 N이 존재한다. 따라서

$$n \geq N \;\Rightarrow\; a_n > M$$

이다. 그러므로 $\lim_{n \to \infty} a_n = \infty$이다. ■

연습문제 2.2

1. 수열 $\{a_n\}$이 $a_1 = \sqrt{3}$, $a_{n+1} = \sqrt{3a_n}$ $(n \geq 1)$으로 정의되었을 때 $\{a_n\}$이 수렴함을 보이고 그 극한을 구하여라.

2. 수열 $\{a_n\}$이 $a_1 = 1$, $a_{n+1} = \sqrt{1+a_n}$ $(n \geq 1)$으로 정의되었을 때 $\{a_n\}$이 수렴함을 보이고 그 극한을 구하여라.

3. 수열 $\{a_n\}$이 $a_1 = 1$, $a_{n+1} = \frac{1}{4}(2a_n + 3)$ $(n \geq 1)$으로 정의되었을 때 $\{a_n\}$이 수렴함을 보이고 그 극한을 구하여라.

4. $c > 0$에 대하여 수열 $\{a_n\}$이 $a_1 > 0$, $a_{n+1} = \frac{1}{2}\left(a_n + \frac{c}{a_n}\right)$ $(n \geq 1)$로 정의되었을 때 $\{a_n\}$이 수렴함을 보이고 그 극한을 구하여라.

5. 다음 수열의 극한을 구하여라.

   (i) $\lim\limits_{n \to \infty}\left(1 + \frac{1}{n}\right)^{n+1}$

   (ii) $\lim\limits_{n \to \infty}\left(1 + \frac{2}{3n}\right)^{4n}$

   (iii) $\lim\limits_{n \to \infty}\left(\frac{1}{n} + \frac{5}{n^2}\right)^{n}$

6. 수열 $\{a_n\}$이 $a_n = 1 + \frac{1}{2^2} + \frac{1}{3^2} + \cdots + \frac{1}{n^2}$ $(n \geq 1)$로 정의되었을 때 $\{a_n\}$이 수렴함을 보여라.

7. 수열 $\{a_n\}$이 $a_n = \frac{1}{n+1} + \frac{1}{n+2} + \frac{1}{n+3} + \cdots + \frac{1}{2n}$ $(n \geq 1)$로 정의되었을 때 $\{a_n\}$이 수렴함을 보여라.

8. (i) $\lim_{n \to \infty} a_n = \infty$이고 $k > 0$이면 $\lim_{n \to \infty} (ka_n) = \infty$임을 증명하여라.

(ii) $\lim_{n \to \infty} a_n = \infty$이고 $k < 0$이면 $\lim_{n \to \infty} (ka_n) = -\infty$임을 증명하여라.

9. 정의 2.12에 의하여 다음 수열의 극한을 증명하여라.

(i) $\lim_{n \to \infty} \frac{n^2+3}{n+2} = \infty$

(ii) $\lim_{n \to \infty} (2 - \sqrt{n}) = -\infty$

10. 수열 $\{a_n\}$이 $a_1 = 1,\ a_2 = 1,\ a_{n+2} = a_{n+1} + a_n$ $(n \geq 1)$으로 정의되고 $r_n = \frac{a_{n+1}}{a_n}$ $(n \geq 1)$으로 정의되었을 때 수열 $\{r_n\}$이 수렴함을 보이고 그 극한을 구하여라.

2.3 부분수열

이 절에서는 부분수열과 Bolzano-Weierstrass 정리에 대하여 알아본다.

[정의 2.14] $\{a_n\}$이 주어진 수열이고 $\{n_k\}$가 $n_1 < n_2 < \cdots < n_k < \cdots$를 만족하는 자연수의 수열이라고 할 때, 수열 $\{a_{n_k}\}_{k=1}^{\infty}$ 또는 간단히 $\{a_{n_k}\}$를 $\{a_n\}$의 부분수열(subsequence)이라고 한다.

【예제 2.11】 $\{a_n\}$을 $a_n = \dfrac{1}{n}(n \in \mathbb{N})$인 수열이라고 하자. 수열

$$1,\ \frac{1}{3},\ \frac{1}{5},\ \frac{1}{7},\ \cdots$$

은 $a_{n_k} = \dfrac{1}{2k-1}(k \in \mathbb{N})$인 $\{a_n\}$의 부분수열이다.

[정리 2.15] 수열 $\{a_n\}$이 L로 수렴하면, $\{a_n\}$의 모든 부분수열도 L로 수렴한다.

증명 $\{a_{n_k}\}$를 $\{a_n\}$의 부분수열이라고 하고 $\epsilon > 0$을 임의의 실수라고 하자. $\lim_{n\to\infty} a_n = L$이므로

$$n \geq N \Rightarrow |a_n - L| < \epsilon$$

을 만족하는 자연수 N이 존재한다. 모든 자연수 k에 대하여 $n_k \geq k$이므로, $k \geq N$이면 $n_k \geq N$이다. 따라서

$$k \geq N \Rightarrow |a_{n_k} - L| < \epsilon$$

을 만족한다. 따라서 $\lim_{k\to\infty} a_{n_k} = L$이다. ■

【예제 2.12】 $\{a_n\}$을 $a_n = \left(1-\frac{1}{n}\right)\sin\frac{n\pi}{2}\,(n\in\mathbb{N})$인 수열이라고 하자. 모든 자연수 k에 대하여

$$a_{2k} = \left(1-\frac{1}{2k}\right)\sin\frac{2k\pi}{2} = \left(1-\frac{1}{2k}\right)\sin k\pi = 0$$

$$a_{4k+1} = \left(1-\frac{1}{4k+1}\right)\sin\frac{(4k+1)\pi}{2} = \left(1-\frac{1}{4k+1}\right)\sin\left(2k\pi+\frac{\pi}{2}\right) = 1-\frac{1}{4k+1}$$

$$a_{4k-1} = \left(1-\frac{1}{4k-1}\right)\sin\frac{(4k-1)\pi}{2} = \left(1-\frac{1}{4k-1}\right)\sin\left(2k\pi-\frac{\pi}{2}\right) = -1+\frac{1}{4k-1}$$

이다. 따라서 부분수열 $\{a_{2k}\}$, $\{a_{4k+1}\}$, $\{a_{4k-1}\}$은 각각 0, 1, -1로 수렴한다. 정리 2.15에 의하여 수열 $\{a_n\}$은 발산함을 알 수 있다.

> [정리 2.16] **(축소구간 성질)** 모든 자연수 n에 대하여 $I_n = [a_n, b_n]$이고 $I_n \supseteq I_{n+1}$을 만족하고 $\lim_{n\to\infty}(b_n - a_n) = 0$이면 모든 구간 I_n에 속하는 유일한 실수가 존재한다.

증명 모든 자연수 n에 대하여 $I_n \supseteq I_{n+1}$이므로, $\{a_n\}$은 단조증가이고 b_1에 의하여 위로 유계인 수열이다. 정리 2.10에 의하여 $\lim_{n\to\infty} a_n = \sup\{a_n \mid n\in\mathbb{N}\}$이 존재한다. $\sup\{a_n \mid n\in\mathbb{N}\} = A$로 두면 모든 자연수 n에 대하여

$$a_n \le A = \sup\{a_n \mid n\in\mathbb{N}\} \le b_n$$

이다. 따라서 모든 자연수 n에 대하여 $A\in I_n$이다. 모든 자연수 n에 대하여 $B\in I_n$이라고 가정하자. 그러면 모든 자연수 n에 대하여 $a_n \le B \le b_n$이다. 즉, 모든 자연수 n에 대하여 $0 \le B-a_n \le b_n - a_n$이다. $\lim_{n\to\infty}(b_n - a_n) = 0$이므로, 정리 2.8에 의하여 $\lim_{n\to\infty}(B - a_n) = 0$이다. 따라서 $B = \lim_{n\to\infty} a_n = A$이다. 그러므로 A는 모든 구간 I_n에 속하는 유일한 실수이다. ■

[정리 2.17] (Bolzano-Weierstrass 정리) 임의의 유계인 수열은 수렴하는 부분수열을 가진다.

증명 $\{a_n\}$을 유계인 수열이라고 하자. 그러면 모든 자연수 n에 대하여 $|a_n| \le M$을 만족하는 $M > 0$이 존재한다. 따라서 모든 자연수 n에 대하여 $a_n \in [-M, M]$이다. 구간 $[-M, M]$을 이등분한 두 개의 구간 $[-M, 0]$과 $[0, M]$ 중에서 적어도 하나는 무한히 많은 자연수 n에 대하여 a_n을 포함한다. 그 구간을 I_0이라고 하자. 또한, 구간 I_0을 이등분한 두 개의 구간 중에서 적어도 하나는 무한히 많은 자연수 n에 대하여 a_n을 포함한다. 그 구간을 I_1이라고 하자. 이 방법을 계속하면 무한히 많은 자연수 n에 대하여 a_n을 포함하고

$$I_0 \supseteq I_1 \supseteq I_2 \supseteq \cdots$$

를 만족하는 구간열을 얻을 수 있다. 모든 자연수 n에 대하여 구간 I_n의 길이는 $\frac{M}{2^n}$이고 $\lim_{n \to \infty} \frac{M}{2^n} = 0$이다. 정리 2.16에 의하여, 모든 구간 I_n에 속하는 유일한 실수 A가 존재한다. $a_{n_1} \in I_1$을 택하고, $n_2 > n_1$을 만족하는 $a_{n_2} \in I_2$를 택하자. 또한, $n_3 > n_2$를 만족하는 $a_{n_3} \in I_3$를 택하자. 이 방법을 계속하면, 모든 자연수 k에 대하여 $a_{n_k} \in I_k$를 만족하는 $\{a_n\}$의 부분수열 $\{a_{n_k}\}$를 얻는다.(이것은 각 구간 I_k가 무한히 많은 자연수 n에 대하여 a_n을 포함하기 때문에 가능하다) 모든 자연수 k에 대하여 $a_{n_k} \in I_k$이고 $A \in I_k$이므로

$$|a_{n_k} - A| < \frac{M}{2^k}$$

이다. 따라서 $\lim_{k \to \infty} a_{n_k} = A$이다. ■

연습문제 2.3

1. 수열 $\{a_n\}$과 $\{b_n\}$에 대하여 수열 $\{c_n\}$이 $c_1 = a_1$, $c_2 = b_1$, $\cdots$, $c_{2n-1} = a_n$, $c_{2n} = b_n$, $\cdots$으로 정의되었을 때 수열 $\{c_n\}$이 수렴할 필요충분조건은 수열 $\{a_n\}$과 $\{b_n\}$이 수렴하고 $\lim_{n\to\infty} a_n = \lim_{n\to\infty} b_n$임을 증명하여라.

2. 수열 $\{a_n\}$이 $a_n = \sin n\,(n \geq 1)$으로 정의되었을 때 수열 $\{a_n\}$이 발산함을 보여라.

3. 수열 $\{a_n\}$이 $a_n \geq 0\,(n \geq 1)$이고 $\lim_{n\to\infty} (-1)^n a_n$이 존재하면 수열 $\{a_n\}$은 수렴함을 보여라.

4. 수열 $\{a_n\}$의 모든 단조부분수열이 A로 수렴하면 수열 $\{a_n\}$은 수렴하고 $\lim_{n\to\infty} a_n = A$임을 증명하여라.

5. 수열 $\{a_n\}$이 적당한 $\epsilon > 0$이 존재하여 모든 $m \neq n$에 대하여 $|a_m - a_n| \geq \epsilon$을 만족하면 수열 $\{a_n\}$은 수렴하는 부분수열을 가지지 않음을 증명하여라.

2.4 Cauchy 수열

이 절에서는 Cauchy 수열을 정의하고, 수열 $\{a_n\}$이 수렴할 필요충분조건은 $\{a_n\}$이 Cauchy수열임을 보인다.

> [정의 2.18] 임의의 $\epsilon > 0$에 대하여
>
> $$m, n \geq N \Rightarrow |a_m - a_n| < \epsilon$$
>
> 을 만족하는 자연수 N이 존재할 때, 수열 $\{a_n\}$을 Cauchy수열이라고 한다.

> [정리 2.19] 임의의 수렴하는 수열은 Cauchy수열이다.

증명 $\{a_n\}$을 A로 수렴하는 수열이라고 하자. 임의의 $\epsilon > 0$에 대하여

$$n \geq N \Rightarrow |a_n - A| < \frac{\epsilon}{2}$$

을 만족하는 자연수 N이 존재한다. 따라서

$$m, n \geq N \Rightarrow |a_m - a_n| \leq |a_m - A| + |A - a_n| < \frac{\epsilon}{2} + \frac{\epsilon}{2} = \epsilon$$

이다. 그러므로 $\{a_n\}$은 Cauchy수열이다. ■

> [정리 2.20] 임의의 Cauchy수열은 유계이다.

증명 $\{a_n\}$을 Cauchy수열이라고 하자. $\epsilon = 1$에 대하여

$$m, n \geq N \Rightarrow |a_m - a_n| < 1$$

을 만족하는 자연수 N이 존재한다. 따라서

$$n \geq N \;\Rightarrow\; |a_n| \leq |a_n - a_N| + |a_N| < 1 + |a_N|$$

이다. 따라서

$$M = \max(|a_1|,\ |a_2|,\ \cdots,\ |a_{N-1}|,\ 1 + |a_N|)$$

으로 두면, 모든 자연수 n에 대하여 $|a_n| \leq M$이다. 따라서 $\{a_n\}$은 유계이다. ■

[정리 2.21] 임의의 Cauchy수열은 수렴한다.

증명 $\{a_n\}$을 Cauchy수열이라고 하자. 정리 2.20에 의하여 $\{a_n\}$은 유계인 수열이다. 정리 2.17에 의하여 $\{a_n\}$은 수렴하는 부분수열 $\{a_{n_k}\}$를 가진다. $\lim\limits_{k \to \infty} a_{n_k} = A$로 두고 $\lim\limits_{n \to \infty} a_n = A$임을 보이자. $\epsilon > 0$을 임의의 실수라고 하자. $\{a_n\}$이 Cauchy수열이므로

$$m,\, n \geq N \;\Rightarrow\; |a_m - a_n| < \frac{\epsilon}{2}$$

을 만족하는 자연수 N이 존재한다. $\lim\limits_{k \to \infty} a_{n_k} = A$이므로

$$|a_{n_k} - A| < \frac{\epsilon}{2}$$

을 만족하고 $n_k \geq N$인 자연수 n_k를 택할 수 있다. 따라서

$$n \geq N \;\Rightarrow\; |a_n - A| \leq |a_n - a_{n_k}| + |a_{n_k} - A| < \frac{\epsilon}{2} + \frac{\epsilon}{2} = \epsilon$$

을 만족한다. 그러므로 $\lim\limits_{n \to \infty} a_n = A$이다. ■

정리 2.19와 정리 2.21에 의하여, 수열 $\{a_n\}$이 수렴할 필요충분조건은 $\{a_n\}$이 Cauchy수열임을 알 수 있다.

【예제 2.13】 $\{a_n\}$이 $a_1 = 1$, $a_2 = 4$, $a_{n+1} = \frac{1}{2}(a_n + a_{n-1})(n \geq 2)$로 정의된 수열일 때 $\{a_n\}$이 수렴함을 보이고 그 극한을 구하여라.

[풀이] $\{a_n\}$이 Cauchy수열임을 보이면, 정리 2.21에 의하여 $\{a_n\}$은 수렴한다.

$$a_{n+1} - a_n = \frac{1}{2}(a_n + a_{n-1}) - a_n = -\frac{1}{2}(a_n - a_{n-1})(n \geq 2)$$

을 적용하면

$$\begin{aligned} a_{n+1} - a_n &= -\frac{1}{2}(a_n - a_{n-1}) = \left(-\frac{1}{2}\right)^2(a_{n-1} - a_{n-2}) = \cdots \\ &= \left(-\frac{1}{2}\right)^{n-1}(a_2 - a_1) = 3\left(-\frac{1}{2}\right)^{n-1}(n \geq 1) \end{aligned}$$

임을 알 수 있다. 따라서 $m > n$이면

$$\begin{aligned} |a_m - a_n| &\leq |a_m - a_{m-1}| + |a_{m-1} - a_{m-2}| + \cdots + |a_{n+1} - a_n| \\ &= 3\left(\frac{1}{2}\right)^{m-2} + 3\left(\frac{1}{2}\right)^{m-3} + \cdots + 3\left(\frac{1}{2}\right)^{n-1} \\ &= \frac{3}{2^{n-1}}\left(1 + \frac{1}{2} + \cdots + \frac{1}{2^{m-n-1}}\right) \\ &< \frac{3}{2^{n-1}}\left(1 + \frac{1}{2} + \frac{1}{2^2} + \frac{1}{2^3} + \cdots\right) \\ &= \frac{3}{2^{n-2}} \end{aligned}$$

이 성립한다. 임의의 $\epsilon > 0$에 대하여 $\frac{3}{2^{N-2}} < \epsilon$을 만족하는 자연수 N을 택하자. 그러면

$$m \geq n \geq N \Rightarrow |a_m - a_n| < \frac{3}{2^{n-2}} \leq \frac{3}{2^{N-2}} < \epsilon$$

이 성립한다. 따라서 $\{a_n\}$은 Cauchy수열이다. 그러므로 $\{a_n\}$은 수렴한다.

한편, $\lim_{n \to \infty} a_n = A$로 두자. 모든 자연수 n에 대하여

$$\begin{aligned} a_{n+1}-a_1 &= (a_{n+1}-a_n)+(a_n-a_{n-1})+\cdots+(a_2-a_1) \\ &= 3\left(-\frac{1}{2}\right)^{n-1}+3\left(-\frac{1}{2}\right)^{n-2}+\cdots+3 \\ &= 3\frac{1-\left(-\frac{1}{2}\right)^n}{1-\left(-\frac{1}{2}\right)} \\ &= 2\left[1-\left(-\frac{1}{2}\right)^n\right] \end{aligned}$$

이 성립한다. 위 식의 양변에 극한을 취하면

$$A-a_1=2$$

를 얻는다. 따라서 $\lim_{n\to\infty} a_n = A = a_1+2 = 3$이다.

[정의 2.22] 모든 자연수 n에 대하여

$$|a_{n+2}-a_{n+1}| \le C|a_{n+1}-a_n|$$

을 만족하는 실수 $C(0<C<1)$가 존재할 때, 수열 $\{a_n\}$을 **축약수열**(contractive sequence)이라고 한다.

[정리 2.23] 임의의 축약수열은 Cauchy수열이다.

증명 $\{a_n\}$을 축약수열이라고 하자. 그러면 모든 자연수 n에 대하여

$$|a_{n+2}-a_{n+1}| \le C\,|a_{n+1}-a_n|$$

을 만족하는 실수 $C(0<C<1)$가 존재한다. 모든 자연수 n에 대하여

$$|a_{n+1}-a_n| \le C|a_n-a_{n-1}| \le C^2|a_{n-1}-a_{n-2}| \le \cdots \le C^{n-1}|a_2-a_1|$$

이 성립한다. 따라서 $m>n$이면

$$\begin{aligned}|a_m - a_n| &\le |a_m - a_{m-1}| + |a_{m-1} - a_{m-2}| + \cdots + |a_{n+2} - a_{n+1}| + |a_{n+1} - a_n| \\ &\le C^{m-2}|a_2 - a_1| + C^{m-3}|a_2 - a_1| + \cdots + C^n|a_2 - a_1| + C^{n-1}|a_2 - a_1| \\ &= C^{n-1}(1 + C + \cdots + C^{m-n-2} + C^{m-n-1})|a_2 - a_1| \\ &< C^{n-1}(1 + C + C^2 + C^3 + \cdots)|a_2 - a_1| \\ &= C^{n-1}\left(\frac{1}{1-C}\right)|a_2 - a_1|\end{aligned}$$

이 성립한다. 임의의 $\epsilon > 0$에 대하여 $C^{N-1}\left(\frac{1}{1-C}\right)|a_2 - a_1| < \epsilon$을 만족하는 자연수 N을 택하자. 그러면

$$m \ge n \ge N \Rightarrow |a_m - a_n| < C^{n-1}\left(\frac{1}{1-C}\right)|a_2 - a_1| \le C^{N-1}\left(\frac{1}{1-C}\right)|a_2 - a_1| < \epsilon$$

이 성립한다. 따라서 $\{a_n\}$은 Cauchy수열이다. ■

【예제 2.14】 $\{a_n\}$이 $a_1 = \frac{3}{5}$, $a_{n+1} = \frac{1}{5}(a_n^2 + 2)\ (n \ge 1)$로 정의된 수열일 때 $\{a_n\}$이 수렴함을 보이고 그 극한을 구하여라.

풀이 수열 $\{a_n\}$이 수렴함을 보이기 위하여 $\{a_n\}$이 축약수열임을 보이자. $0 < a_1 = \frac{3}{5} < 1$이므로 수학적 귀납법에 의하여, 모든 자연수 n에 대하여 $0 < a_n < 1$임을 알 수 있다. 모든 자연수 n에 대하여

$$\begin{aligned}|a_{n+2} - a_{n+1}| &= \left|\frac{1}{5}(a_{n+1}^2 + 2) - \frac{1}{5}(a_n^2 + 2)\right| \\ &= \frac{1}{5}|(a_{n+1} + a_n)(a_{n+1} - a_n)| \\ &\le \frac{2}{5}|a_{n+1} - a_n|\end{aligned}$$

이 성립한다. 따라서 $\{a_n\}$은 축약수열이다. 정리 2.21과 정리 2.23에 의하여 수열 $\{a_n\}$은 수렴한다.

한편, $\lim_{n \to \infty} a_n = A$로 두자. 모든 자연수 n에 대하여 $0 < a_n < 1$이므로 $0 \le A \le 1$이다. $a_{n+1} = \frac{1}{5}(a_n^2 + 2)$의 양변에 극한을 취하면

$$A^2 - 5A + 2 = 0$$

을 얻는다. 따라서 $A = \frac{5 \pm \sqrt{17}}{2}$이다. $0 \le A \le 1$이므로 $A = \frac{5 - \sqrt{17}}{2}$이다. 그러므로 $\lim_{n \to \infty} a_n = A = \frac{5 - \sqrt{17}}{2}$이다.

연습문제 2.4

1. $\{a_n\}$과 $\{b_n\}$이 Cauchy수열이고 c가 임의의 실수일 때 정의 2.18을 이용하여 $\{a_n+b_n\}$, $\{ca_n\}$, $\{a_nb_n\}$도 Cauchy 수열임을 증명하여라.

2. 수열 $\{a_n\}$이 $a_n = 1+\frac{1}{2!}+\frac{1}{3!}+\cdots+\frac{1}{n!}$ $(n \geq 1)$로 정의되었을 때, 정의 2.18을 이용하여 수열 $\{a_n\}$이 Cauchy 수열임을 보여라.

3. 수열 $\{a_n\}$이 $a_1 = 1$, $a_{n+1} = a_n + \frac{1}{2^n}$ $(n \geq 1)$로 정의되었을 때, 정의 2.18을 이용하여 수열 $\{a_n\}$이 Cauchy 수열임을 보여라.

4. $\{a_n\}$이 Cauchy수열일 필요충분조건은 임의의 $\epsilon > 0$에 대하여

$$n \geq N \Rightarrow |a_n - a_N| < \epsilon$$

을 만족하는 자연수 N이 존재하는 것임을 증명하여라.

5. $\{a_n\}$이 $a_1 > 0$, $a_{n+1} = \frac{1}{2+a_n}$ $(n \geq 1)$로 정의된 수열일 때 $\{a_n\}$이 수렴함을 보이고 그 극한을 구하여라.

6. $\{a_n\}$이 $a_1 = \frac{1}{3}$, $a_{n+1} = \frac{1}{4}(a_n^3+3)$ $(n \geq 1)$으로 정의된 수열일 때 $\{a_n\}$이 수렴함을 보이고 그 극한을 구하여라.

7. $\{a_n\}$이 $a_1 < a_2$, $a_{n+2} = \frac{1}{3}a_{n+1}+\frac{2}{3}a_n$ $(n \geq 1)$으로 정의된 수열일 때 $\{a_n\}$이 수렴함을 보이고 그 극한을 구하여라.

2.5 수열의 상극한과 하극한

이 절에서는 수열의 상극한과 하극한을 정의하고 그 성질들을 알아본다.

[정의 2.24] $\{a_n\}$을 수열이라고 하자.

(i) 수열 $\{a_n\}$의 상극한(limit superior)을 기호로 $\limsup a_n$ 또는 $\overline{\lim}\, a_n$으로 나타내고

$$\limsup a_n = \inf_{k\in \mathrm{N}} \sup\{a_n \mid n \geq k\} = \lim_{k\to\infty} \sup\{a_n \mid n \geq k\}$$

로 정의한다.

(ii) 수열 $\{a_n\}$의 하극한(limit inferior)을 기호로 $\liminf a_n$ 또는 $\underline{\lim}\, a_n$으로 나타내고

$$\liminf a_n = \sup_{k\in \mathrm{N}} \inf\{a_n \mid n \geq k\} = \lim_{k\to\infty} \inf\{a_n \mid n \geq k\}$$

로 정의한다.

【예제 2.15】 $a_n = 1+(-1)^n$, $n\in \mathrm{N}$으로 정의된 수열 $\{a_n\}$의 상극한과 하극한을 구하여라.

풀이 n이 짝수일 때 $a_n = 2$이고, n이 홀수일 때 $a_n = 0$이다. 임의의 자연수 k에 대하여

$$\sup\{a_n \mid n \geq k\} = 2,\ \inf\{a_n \mid n \geq k\} = 0$$

이다. 따라서

$$\limsup a_n = 2,\ \liminf a_n = 0$$

이다.

[정리 2.25] $\{a_n\}$을 수열이라고 하자.

(i) $\limsup a_n = \alpha \in \mathbb{R}$일 필요충분조건은

(a) 임의의 $\epsilon > 0$에 대하여

$$n \geq N \Rightarrow a_n < \alpha + \epsilon$$

을 만족하는 자연수 N이 존재하고

(b) 임의의 $\epsilon > 0$과 임의의 자연수 n에 대하여

$$a_k > \alpha - \epsilon$$

을 만족하는 $k \geq n$인 자연수 k가 존재한다.

(ii) $\limsup a_n = \infty$일 필요충분조건은 임의의 실수 M과 임의의 자연수 n에 대하여

$$a_k \geq M$$

을 만족하는 $k \geq n$인 자연수 k가 존재한다.

(iii) $\limsup a_n = -\infty$일 필요충분조건은 $\lim_{n \to \infty} a_n = -\infty$이다.

증명 (i) $\limsup a_n = \alpha \in \mathbb{R}$ 라고 가정하자. 모든 자연수 k에 대하여 $u_k = \sup\{a_n : n \geq k\}$로 두면 $\lim_{k \to \infty} u_k = \alpha$이다. $\epsilon > 0$을 임의의 실수라고 하자. $\lim_{k \to \infty} u_k = \alpha$이므로

$$k \geq N \Rightarrow u_k < \alpha + \epsilon$$

을 만족하는 자연수 N이 존재한다. $n \geq k$인 모든 자연수 n에 대하여 $a_n \leq u_k$이므로

$$n \geq N \Rightarrow a_n < \alpha + \epsilon$$

이다. 즉, (a)가 성립한다. n을 임의의 자연수라고 하자. $\lim_{k \to \infty} u_k = \alpha$이고 $\{u_k\}$가 단조감소수열이므로, 모든 자연수 k에 대하여 $u_k \geq \alpha$이다. 특히, $u_n \geq \alpha$이다. $u_n = \sup\{a_k : k \geq n\}$이므로

$$a_k > u_n - \epsilon \geq \alpha - \epsilon$$

을 만족하는 $k \geq n$인 자연수 k가 존재한다. 즉, (b)가 성립한다.

역으로, (a)와 (b)가 성립한다고 가정하자. $\epsilon > 0$을 임의의 실수라고 하자. (a)에 의하여

$$n \geq N \quad \Rightarrow \quad a_n < \alpha + \epsilon$$

을 만족하는 자연수 N이 존재한다. 따라서

$$u_N = \sup\{a_k : k \geq N\} \leq \alpha + \epsilon$$

이 성립한다. $\{u_k\}$가 단조감소수열이므로

$$k \geq N \quad \Rightarrow \quad u_k \leq \alpha + \epsilon$$

이다. 따라서

$$\limsup a_n = \lim_{k \to \infty} u_k \leq \alpha + \epsilon$$

이다. $\epsilon > 0$은 임의의 실수이므로 $\limsup a_n \leq \alpha$이다. 한편, $\alpha' = \limsup a_n < \alpha$라고 가정하자. $\alpha' < \alpha - 2\epsilon$인 $\epsilon > 0$이 존재한다. $\limsup a_n = \alpha'$이므로

$$n \geq N \quad \Rightarrow \quad a_n < \alpha' + \epsilon < \alpha - \epsilon$$

을 만족하는 자연수 N이 존재한다. 이것은 (b)에 모순이다. 따라서 $\limsup a_n = \alpha$이다.

(ii)와 (iii)의 증명은 연습문제로 남긴다. ■

정리 2.25와 같은 방법으로 다음 정리를 증명할 수 있다.

[정리 2.26] $\{a_n\}$을 수열이라고 하자.

(i) $\liminf a_n = \beta \in \mathbb{R}$일 필요충분조건은

(a) 임의의 $\epsilon > 0$에 대하여

$$n \geq N \Rightarrow a_n > \beta - \epsilon$$

을 만족하는 자연수 N이 존재하고

(b) 임의의 $\epsilon > 0$과 임의의 자연수 n에 대하여

$$a_k < \beta + \epsilon$$

을 만족하는 $k \geq n$인 자연수 k가 존재한다.

(ii) $\liminf a_n = -\infty$일 필요충분조건은 임의의 실수 M과 임의의 자연수 n에 대하여

$$a_k \leq M$$

을 만족하는 $k \geq n$인 자연수 k가 존재한다.

(iii) $\liminf a_n = \infty$일 필요충분조건은 $\lim_{n \to \infty} a_n = \infty$이다.

[정리 2.27] $\{a_n\}$을 수열이라고 하자. $\lim_{n \to \infty} a_n = A \in \mathbb{R} \cup \{-\infty, \infty\}$일 필요충분조건은 $\limsup a_n = A = \liminf a_n$이다.

증명 $\lim_{n \to \infty} a_n = A \in \mathbb{R}$ 라고 하자. 임의의 $\epsilon > 0$에 대하여

$$n \geq N \;\Rightarrow\; |a_n - A| < \epsilon \text{ 즉, } A - \epsilon < a_n < A + \epsilon$$

을 만족하는 자연수 N이 존재한다. 따라서 정리 2.25(i)과 정리 2.26(i)에 의하여 $\limsup a_n = A = \liminf a_n$이다.

역으로, $\limsup a_n = \liminf a_n = A \in \mathbb{R}$ 라고 하자. $\epsilon > 0$을 임의의 실수라고 하자. 정리 2.25의 (i)와 정리 2.26의 (i)에 의하여

$$n \geq N_1 \;\Rightarrow\; a_n < A + \epsilon$$
$$n \geq N_2 \;\Rightarrow\; a_n > A - \epsilon$$

을 만족하는 자연수 N_1과 N_2가 존재한다. $N = \max(N_1, N_2)$로 두면

$$n \geq N \;\Rightarrow\; A - \epsilon < a_n < A + \epsilon \text{ 즉, } |a_n - A| < \epsilon$$

이다. 따라서 $\lim\limits_{n \to \infty} a_n = A$ 이다.

$A = \infty$ 또는 $A = -\infty$ 인 경우도 같은 방법으로 증명할 수 있다. ■

$\{a_n\}$ 이 수열이라고 하자. $x \in \mathbb{R}$ 로 수렴하는 $\{a_n\}$ 의 부분수열 $\{a_{n_k}\}$ 가 존재할 때 $x \in \mathbb{R}$ 를 $\{a_n\}$ 의 **부분수열 극한**(subsequential limit)이라고 한다. 또한, $\lim\limits_{k \to \infty} a_{n_k} = \infty(-\infty)$ 인 $\{a_n\}$ 의 부분수열 $\{a_{n_k}\}$ 가 존재할 때 $\infty(-\infty)$ 를 $\{a_n\}$ 의 부분수열 극한이라고 한다.

[정리 2.28] $\{a_n\}$ 을 수열이라고 하고 S 를 $\mathbb{R} \cup \{-\infty, \infty\}$ 에서 $\{a_n\}$ 의 모든 부분수열 극한들의 집합이라고 하면, $\limsup a_n = \sup S$, $\liminf a_n = \inf S$ 이다.

증명 $\limsup a_n = \alpha$ 라고 두자. $\alpha \in \mathbb{R}$ 이면 정리 2.25(i)에 의하여 $\epsilon = 1$ 에 대하여

$$\alpha - 1 < a_{n_1} < \alpha + 1$$

을 만족하는 가장 작은 자연수 n_1 을 택할 수 있다.

$$\alpha - \frac{1}{k} < a_{n_k} < \alpha + \frac{1}{k}$$

을 만족하는 $n_1 < n_2 < \cdots < n_k$ 인 자연수 n_k 를 택할 수 있다고 가정하자. 정리 2.25(i)에 의하여 $\epsilon = \dfrac{1}{k+1}$ 에 대하여

$$\alpha - \frac{1}{k+1} < a_{n_{k-1}} < \alpha + \frac{1}{k+1}$$

을 만족하는 $n_k < n_{k+1}$ 인 가장 작은 자연수 n_{k+1} 을 택할 수 있다. 수학적 귀납법에 의하여 모든 자연수 k 에 대하여

$$\alpha - \frac{1}{k} < a_{n_k} < \alpha + \frac{1}{k}$$

을 만족하는 $\{a_n\}$의 부분수열 $\{a_{n_k}\}$가 존재한다. $\lim_{k\to\infty} a_{n_k} = \infty$이므로 $\alpha \in S$이다. $\alpha = \infty$이면 같은 방법으로 정리 2.25(ii)에 의하여 모든 자연수 k에 대하여 $a_{n_k} \geq k$를 만족하는 $\{a_n\}$의 부분수열 $\{a_{n_k}\}$가 존재한다.
$\lim_{k\to\infty} a_{n_k} = \infty$이므로 $\infty \in S$이다. $\alpha = -\infty$이면 정리 2.25(iii)에 의하여 $\lim_{n\to\infty} a_n = -\infty$이다. 따라서 $-\infty \in S$이다.

$\alpha \in S$이므로 $\alpha \leq \sup S$이다. $\sup S = \alpha$임을 보이자. $\alpha = \infty$이면 명백히 $\sup S = \alpha = \infty$가 성립한다. $\alpha \neq \infty$이면 $\sup S = s > \alpha$라고 가정하자. $s \neq \infty$이면 $\alpha < \beta \leq s$인 $\beta \in S$가 존재한다. $\beta \in \mathbb{R}$ 이므로 $\alpha + \epsilon < \beta - \epsilon$인 $\epsilon > 0$이 존재한다. $\lim\sup a_n = \alpha \in \mathbb{R}$ 이므로 정리 2.25(i)(a)에 의하여

$$n \geq N \;\Rightarrow\; a_n < \alpha + \epsilon$$

을 만족하는 자연수 N이 존재한다. 따라서 $|a_k - \beta| < \epsilon$을 만족하는 자연수 k는 유한 개만 존재한다. 그러므로 β로 수렴하는 $\{a_n\}$의 부분수열은 존재하지 않는다. 즉, $\beta \notin S$이다. 이것은 모순이다. $s = \infty$인 경우도 같은 방법으로 모순이 된다. 따라서 $\sup S = \alpha$ 즉, $\lim\sup a_n = \sup S$가 성립한다.

같은 방법으로 $\lim\inf a_n = \inf S$임을 보일 수 있다. ■

【예제 2.16】 $a_n = \left(1 + \dfrac{1}{n}\right)\sin\dfrac{n\pi}{2}$, $n \in \mathbb{N}$로 정의된 수열 $\{a_n\}$의 상극한과 하극한을 구하여라.

풀이 $n = 2k$이면 $a_{2k} = 0\ (k = 1, 2, 3, \cdots)$이고 $n = 2k+1$이면 $a_{2k+1} = (-1)^k\left(1 + \dfrac{1}{2k+1}\right)(k = 0, 1, 2, 3, \cdots)$이다. 따라서 수열 $\{a_n\}$의 모든 부분수열 극한의 집합은 $S = \{-1, 0, 1\}$이다. 정리 2.28에 의하여

$$\lim\sup a_n = \sup S = 1,\ \lim\inf a_n = \inf S = -1$$

이다.

[정리 2.29] 임의의 수열 $\{a_n\}$에 대하여 다음이 성립한다.

$$\lim\inf\left|\frac{a_{n+1}}{a_n}\right| \leq \lim\inf \sqrt[n]{|a_n|} \leq \lim\sup \sqrt[n]{|a_n|} \leq \lim\sup\left|\frac{a_{n+1}}{a_n}\right|$$

증명 가운데 부등식은 명백하고 첫 번째와 세 번째 부등식의 증명은 비슷하다. 여기서는 세 번째 부등식을 증명하겠다. $\alpha = \limsup \sqrt[n]{|a_n|}$, $L = \limsup \left|\frac{a_{n+1}}{a_n}\right|$이라고 두자. $L = +\infty$이면 $\alpha \le L$이 명백하다. 따라서 $L < +\infty$라고 가정하자. $\alpha \le L$임을 보이기 위하여, 임의의 $L_1 > L$에 대하여 $\alpha \le L_1$임을 보이면 된다.

$$L = \limsup \left|\frac{a_{n+1}}{a_n}\right| = \lim_{k \to \infty} \sup \left\{\left|\frac{a_{n+1}}{a_n}\right| : n \ge k\right\} < L_1$$

이라고 하면

$$\sup\left\{\left|\frac{a_{n+1}}{a_n}\right| : n \ge N\right\} < L_1$$

을 만족하는 자연수 N이 존재한다. 따라서

$$n \ge N \;\Rightarrow\; \left|\frac{a_{n+1}}{a_n}\right| < L_1$$

이다.

$$n > N \;\Rightarrow\; |a_n| = \left|\frac{a_n}{a_{n-1}}\right| \cdot \left|\frac{a_{n-1}}{a_{n-2}}\right| \cdots \left|\frac{a_{N+1}}{a_N}\right| \cdot |a_N|$$

이므로

$$n > N \;\Rightarrow\; |a_n| < L_1^{n-N}|a_N|$$

이다. $M = L_1^{-N}|a_N|$으로 두면 $M > 0$이고

$$n > N \;\Rightarrow\; |a_n| < L_1^n M \quad \text{즉,} \quad \sqrt[n]{|a_n|} < L_1 \sqrt[n]{M}$$

이다. $\lim_{n \to \infty} \sqrt[n]{M} = 1$이므로 $\alpha = \limsup \sqrt[n]{|a_n|} \le L_1$이다. 따라서 $\alpha \le L$ 즉, $\limsup \sqrt[n]{|a_n|} \le \limsup \left|\frac{a_{n+1}}{a_n}\right|$이 성립한다. ■

연습문제 2.5

1. 다음 수열의 상극한과 하극한을 구하여라.

   (i) $\left\{\cos\frac{n\pi}{2}+(-1)^n\right\}$

   (ii) $\left\{\frac{2n^2-n}{3n^2-1}\right\}$

   (iii) $\left\{\left(\sin\frac{n\pi}{4}\right)^{(-1)^n}\right\}$

   (iv) $\{(-1)^n+n(1+\cos n\pi)\}$

2. 정리 2.25 (ii), (iii)을 증명하여라.

3. 임의의 수열$\{a_n\}$에 대하여 $\limsup |a_n|=0$이면 $\lim_{n\to\infty} a_n=0$임을 증명하여라.

4. 임의의 수열$\{a_n\}$에 대하여 $\liminf a_n \le \limsup a_n$임을 증명하여라.

5. $\{a_n\}$과 $\{b_n\}$이 $a_n \le b_n (n \ge 1)$인 유계수열이면 다음이 성립함을 증명하여라.

$$\limsup a_n \le \limsup b_n,\ \liminf a_n \le \liminf b_n$$

6. 임의의 유계수열 $\{a_n\}$, $\{b_n\}$에 대하여 다음을 증명하여라.

   (i) $\limsup (a_n+b_n) \le \limsup a_n + \limsup b_n$

   (ii) $\liminf (a_n+b_n) \ge \liminf a_n + \liminf b_n$

   (iii) $c \ge 0$이면 $\limsup ca_n = c \limsup a_n$

   $c < 0$이면 $\limsup ca_n = c \liminf a_n$

   (iv) $c \ge 0$이면 $\liminf ca_n = c \liminf a_n$

   $c < 0$이면 $\liminf ca_n = c \limsup a_n$

7. $\{a_n\}$과 $\{b_n\}$이 $a_n \geq 0,\ b_n \geq 0(n \geq 1)$인 유계수열이면 다음이 성립함을 증명하여라.

$$\liminf a_n \liminf b_n \leq \liminf a_n b_n \leq \limsup a_n b_n \leq \limsup a_n \limsup b_n$$

8. $a_n \geq 0(n \geq 1)$인 수열$\{a_n\}$에 대하여 $\sigma_n = \dfrac{a_1 + a_2 + a_3 + \cdots + a_n}{n}$ $(n \geq 1)$으로 정의하면 다음이 성립함을 증명하여라.

(i) $\liminf a_n \leq \liminf \sigma_n \leq \limsup \sigma_n \leq \limsup a_n$

(ii) $\lim_{n \to \infty} a_n$이 수렴하면 $\lim_{n \to \infty} \sigma_n$도 수렴하고 $\lim_{n \to \infty} \sigma_n = \lim_{n \to \infty} a_n$이다.

(iii) $\lim_{n \to \infty} \sigma_n$은 수렴하지만 $\lim_{n \to \infty} a_n$은 발산하는 예를 들어라.

9. $\{a_n\}$이 $a_n \geq 0\ (n \geq 1)$인 수열이고 $\lim_{n \to \infty} a_n = L$이면 $\lim_{n \to \infty} \sqrt[n]{a_1 a_2 a_3 \cdots a_n} = L$ 임을 증명하여라.

10. $\lim_{n \to \infty} \sqrt[n]{n!}$ 을 구하여라.

3

함수의 극한

3.1 함수의 극한

이 절에서는 함수의 극한을 정의하고 함수의 극한에 관한 성질들을 다룬다.

$a \in \mathbb{R}$ 이고 $\epsilon > 0$일 때 집합

$$N_\epsilon(a) = \{x \in \mathbb{R} : |x - a| < \epsilon\}$$

을 점 a의 ϵ-근방(neighborhood)이라고 한다.

[정의 3.1] $S \subseteq \mathbb{R}$ 이고 $a \in \mathbb{R}$ 라고 하자. 임의의 $\epsilon > 0$에 대하여

$$N_\epsilon(a) \cap (S - \{a\}) \neq \varnothing$$

일 때, a를 집합 S의 **집적점**(accumulation point)이라고 한다. $a \in S$가 집합 S의 집적점이 아닐 때, a를 집합 S의 **고립점**(isolated point)이라고 한다.

[정의 3.2] $S \subseteq \mathbb{R}$이고 $a \in \mathbb{R}$가 집합 S의 집적점이라고 하고 함수 $f : S \to \mathbb{R}$이라고 하자. 임의의 $\epsilon > 0$에 대하여

$$0 < |x - a| < \delta, \quad x \in S \;\Rightarrow\; |f(x) - L| < \epsilon$$

을 만족하는 $\delta > 0$가 존재할 때, x가 a에 가까워질 때 $f(x)$는 L에 **수렴한다**(converge)고 또는 함수 f는 $x = a$에서 **극한**(limit) L을 가진다고 하고, 기호로

$$\lim_{x \to a} f(x) = L$$

로 나타낸다.

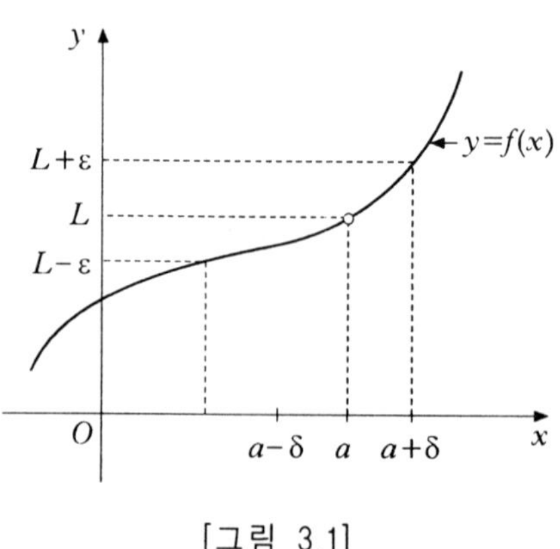

[그림 3.1]

【예제 3.1】 $\lim_{x \to 2}(3x - 1) = 5$임을 보여라.

풀이 임의의 $\epsilon > 0$에 대하여

$$0 < |x - 2| < \delta \;\Rightarrow\; |(3x - 1) - 5| < \epsilon$$

을 만족하는 $\delta > 0$가 존재함을 보이면 된다.

$$|(3x - 1) - 5| = 3|x - 2|$$

이므로 $\delta = \frac{\epsilon}{3}$으로 두면

$$0 < |x-2| < \delta \Rightarrow |(3x-1)-5| = 3|x-2| < 3\delta = \epsilon$$

이다. 따라서 $\lim_{x \to 2}(3x-1) = 5$이다.

【예제 3.2】 $\lim_{x \to 3}(2x^2 - 3x) = 9$임을 보여라.

풀이 임의의 $\epsilon > 0$에 대하여

$$0 < |x-3| < \delta \Rightarrow |(2x^2-3x)-9| < \epsilon$$

을 만족하는 $\delta > 0$가 존재함을 보이면 된다.

$$|(2x^2-3x)-9| = |2x+3||x-3|$$

이다. $|x-3| < 1$ 즉, $2 < x < 4$이면 $|2x+3| \le 2|x| + 3 < 11$이다. 따라서 $|x-3| < 1$이면

$$|(2x^2-3x)-9| = |2x+3||x-3| < 11|x-3|$$

이다. $\delta = \min\left(1, \frac{\epsilon}{11}\right)$으로 두면

$$0 < |x-3| < \delta \Rightarrow |(2x^2-3x)-9| < 11|x-3| < 11\delta \le 11\frac{\epsilon}{11} = \epsilon$$

이다. 따라서 $\lim_{x \to 3}(2x^2-3x) = 9$이다.

【예제 3.3】 $\lim_{x \to 1}\frac{x}{3x-2} = 1$임을 보여라.

풀이 임의의 $\epsilon > 0$에 대하여

$$0 < |x-1| < \delta \Rightarrow \left|\frac{x}{3x-2} - 1\right| < \epsilon$$

을 만족하는 $\delta > 0$가 존재함을 보이면 된다.

$$\left|\frac{x}{3x-2} - 1\right| = \left|\frac{2}{3x-2}\right||x-1|$$

에서 $\lim_{x \to 2/3}\left|\frac{2}{3x-2}\right| = \infty$이다. $|x-1| < \frac{1}{4}$ 즉, $\frac{3}{4} < x < \frac{5}{4}$이면 $|3x-2| \geq 3|x| - 2 > \frac{1}{4}$이므로 $\left|\frac{2}{3x-2}\right| < \frac{2}{1/4} = 8$. 따라서 $|x-1| < \frac{1}{4}$이면

$$\left|\frac{x}{3x-2} - 1\right| = \left|\frac{2}{3x-2}\right||x-1| < 8|x-1|$$

이다. $\delta = \min\left(\frac{1}{4},\ \frac{\epsilon}{8}\right)$으로 두면

$$0 < |x-1| < \delta \ \Rightarrow\ \left|\frac{x}{3x-2} - 1\right| < 8|x-1| < 8\delta \leq 8\frac{\epsilon}{8} = \epsilon$$

이다. 따라서 $\lim_{x \to 1}\frac{x}{3x-2} = 1$이다.

【예제 3.4】 $\lim_{x \to a}\sqrt{x} = \sqrt{a}$ $(a > 0)$임을 보여라.

풀이 임의의 $\epsilon > 0$에 대하여

$$0 < |x-a| < \delta \ \Rightarrow\ |\sqrt{x} - \sqrt{a}| < \epsilon$$

을 만족하는 $\delta > 0$가 존재함을 보이면 된다. $|x-a| \leq a$이면 $0 \leq x \leq 2a$이므로 $\sqrt{x}$가 정의된다.

$$|\sqrt{x} - \sqrt{a}| = \left|\frac{x-a}{\sqrt{x}+\sqrt{a}}\right| \leq \frac{1}{\sqrt{a}}|x-a|$$

이다. $\delta = \min(a,\ \sqrt{a}\,\epsilon)$으로 두면

$$0 < |x-a| < \delta \Rightarrow |\sqrt{x} - \sqrt{a}| \leq \frac{1}{\sqrt{a}}|x-a| < \frac{1}{\sqrt{a}}\delta \leq \frac{1}{\sqrt{a}}\sqrt{a}\,\epsilon = \epsilon$$

이다. 따라서 $\lim_{x \to a}\sqrt{x} = \sqrt{a}$이다.

[정리 3.3] $S \subseteq \mathbb{R}$이고 $a \in \mathbb{R}$가 집합 S의 집적점이라고 하고 함수 $f : S \to \mathbb{R}$이라고 하자. $\lim_{x \to a} f(x)$가 존재하면 그 극한은 유일하다.

증명 $\lim_{x \to a} f(x) = L_1$이고 $\lim_{x \to a} f(x) = L_2$라고 하고 $L_1 = L_2$임을 보이자. $\epsilon > 0$을 임의의 실수라고 하자. 그러면

$$0 < |x-a| < \delta_1,\ x \in S \ \Rightarrow\ |f(x) - L_1| < \frac{\epsilon}{2}$$

$$0 < |x-a| < \delta_2,\ x \in S \ \Rightarrow\ |f(x) - L_2| < \frac{\epsilon}{2}$$

을 만족하는 $\delta_1 > 0$과 $\delta_2 > 0$가 존재한다. $\delta = \min(\delta_1, \delta_2)$로 두면

$$0 < |x-a| < \delta,\ x \in S \ \Rightarrow |L_1 - L_2| \le |L_1 - f(x)| + |f(x) - L_2| < \frac{\epsilon}{2} + \frac{\epsilon}{2} = \epsilon$$

이다. $\epsilon > 0$이 임의의 실수이므로 $|L_1 - L_2| = 0$ 즉, $L_1 = L_2$이다. ■

[정의 3.4] $S \subseteq \mathbb{R}$이고 함수 $f : S \to \mathbb{R}$이라고 하자. 모든 $x \in S$에 대하여 $|f(x)| \le M$을 만족하는 $M > 0$이 존재할 때 $f : S \to \mathbb{R}$는 유계함수(bounded function)라고 한다. $A \subseteq S$일 때, 모든 $x \in A$에 대하여 $|f(x)| \le M$을 만족하는 $M > 0$이 존재할 때 $f : S \to \mathbb{R}$는 집합 A에서 유계(bounded)라고 한다.

[보조정리 3.5] $S \subseteq \mathbb{R}$이고 $a \in \mathbb{R}$가 집합 S의 집적점이라고 하고 함수 $f : S \to \mathbb{R}$이라고 하자. $\lim_{x \to a} f(x)$가 존재하면 f가 $N_\delta(a) \cap (S - \{a\})$에서 유계가 되는 $\delta > 0$가 존재한다.

증명 $\lim_{x \to a} f(x) = L$이라고 하자. $\epsilon = 1$에 대하여

$$0 < |x-a| < \delta,\quad x \in S \ \Rightarrow\ |f(x) - L| < 1$$

인 $\delta > 0$가 존재한다. 따라서

$$0 < |x-a| < \delta, \quad x \in S \ \Rightarrow \ |f(x)| \le |f(x)-L| + |L| < 1 + |L|$$

이다. 그러므로 f는 $N_\delta(a) \cap (S - \{a\})$에서 유계이다. ■

[정리 3.6] $S \subseteq \mathbb{R}$이고 $a \in \mathbb{R}$가 집합 S의 집적점이라고 하고 함수 $f : S \to \mathbb{R}$, $g : S \to \mathbb{R}$이라고 하자. $\lim\limits_{x \to a} f(x) = A$이고 $\lim\limits_{x \to a} g(x) = B$이면 다음이 성립한다.

(i) $\lim\limits_{x \to a} (f(x) + g(x)) = \lim\limits_{x \to a} f(x) + \lim\limits_{x \to a} g(x) = A + B$

(ii) $\lim\limits_{x \to a} f(x)g(x) = \lim\limits_{x \to a} f(x) \lim\limits_{x \to a} g(x) = AB$

(iii) $\lim\limits_{x \to a} \dfrac{f(x)}{g(x)} = \dfrac{\lim\limits_{x \to a} f(x)}{\lim\limits_{x \to a} g(x)} = \dfrac{A}{B}$, $(B \ne 0)$

증명 (i) $\epsilon > 0$을 임의의 실수라고 하자. $\lim\limits_{x \to a} f(x) = A$이고 $\lim\limits_{x \to a} g(x) = B$이므로

$$0 < |x-a| < \delta_1, \ x \in S \ \Rightarrow \ |f(x) - A| < \frac{\epsilon}{2}$$

$$0 < |x-a| < \delta_2, \ x \in S \ \Rightarrow \ |g(x) - B| < \frac{\epsilon}{2}$$

을 만족하는 $\delta_1 > 0$과 $\delta_2 > 0$가 존재한다. $\delta = \min(\delta_1, \ \delta_2)$로 두면

$$\begin{aligned} 0 < |x-a| < \delta, \ x \in S \Rightarrow |(f(x)+g(x)) - (A+B)| &\le |f(x) - A| + |g(x) - B| \\ &< \frac{\epsilon}{2} + \frac{\epsilon}{2} = \epsilon \end{aligned}$$

이다. 따라서 $\lim\limits_{x \to a} (f(x) + g(x)) = A + B$이다.

(ii) $\epsilon > 0$을 임의의 실수라고 하자. $\lim\limits_{x \to a} g(x) = B$가 존재하므로, 보조정리 3.5에 의하여 g가 $N_{\delta_1}(a) \cap (S - \{a\})$에서 유계가 되는 $\delta_1 > 0$이 존재한다. 따라서

$$0 < |x-a| < \delta_1, \ x \in S \ \Rightarrow \ |g(x)| \le M$$

을 만족하는 $M>0$이 존재한다. $\lim_{x\to a} f(x) = A$이고 $\lim_{x\to a} g(x) = B$이므로

$$0<|x-a|<\delta_2,\ x\in S \ \Rightarrow\ |f(x)-A|<\frac{\epsilon}{2M}$$
$$0<|x-a|<\delta_3,\ x\in S \ \Rightarrow\ |g(x)-B|<\frac{\epsilon}{2(1+|A|)}$$

을 만족하는 $\delta_2>0$와 $\delta_3>0$가 존재한다. $\delta=\min(\delta_1,\ \delta_2,\ \delta_3)$으로 두면

$$\begin{aligned}0<|x-a|<\delta,\ x\in S \ \Rightarrow\ &|f(x)g(x)-AB|\\ &=|f(x)g(x)-Ag(x)+Ag(x)-AB|\\ &\le |g(x)||f(x)-A|+|A||g(x)-B|\\ &< M\frac{\epsilon}{2M}+|A|\frac{\epsilon}{2(1+|A|)}<\frac{\epsilon}{2}+\frac{\epsilon}{2}=\epsilon\end{aligned}$$

이다. 따라서 $\lim_{x\to a} f(x)g(x) = AB$이다.

(iii) 우선 $\lim_{x\to a}\frac{1}{g(x)}=\frac{1}{B}$임을 보이자. $\epsilon>0$을 임의의 실수라고 하자. $\lim_{x\to a} g(x)=B$이므로, $\frac{|B|}{2}>0$에 대하여

$$0<|x-a|<\delta_1,\ x\in S \ \Rightarrow\ |g(x)-B|<\frac{|B|}{2}$$

을 만족하는 $\delta_1>0$이 존재한다. 따라서

$$\begin{aligned}0<|x-a|<\delta_1,\ x\in S \ \Rightarrow\ |g(x)| &=|B-(B-g(x))|\\ &\ge |B|-|B-g(x)|\\ &>|B|-\frac{|B|}{2}=\frac{|B|}{2}\end{aligned}$$

이다. 또한 $\lim_{x\to a} g(x) = B$이므로

$$0<|x-a|<\delta_2,\ x\in S \ \Rightarrow\ |g(x)-B|<\frac{\epsilon|B|^2}{2}$$

을 만족하는 $\delta_2>0$가 존재한다. $\delta=\min(\delta_1,\ \delta_2)$로 두면

$$0<|x-a|<\delta,\ x\in S \Rightarrow \left|\frac{1}{g(x)}-\frac{1}{B}\right| = \left|\frac{B-g(x)}{Bg(x)}\right| = \frac{|g(x)-B|}{|B||g(x)|}$$
$$< \frac{(\epsilon|B|^2)/2}{|B|(|B|/2)} = \epsilon$$

이다. 따라서 $\lim_{x\to a}\frac{1}{g(x)} = \frac{1}{B}$이다. 따라서 (ii)에 의하여

$$\lim_{x\to a}\frac{f(x)}{g(x)} = \lim_{x\to a} f(x)\frac{1}{g(x)} = A\frac{1}{B} = \frac{A}{B}$$

가 성립한다. ■

[정리 3.7] $S\subseteq\mathbb{R}$이고 $a\in\mathbb{R}$가 집합 S의 집적점이라고 하고 함수 $f:S\to\mathbb{R}$, $g:S\to\mathbb{R}$, $h:S\to\mathbb{R}$이라고 하자. 모든 $x\in S$에 대하여 $g(x)\le f(x)\le h(x)$이고 $\lim_{x\to a}g(x) = \lim_{x\to a}h(x) = L$이면 $\lim_{x\to a}f(x) = L$이다.

증명 $\epsilon>0$을 임의의 실수라고 하자. $\lim_{x\to a}g(x) = \lim_{x\to a}h(x) = L$이므로

$$0<|x-a|<\delta_1,\ x\in S \Rightarrow |g(x)-L|<\epsilon \text{ 즉, } L-\epsilon<g(x)<L+\epsilon$$
$$0<|x-a|<\delta_2,\ x\in S \Rightarrow |h(x)-L|<\epsilon \text{ 즉, } L-\epsilon<h(x)<L+\epsilon$$

을 만족하는 $\delta_1>0$과 $\delta_2>0$가 존재한다. $\delta=\min(\delta_1,\ \delta_2)$로 두면

$$0<|x-a|<\delta,\ x\in S \Rightarrow L-\epsilon<g(x)\le f(x)\le h(x)<L+\epsilon$$
$$\text{즉, } |f(x)-L|<\epsilon$$

이다. 따라서 $\lim_{x\to a}f(x) = L$이다. ■

【예제 3.5】 $\lim_{x\to 0}\frac{\sqrt{4+x}-2}{x}$를 구하여라.

풀이 정리 3.6에 의하여

$$\begin{aligned}\lim_{x\to 0}\frac{\sqrt{4+x}-2}{x} &= \lim_{x\to 0}\frac{(\sqrt{4+x}-2)(\sqrt{4+x}+2)}{x(\sqrt{4+x}+2)}\\ &= \lim_{x\to 0}\frac{4+x-4}{x(\sqrt{4+x}+2)}\\ &= \lim_{x\to 0}\frac{1}{\sqrt{4+x}+2}\\ &= \frac{1}{\lim_{x\to 0}\sqrt{4+x}+2} = \frac{1}{4}.\end{aligned}$$

【예제 3.6】 $\lim_{x\to 0} x\sin\frac{1}{x} = 0$임을 보여라.

풀이 $-1 \le \sin\frac{1}{x} \le 1$, $x \ne 0$이므로

$$-|x| \le x\sin\frac{1}{x} \le |x|, \quad x \ne 0$$

이다. $\lim_{x\to 0}(-|x|) = \lim_{x\to 0}|x| = 0$이므로 정리 3.7에 의하여 $\lim_{x\to 0} x\sin\frac{1}{x} = 0$ 이다.

> [정리 3.8] $S \subseteq \mathbb{R}$ 이고 $a \in \mathbb{R}$가 집합 S의 집적점이라고 하고 함수 $f : S \to \mathbb{R}$ 이라고 하자. $\lim_{x\to a} f(x) = L$일 필요충분조건은 $a_n \ne a\ (n = 1, 2, 3, \cdots)$이고 $\lim_{n\to\infty} a_n = a$인 S에서의 임의의 수열 $\{a_n\}$에 대하여 $\lim_{n\to\infty} f(a_n) = L$이다.

증명 $\lim_{x\to a} f(x) = L$이라고 가정하고 $\{a_n\}$을 $a_n \ne a (n = 1, 2, 3, \cdots)$이고 $\lim_{n\to\infty} a_n = a$ 인 S에서의 수열이라고 하자. $\epsilon > 0$을 임의의 실수라고 하자. $\lim_{x\to a} f(x) = L$이므로

$$0 < |x-a| < \delta, \quad x \in S \ \Rightarrow \ |f(x) - L| < \epsilon$$

을 만족하는 $\delta > 0$가 존재한다. $a_n \ne a(n = 1, 2, 3, \cdots)$이고 $\lim_{n\to\infty} a_n = a$이므로, 이 $\delta > 0$에 대하여

$$n \ge N \ \Rightarrow \ 0 < |a_n - a| < \delta$$

를 만족하는 자연수 N이 존재한다. 따라서

$$n \geq N \;\Rightarrow\; |f(a_n) - L| < \epsilon$$

이다. 그러므로 $\lim_{n\to\infty} f(a_n) = L$이다.

역으로, $\lim_{x\to a} f(x) \neq L$라고 가정하자. 그러면 $\epsilon > 0$이 존재하여 임의의 $\delta > 0$에 대하여

$$0 < |x - a| < \delta \text{ 이고 } |f(x) - L| \geq \epsilon$$

인 $x \in S$가 존재한다. 각 자연수 n에 대하여 $\delta = \dfrac{1}{n}$로 두면

$$0 < |a_n - a| < \frac{1}{n} \text{ 이고 } |f(a_n) - L| \geq \epsilon$$

인 $a_n \in S$이 존재한다. 따라서 $\{a_n\}$은 $a_n \neq a(n = 1, 2, 3, \cdots)$이고 $\lim_{n\to\infty} a_n = a$인 S에서의 수열이지만 $\lim_{n\to\infty} f(a_n) \neq L$이다. 이것은 가정에 모순이다. 따라서 $\lim_{x\to a} f(x) = L$이다. ■

【예제 3.7】 $f(x) = \sin\dfrac{1}{x}$, $x \neq 0$일 때 $\lim_{x\to 0} f(x)$가 존재하지 않음을 보여라.

풀이 $a_n = \dfrac{1}{2n\pi + \dfrac{\pi}{2}}$ $(n = 1, 2, 3, \cdots)$로 두면 $a_n \neq 0\ (n = 1, 2, 3, \cdots)$이고 $\lim_{n\to\infty} a_n = 0$이며 $\lim_{n\to\infty} f(a_n) = 1$이다. 한편, $b_n = \dfrac{1}{2n\pi + \dfrac{3\pi}{2}}$ $(n = 1, 2, 3, \cdots)$로 두면 $b_n \neq 0(n = 1, 2, 3, \cdots)$이고 $\lim_{n\to\infty} b_n = 0$이며 $\lim_{n\to\infty} f(b_n) = -1$이다. $\lim_{n\to\infty} f(a_n) \neq \lim_{n\to\infty} f(b_n)$이므로 정리 3.8에 의하여 $\lim_{x\to 0} f(x)$가 존재하지 않는다.

【예제 3.8】 $f(x) = \begin{cases} x, & x \in \mathbb{Q} \\ 0, & x \in \mathbb{R} - \mathbb{Q} \end{cases}$ 이라고 하자. $a = 0$일 때만 $\lim_{x \to a} f(x)$가 존재함을 보여라.

풀이 우선 $a \neq 0$라고 하자. $\{a_n\}$을 $a_n \neq a\,(n = 1, 2, 3, \cdots)$이고 $\lim_{n \to \infty} a_n = a$인 $\mathbb{Q}$에서의 수열이라고 하고, $\{\widetilde{a_n}\}$를 $\widetilde{a_n} \neq a\,(n = 1, 2, 3, \cdots)$이고 $\lim_{n \to \infty} \widetilde{a_n} = a$인 $\mathbb{R} - \mathbb{Q}$에서의 수열이라고 하자. 그러면 $f(a_n) = a_n$, $f(\widetilde{a_n}) = 0$ $(n = 1, 2, 3, \cdots)$이다. 따라서 $\lim_{n \to \infty} f(a_n) = \lim_{n \to \infty} a_n = a$, $\lim_{n \to \infty} f(\widetilde{a_n}) = 0$이다. $a \neq 0$이므로 정리 3.8에 의하여 $\lim_{x \to a} f(x)$는 존재하지 않는다.

한편, $a = 0$이라고 하자. $\{a_n\}$을 $a_n \neq 0\,(n = 1, 2, 3, \cdots)$이고 $\lim_{n \to \infty} a_n = 0$인 $\mathbb{R}$에서의 임의의 수열이라고 하자. 그러면 $f(a_n) = a_n$ 또는 0 $(n = 1, 2, 3, \cdots)$이다. $\lim_{n \to \infty} a_n = 0$이므로 $\lim_{n \to \infty} f(a_n) = 0$이다. 정리 3.8에 의하여 $\lim_{x \to 0} f(x) = 0$이다.

연습문제 3.1

1. 정의 3.2에 의하여 다음 함수의 극한을 증명하여라.

   (i) $\lim_{x \to 2}(x^2+x)=6$

   (ii) $\lim_{x \to -1}\frac{x-1}{3x+1}=1$

   (iii) $\lim_{x \to 0}\frac{\sqrt{x+1}-1}{x}=\frac{1}{2}$

2. $f(x)=\begin{cases} 0, & x \in \mathbb{Q} \\ 1, & x \in \mathbb{R}-\mathbb{Q} \end{cases}$ 이라고 하면 모든 실수 a에 대하여 $\lim_{x \to a}f(x)$가 존재하지 않음을 보여라.

3. $\lim_{x \to a}\frac{1}{\sqrt{x}}=\frac{1}{\sqrt{a}}$ $(a>0)$임을 증명하여라.

4. $\lim_{x \to a}f(x)=L$이면 $\lim_{x \to a}|f(x)|=|L|$임을 증명하여라.

5. a의 근방에서 $f(x)\geq 0$이고 $\lim_{x \to a}f(x)=L$이면 $\lim_{x \to a}\sqrt{f(x)}=\sqrt{L}$ 임을 증명하여라.

6. $\lim_{x \to a}f(x)=L$이면 $\lim_{x \to a}[f(x)]^n=L^n$임을 증명하여라.

7. 모든 실수 a에 대하여 $\lim_{x \to a}\sin x=\sin a$임을 증명하여라.

8. $\lim_{x \to 0}\frac{\sin x}{x}=1$임을 증명하여라.

9. 다음 함수의 극한을 구하여라.

(i) $\lim_{x \to 1} \frac{x^n - 1}{x-1}$ $(n \in \mathbb{N})$

(ii) $\lim_{x \to 0} \frac{\sqrt{1+x} - \sqrt{1+3x}}{x^3 + 4x}$

(iii) $\lim_{x \to 0} \frac{1}{x}\left(\frac{1}{\sqrt{x+3}} - \frac{1}{\sqrt{3}}\right)$

(iv) $\lim_{x \to 0} \frac{1-\cos x}{x^2}$

(v) $\lim_{x \to 0} \frac{1}{x} \tan\frac{x}{3}$

10. $\lim_{x \to 0} \frac{1}{x}$이 존재하지 않음을 보여라.

11. $\lim_{x \to a} f(x) = 0$이고 함수 g가 a의 근방에서 유계이면 $\lim_{x \to a} f(x)g(x) = 0$임을 증명하여라.

3.2 한쪽 극한, 무한극한

이 절에서는 좌극한, 우극한, 무한극한, 무한에서의 극한을 다룬다. 특히 극한이 존재할 필요충분조건은 좌극한과 우극한이 같은 것임을 보인다.

[정의 3.9] $S \subseteq \mathbb{R}$이고 $a \in \mathbb{R}$가 집합 S의 집적점이라고 하고 함수 $f: S \to \mathbb{R}$이라고 하자.

임의의 $\epsilon > 0$에 대하여

$$a < x < a + \delta, \quad x \in S \Rightarrow |f(x) - L| < \epsilon$$

을 만족하는 $\delta > 0$가 존재할 때, 함수 f는 $x = a$에서 우극한(right-hand limit) L을 가진다고 하고, 기호로

$$\lim_{x \to a^+} f(x) = L$$

로 나타낸다.

임의의 $\epsilon > 0$에 대하여

$$a - \delta < x < a, \quad x \in S \Rightarrow |f(x) - L| < \epsilon$$

을 만족하는 $\delta > 0$가 존재할 때, 함수 f는 $x = a$에서 좌극한(left-hand limit) L을 가진다고 하고, 기호로

$$\lim_{x \to a^-} f(x) = L$$

로 나타낸다.

【예제 3.9】 $f(x) = \begin{cases} 2x+1, & x \le 1 \\ 3x-2, & x > 1 \end{cases}$일 때, $\lim_{x \to 1^+} f(x) = 1$, $\lim_{x \to 1^-} f(x) = 3$임을 보여라.

풀이 (i) $\epsilon > 0$을 임의의 실수라고 하자. $\delta = \frac{\epsilon}{3}$으로 두면

$$1 < x < 1+\delta \Rightarrow |f(x) - 1| \le |(3x-2) - 1| = 3|x-1| < 3\delta = \epsilon$$

이다. 따라서 $\lim_{x \to 1^-} f(x) = 1$이다.

(ii) $\epsilon > 0$을 임의의 실수라고 하자. $\delta = \frac{\epsilon}{2}$으로 두면

$$1-\delta < x < 1 \Rightarrow |f(x) - 3| \le |(2x+1) - 3| = 2|x-1| < 2\delta = \epsilon$$

이다. 따라서 $\lim_{x \to 1^-} f(x) = 3$이다.

> [정리 3.10] $S \subseteq \mathbb{R}$이고 $a \in \mathbb{R}$가 집합 S의 집적점이라고 하고 함수 $f : S \to \mathbb{R}$이라고 하자. $\lim_{x \to a} f(x) = L$일 필요충분조건은 $\lim_{x \to a^+} f(x) = \lim_{x \to a^-} f(x) = L$이다.

증명 $\lim_{x \to a} f(x) = L$이라고 하자. 임의의 $\epsilon > 0$에 대하여

$$0 < |x-a| < \delta,\ x \in S \Rightarrow |f(x) - L| < \epsilon$$

을 만족하는 $\delta > 0$가 존재한다. 따라서

$$a < x < a+\delta,\ x \in S \Rightarrow |f(x) - L| < \epsilon$$
$$a-\delta < x < a,\ x \in S \Rightarrow |f(x) - L| < \epsilon$$

이다. 그러므로 $\lim_{x \to a^-} f(x) = \lim_{x \to a^-} f(x) = L$이다.

역으로, $\lim_{x \to a^-} f(x) = \lim_{x \to a^-} f(x) = L$이라고 하자. 임의의 $\epsilon > 0$에 대하여

$$a < x < a+\delta_1,\ x \in S \Rightarrow |f(x) - L| < \epsilon$$
$$a-\delta_2 < x < a,\ x \in S \Rightarrow |f(x) - L| < \epsilon$$

을 만족하는 $\delta_1 > 0$과 $\delta_2 > 0$가 존재한다. $\delta = \min(\delta_1, \delta_2)$로 두면 $\delta > 0$이고

$$0 < |x - a| < \delta,\ x \in S \Rightarrow |f(x) - L| < \epsilon$$

이다. 따라서 $\lim_{x \to a} f(x) = L$이다. ■

[정의 3.11] $S \subseteq \mathbb{R}$이고 $a \in \mathbb{R}$가 집합 S의 집적점이라고 하고 함수 $f : S \to \mathbb{R}$이라고 하자.

임의의 $M > 0$에 대하여

$$0 < |x - a| < \delta, \quad x \in S \Rightarrow f(x) > M$$

을 만족하는 $\delta > 0$가 존재할 때, x가 a에 가까워질 때 $f(x)$는 ∞로 **발산한다**(diverge)고 하고, 기호로

$$\lim_{x \to a} f(x) = \infty$$

로 나타낸다.

임의의 $M > 0$에 대하여

$$0 < |x - a| < \delta, \quad x \in S \Rightarrow f(x) < -M$$

을 만족하는 $\delta > 0$가 존재할 때, x가 a에 가까워질 때 $f(x)$는 $-\infty$로 **발산한다**고 하고, 기호로

$$\lim_{x \to a} f(x) = -\infty$$

로 나타낸다.

【예제 3.10】 $\lim_{x \to 0} \frac{1}{x^2} = \infty$임을 보여라.

풀이 임의의 $M > 0$에 대하여 $\delta = \frac{1}{\sqrt{M}}$로 두면

$$0 < |x - 0| < \delta \Rightarrow \frac{1}{x^2} > \frac{1}{\delta^2} = M$$

이다. 따라서 $\lim_{x \to 0} \frac{1}{x^2} = \infty$이다.

[정의 3.12] $S \subseteq \mathbb{R}$이고 $a \in \mathbb{R}$가 집합 S의 집적점이라고 하고 함수 $f : S \to \mathbb{R}$이라고 하자.

임의의 $M > 0$에 대하여

$$a < x < a + \delta, \quad x \in S \quad \Rightarrow \quad f(x) > M$$

을 만족하는 $\delta > 0$가 존재할 때, x가 a의 우측에서 a에 가까워질 때 $f(x)$는 ∞로 **발산한다**고 하고, 기호로

$$\lim_{x \to a^-} f(x) = \infty$$

로 나타낸다.

임의의 $M > 0$에 대하여

$$a - \delta < x < a, \quad x \in S \quad \Rightarrow \quad f(x) > M$$

을 만족하는 $\delta > 0$가 존재할 때, x가 a의 좌측에서 a에 가까워질 때 $f(x)$는 ∞로 **발산한다**고 하고, 기호로

$$\lim_{x \to a^-} f(x) = \infty$$

로 나타낸다.

임의의 $M>0$에 대하여

$$a<x<a+\delta,\quad x\in S \Rightarrow f(x)<-M$$

을 만족하는 $\delta>0$가 존재할 때, x가 a의 우측에서 a에 가까워질 때 $f(x)$는 $-\infty$로 **발산한다**고 하고, 기호로

$$\lim_{x\to a^+} f(x) = -\infty$$

로 나타낸다.

임의의 $M>0$에 대하여

$$a-\delta<x<a,\quad x\in S \Rightarrow f(x)<-M$$

을 만족하는 $\delta>0$가 존재할 때, x가 a의 좌측에서 a에 가까워질 때 $f(x)$는 $-\infty$로 **발산한다**고 하고, 기호로

$$\lim_{x\to a^-} f(x) = -\infty$$

로 나타낸다.

【예제 3.11】 $\lim_{x\to 0^+} \ln x = -\infty$임을 보여라.

풀이 임의의 $M>0$에 대하여 $\delta = e^{-M}$으로 두면

$$0<x<\delta \Rightarrow x<e^{-M} \quad \text{or} \quad \ln x<-M$$

이다. 따라서 $\lim_{x\to 0^-} \ln x = -\infty$이다.

[정의 3.13] $S \subseteq \mathbb{R}$이고 S가 유계가 아니고 함수 $f : S \to \mathbb{R}$이라고 하자.

임의의 $\epsilon > 0$에 대하여

$$x > M, \quad x \in S \ \Rightarrow \ |f(x) - L| < \epsilon$$

을 만족하는 $M > 0$이 존재할 때, 함수 f는 x가 ∞로 갈 때 극한 L을 가진다고 하고, 기호로

$$\lim_{x \to \infty} f(x) = L$$

로 나타낸다.

임의의 $\epsilon > 0$에 대하여

$$x < -M, \quad x \in S \ \Rightarrow \ |f(x) - L| < \epsilon$$

을 만족하는 $M > 0$이 존재할 때, 함수 f는 x가 $-\infty$로 갈 때 극한 L을 가진다고 하고, 기호로

$$\lim_{x \to -\infty} f(x) = L$$

로 나타낸다.

【예제 3.12】 $\displaystyle\lim_{x \to \infty} \frac{x^2 - 1}{2x^2 + 1} = \frac{1}{2}$임을 보여라.

풀이 임의의 $\epsilon > 0$에 대하여 $M = \sqrt{\dfrac{1}{\epsilon}}$로 두면

$$x > M \ \Rightarrow \ \left| \frac{x^2 - 1}{2x^2 + 1} - \frac{1}{2} \right| = \frac{3}{2(2x^2 + 1)} < \frac{4}{4x^2} = \frac{1}{x^2} < \frac{1}{M^2} = \epsilon$$

이다. 따라서 $\displaystyle\lim_{x \to \infty} \frac{x^2 - 1}{2x^2 + 1} = \frac{1}{2}$이다.

[정의 3.14] $S \subseteq \mathbb{R}$이고 S가 유계가 아니고 함수 $f: S \to \mathbb{R}$이라고 하자.
임의의 $M > 0$에 대하여

$$x > N,\ x \in S \ \Rightarrow\ f(x) > M$$

을 만족하는 $N > 0$이 존재할 때, x가 ∞로 갈 때 $f(x)$는 ∞로 발산한다고 하고, 기호로

$$\lim_{x \to \infty} f(x) = \infty$$

로 나타낸다.
임의의 $M > 0$에 대하여

$$x > N,\ x \in S \ \Rightarrow\ f(x) < -M$$

을 만족하는 $N > 0$이 존재할 때, x가 ∞로 갈 때 $f(x)$는 $-\infty$로 발산한다고 하고, 기호로

$$\lim_{x \to \infty} f(x) = -\infty$$

로 나타낸다.
임의의 $M > 0$에 대하여

$$x < -N,\ x \in S \ \Rightarrow\ f(x) > M$$

을 만족하는 $N > 0$이 존재할 때, x가 $-\infty$로 갈 때 $f(x)$는 ∞로 발산한다고 하고, 기호로

$$\lim_{x \to -\infty} f(x) = \infty$$

로 나타낸다.

임의의 $M>0$에 대하여

$$x<-N, \quad x\in S \;\Rightarrow\; f(x)<-M$$

을 만족하는 $N>0$이 존재할 때, x가 $-\infty$로 갈 때 $f(x)$는 $-\infty$로 발산한다고 하고, 기호로

$$\lim_{x\to-\infty} f(x)=-\infty$$

로 나타낸다.

【예제 3.13】 $\lim_{x\to-\infty}(x^2-x)=\infty$임을 보여라.

풀이 임의의 $M>0$에 대하여 $N=\sqrt{M}$으로 두면 $N>0$이고

$$x<-N \;\Rightarrow\; x^2-x>x^2>N^2=M$$

이다. 따라서 $\lim_{x\to-\infty}(x^2-x)=\infty$이다.

연습문제 3.2

1. 정의 3.9에 의하여 다음 함수의 극한을 증명하여라.

(i) $\lim_{x \to 2^-} \frac{1}{[\![x]\!]} = 1$

(ii) $\lim_{x \to 0^+} \frac{1}{1+e^{-1/x}} = 1$

2. 다음 함수의 극한이 존재하면 그 극한을 구하여라.

(i) $\lim_{x \to 0^+} \frac{\sin x}{\sqrt{x}}$

(ii) $\lim_{x \to 0^-} \frac{6x [\![x]\!]}{2x+|x|}$

(iii) $\lim_{x \to 3} \left([\![x]\!] - \left[\!\!\left[\frac{x}{3} \right]\!\!\right] \right)$

(iv) $\lim_{x \to 0} \frac{1-3^{-1/x}}{3+3^{-1/x}}$

3. 정의 3.11, 정의 3.12, 정의 3.13, 정의 3.14에 의하여 다음 함수의 극한을 증명하여라.

(i) $\lim_{x \to 3} \frac{1-x}{(x-3)^2} = -\infty$

(ii) $\lim_{x \to 0^+} e^{1/x} = \infty$

(iii) $\lim_{x \to \infty} \frac{\cos x}{x} = 0$

(iv) $\lim_{x \to -\infty} e^{-x} = \infty$

4. $\lim_{x \to \infty} f(x) = L$일 필요충분조건은 $\lim_{x \to 0^+} f\left(\frac{1}{x}\right) = L$임을 증명하여라.

5. 다음을 증명하여라.

(i) $\lim_{x \to a} f(x) = \infty$이면 $\lim_{x \to a} \frac{1}{f(x)} = 0$이다.

(ii) $\lim_{x \to a} f(x) = 0$이고 적당한 $\delta_1 > 0$이 존재하여 모든 $x \in N_{\delta_1}^*(a)$에 대하여 $f(x) \neq 0$이면 $\lim_{x \to a} \frac{1}{|f(x)|} = \infty$이다.(단, $N_{\delta_1}^*(a) = \{x \in \mathbb{R} : 0 < |x-a| < \delta_1\}$)

6. $0 < a < 1$일 때 $\lim_{x \to \infty} a^x = 0$임을 증명하여라.

7. $\lim_{x \to a} f(x) = L\,(L > 0)$이고 $\lim_{x \to a} g(x) = \infty$이면 $\lim_{x \to a} f(x)g(x) = \infty$임을 증명하여라.

8. 다음을 증명하여라.

(i) f가 우함수이면 $\lim_{x \to 0} f(x) = L$일 필요충분조건은 $\lim_{x \to 0^+} f(x) = L$이다.

(ii) f가 기함수이고 $\lim_{x \to 0} f(x) = L$이면 $L = 0$이다.

9. $\lim_{x \to \infty} x f(x) = L\,(L \in \mathbb{R})$이면 $\lim_{x \to \infty} f(x) = 0$임을 증명하여라.

4

연속함수

4.1 연속함수

이 절에서는 연속함수를 정의하고 그 기본성질을 다룬다.

[정의 4.1] $S \subseteq \mathbb{R}$, $a \in S$이고 함수 $f: S \to \mathbb{R}$이라고 하자. $\lim_{x \to a} f(x) = f(a)$일 때 즉, 임의의 $\epsilon > 0$에 대하여

$$|x-a| < \delta, \quad x \in S \;\Rightarrow\; |f(x)-f(a)| < \epsilon$$

을 만족하는 $\delta > 0$가 존재할 때, 함수 f는 a에서 **연속**(continuous)이라고 한다. 함수 f가 a에서 연속이 아닐 때, f는 a에서 **불연속**(discontinuous)이라고 한다. 함수 f가 S의 부분집합 A의 모든 점에서 연속일 때, f는 **집합 A에서 연속**이라고 한다. 특히, 함수 f가 정의역 S에서 연속일 때, f는 **연속함수**(continuous function)라고 한다.

【예제 4.1】 함수 $f(x)=\dfrac{x^2-1}{x-1}$의 $x=1$에서의 연속성을 조사하여라.

풀이 $f(1)$이 존재하지 않으므로 f는 $x=1$에서 불연속이다. 그러나

$$\lim_{x\to1}f(x)=\lim_{x\to1}\frac{x^2-1}{x-1}=\lim_{x\to1}(x+1)=2$$

이다. 따라서 $f(1)=2$로 정의하면 $\lim_{x\to1}f(x)=2=f(1)$이 되어 f는 $x=1$에서 연속이 된다.

【예제 4.2】 함수 $f(x)=\begin{cases} x\sin\dfrac{1}{x}, & x\neq0 \\ 0, & x=0 \end{cases}$의 $x=0$에서의 연속성을 조사하여라.

풀이 예제 3.6에서 $\lim_{x\to0}f(x)=\lim_{x\to0}x\sin\dfrac{1}{x}=0$이므로 $\lim_{x\to0}f(x)=0=f(0)$이다. 따라서 f는 $x=0$에서 연속이다.

【예제 4.3】 함수 $f(x)=\begin{cases} x, & x\in\mathbb{Q} \\ 0, & x\in\mathbb{R}-\mathbb{Q} \end{cases}$의 연속성을 조사하여라.

풀이 예제 3.8에서 $a=0$일 때만 $\lim_{x\to a}f(x)$가 존재하고 $\lim_{x\to0}f(x)=0=f(0)$이므로, f는 $x=0$에서만 연속이고 $x\neq0$에서는 불연속이다.

【예제 4.4】 함수 $f(x)=\sin x$가 $\mathbb{R}$에서 연속임을 보여라.

풀이 임의의 $x, y\in\mathbb{R}$에 대하여

$$\begin{aligned} |f(x)-f(y)| &= |\sin x-\sin y| \\ &= \left|2\sin\frac{x-y}{2}\cos\frac{x+y}{2}\right| \\ &\le 2\left|\sin\frac{x-y}{2}\right| \\ &\le 2\left|\frac{x-y}{2}\right| \\ &= |x-y| \end{aligned}$$

이다. a를 임의의 실수라고 하자. 임의의 $\epsilon > 0$에 대하여 $\delta = \epsilon$으로 두면

$$|x-a| < \delta,\ x \in \mathbb{R} \Rightarrow |f(x) - f(a)| = |\sin x - \sin a| \leq |x-a| < \delta = \epsilon$$

이다. 따라서 $f(x) = \sin x$는 a에서 연속이다. a가 임의의 실수이므로 $f(x) = \sin x$는 $\mathbb{R}$에서 연속이다.

정리 3.8에 의하여 다음 정리를 얻을 수 있다.

[정리 4.2] $S \subseteq \mathbb{R}$, $a \in S$이고 함수 $f : S \to \mathbb{R}$이라고 하자. f가 a에서 연속일 필요충분조건은 $\lim_{n \to \infty} a_n = a$인 S에서의 임의의 수열 $\{a_n\}$에 대하여 $\lim_{n \to \infty} f(a_n) = f(a)$이다.

정리 3.6에 의하여 다음 정리를 얻을 수 있다.

[정리 4.3] $S \subseteq \mathbb{R}$, $a \in S$이고 함수 $f : S \to \mathbb{R}$, $g : S \to \mathbb{R}$이라고 하자. f와 g가 a에서 연속이면 다음이 성립한다.

(i) $f+g$가 a에서 연속이다.

(ii) fg가 a에서 연속이다.

(iii) $\dfrac{f}{g}$가 a에서 연속이다. (단, $g(a) \neq 0$)

[정리 4.4] $A, B \subseteq \mathbb{R}$, $a \in A$이고 함수 $f : A \to \mathbb{R}$, $g : B \to \mathbb{R}$, $f(A) \subseteq B$라고 하자. f가 a에서 연속이고 g가 $f(a)$에서 연속이면 합성함수 $g \circ f$는 a에서 연속이다.

증명 $\epsilon > 0$을 임의의 실수라고 하자. g가 $f(a)$에서 연속이므로

$$|y - f(a)| < \eta,\quad y \in B \Rightarrow |g(y) - g(f(a))| < \epsilon$$

을 만족하는 $\eta > 0$가 존재한다. f가 a에서 연속이므로, 이 $\eta > 0$에 대하여

$$|x-a| < \delta,\quad x \in A \;\Rightarrow\; |f(x)-f(a)| < \eta$$

를 만족하는 $\delta > 0$가 존재한다. 따라서

$$|x-a| < \delta,\quad x \in A \;\Rightarrow\; |g(f(x))-g(f(a))| < \epsilon$$

이다. 그러므로 $g \circ f$는 a에서 연속이다. ■

【예제 4.5】 (i) 상수함수 $f(x)=c$와 항등함수 $g(x)=x$가 $\mathbb{R}$에서 연속이므로, 정리 4.3에 의하여 임의의 다항함수 $p(x)=a_0x^n+a_1x^{n-1}+\cdots+a_{n-1}x+a_n$은 $\mathbb{R}$에서 연속이다.

(ii) 정리 4.3에 의하여 유리함수 $r(x)=\dfrac{p(x)}{q(x)}$는 $\{x \in \mathbb{R} : q(x) \neq 0\}$에서 연속이다.

(iii) $f(x)=\sin x$가 $\mathbb{R}$에서 연속이고 $g(x)=\dfrac{1}{x^2}$이 $\mathbb{R}-\{0\}$에서 연속이므로, 정리 4.4에 의하여 $h(x)=\sin\dfrac{1}{x^2}$은 $\mathbb{R}-\{0\}$에서 연속이다.

[정의 4.5] $S \subseteq \mathbb{R}$, $a \in S$이고 함수 $f : S \to \mathbb{R}$이라고 하자. $\lim_{x \to a^+} f(x) = f(a)$일 때 즉, 임의의 $\epsilon > 0$에 대하여

$$a \le x < a+\delta,\quad x \in S \;\Rightarrow\; |f(x)-f(a)| < \epsilon$$

을 만족하는 $\delta > 0$가 존재할 때, 함수 f는 a에서 우연속(right-continuous)이라고 한다.

$\lim_{x \to a^-} f(x) = f(a)$일 때 즉, 임의의 $\epsilon > 0$에 대하여

$$a-\delta < x \le a,\quad x \in S \;\Rightarrow\; |f(x)-f(a)| < \epsilon$$

을 만족하는 $\delta > 0$가 존재할 때, 함수 f는 a에서 좌연속(left-continuous)이라고 한다.

정리 3.10에 의하여 다음 정리를 얻을 수 있다.

> [정리 4.6] 함수 $f:(a,\ b) \to \mathbb{R}$이고 $c \in (a,\ b)$라고 하자. f가 c에서 연속일 필요충분조건은 f가 c에서 우연속이고 동시에 좌연속인 것이다.

함수 $f:[a,\ b] \to \mathbb{R}$이라고 하자. f가 $(a,\ b)$에서 연속이고 a에서 우연속이며 b에서 좌연속일 때 f는 $[a,\ b]$에서 연속이라고 한다.

【예제 4.6】 함수 $f(x) = \llbracket x \rrbracket$의 $\mathbb{R}$에서 연속성을 조사하여라.

풀이 임의의 $a \in \mathbb{R} - \mathbb{Z}$에 대하여 $k < a < k+1,\ k \in \mathbb{Z}$로 두면

$$\lim_{x \to a} f(x) = \lim_{x \to a} \llbracket x \rrbracket = k = f(a)$$

이므로 f는 a에서 연속이다. 따라서 함수 f는 $\mathbb{R} - \mathbb{Z}$에서 연속이다.

임의의 $k \in \mathbb{Z}$에 대하여

$$\lim_{x \to k^-} f(x) = \lim_{x \to k^-} \llbracket x \rrbracket = k = f(k)$$

이므로 f는 k에서 우연속이고,

$$\lim_{x \to k^-} f(x) = \lim_{x \to k^-} \llbracket x \rrbracket = k - 1 \neq k = f(k)$$

이므로 f는 k에서 좌연속이 아니다. 따라서 함수 f는 임의의 $k \in \mathbb{Z}$에서는 연속이 아니다.

연습문제 4.1

1. 다음 함수의 연속성을 조사하여라.

   (i) $f(x)=\dfrac{1}{x}\sin\dfrac{1}{x^2}$

   (ii) $f(x)=[\![1/x]\!]$

   (iii) $f(x)=[\![\sin x]\!]$

   (iv) $f(x)=\begin{cases} x^3, & x\in\mathbb{Q} \\ x+6, & x\in\mathbb{R}-\mathbb{Q}\end{cases}$

2. 함수 $f:S\to\mathbb{R}$가 $a\in S$에서 연속이면 $|f|$도 a에서 연속임을 증명하여라.

3. 함수 $f:S\to\mathbb{R}$가 $a\in S$에서 연속이고 모든 $x\in S$에 대하여 $f(x)\geq 0$이면 $g:S\to\mathbb{R}$, $g(x)=\sqrt{f(x)}$도 a에서 연속임을 증명하여라.

4. 함수 $f:S\to\mathbb{R}$와 $g:S\to\mathbb{R}$가 $a\in S$에서 연속이면 $\max(f,g)$와 $\min(f,g)$도 a에서 연속임을 증명하여라.

5. 함수 $f(x)=\begin{cases} \dfrac{1}{q}, & x=\dfrac{p}{q}\in\mathbb{Q}\cap(0,1]\ (\text{단, } \dfrac{p}{q}\text{는 기약분수}) \\ 0, & x\in(\mathbb{R}-\mathbb{Q})\cap(0,1] \\ 1, & x=0\end{cases}$ 의 연속성을 조사하여라.

6. 함수 $f(x)=\cos x$가 $\mathbb{R}$에서 연속임을 보여라.

7. 함수 $f:\mathbb{R}\to\mathbb{R}$가 $\mathbb{R}$에서 연속이고 모든 $r\in\mathbb{Q}$에 대하여 $f(r)=0$이면 모든 $x\in\mathbb{R}$에 대하여 $f(x)=0$임을 보여라.

8. 함수 $f:\mathbb{R}\to\mathbb{R}$와 $g:\mathbb{R}\to\mathbb{R}$가 $\mathbb{R}$에서 연속이고 모든 $r\in\mathbb{Q}$에 대하여 $f(r)=g(r)$이면 모든 $x\in\mathbb{R}$에 대하여 $f(x)=g(x)$임을 보여라.

9. 함수 $f:\mathbb{R}\to\mathbb{R}$가 모든 $x,y\in\mathbb{R}$에 대하여 $f(x+y)=f(x)+f(y)$를 만족할 때 다음을 증명하여라.

(i) f가 $x=0$에서 연속이면 f는 $\mathbb{R}$에서 연속이다.

(ii) f가 $\mathbb{R}$에서 연속이면 적당한 $c\in\mathbb{R}$가 존재하여 모든 $x\in\mathbb{R}$에 대하여 $f(x)=cx$이다.

10. 함수 $f:\mathbb{R}\to\mathbb{R}$가 $\mathbb{R}$에서 연속이고 $f(0)=1$이며 모든 $x,y\in\mathbb{R}$에 대하여 $f(x+y)=f(x)f(y)$를 만족하면, 적당한 $a>0$가 존재하여 모든 $x\in\mathbb{R}$에 대하여 $f(x)=a^x$임을 증명하여라.

4.2 연속함수의 성질

이 절에서는 연속함수의 중요한 성질인 최대·최소값 정리와 중간값 정리를 다룬다.

[정리 4.7] 함수 $f : [a, b] \to \mathbb{R}$가 $[a, b]$에서 연속이면 f는 $[a, b]$에서 유계이다.

증명 f가 $[a, b]$에서 유계가 아니라고 가정하자. 그러면 각 자연수 n에 대하여 $|f(x_n)| > n$을 만족하는 $x_n \in [a, b]$이 존재한다. 따라서 $\{x_n\}$은 유계수열이다. 정리 2.17에 의하여 수열 $\{x_n\}$은 수렴하는 부분수열 $\{x_{n_k}\}$를 가진다. $\lim\limits_{k \to \infty} x_{n_k} = c$라고 두면, 모든 자연수 k에 대하여 $x_{n_k} \in [a, b]$이므로 $c \in [a, b]$이다. f가 $c \in [a, b]$에서 연속이므로 정리 4.2에 의하여 $\lim\limits_{k \to \infty} f(x_{n_k}) = f(c)$이다. 즉, $\{f(x_{n_k})\}$는 수렴하는 수열이다. 따라서 $\{f(x_{n_k})\}$는 유계수열이다. 한편, 모든 자연수 n에 대하여 $|f(x_n)| > n$이므로 $\lim\limits_{k \to \infty} |f(x_{n_k})| = \infty$이다. 따라서 $\{f(x_{n_k})\}$는 유계수열이 아니다. 이것은 모순이다. 그러므로 f는 $[a, b]$에서 유계이다. ■

[정리 4.8] (최대·최소값 정리) 함수 $f : [a, b] \to \mathbb{R}$가 $[a, b]$에서 연속이면, 모든 $x \in [a, b]$에 대하여 $f(x_2) \le f(x) \le f(x_1)$을 만족하는 $x_1,\ x_2 \in [a, b]$가 존재한다.

증명 함수 f가 $[a, b]$에서 연속이므로 정리 4.7에 의하여 f는 $[a, b]$에서 유계이다. 따라서 $M = \sup_{x \in [a, b]} f(x)$와 $m = \inf_{x \in [a, b]} f(x)$가 존재한다. 만약 $f(x_1) = M$을 만족하는 $x_1 \in [a, b]$이 존재하지 않는다고 가정하자. 그러면 모든 $x \in [a, b]$에 대하여 $f(x) < M$이다. $g(x) = \dfrac{1}{M - f(x)}$, $x \in [a, b]$로 정의하면, 모든 $x \in [a, b]$에 대하여 $g(x) > 0$이고 정리 4.3에 의하여 g는 $[a, b]$에서 연속이다. 정리 4.7에 의하여 g는 $[a, b]$에서 유계이다. 따라서 모든 $x \in [a, b]$에 대하여 $g(x) \le K$를 만족하는 $K > 0$가 존재한다. 따라서 모든 $x \in [a, b]$에 대하여

$$0 < g(x) = \frac{1}{M - f(x)} \le K$$

이다. 그러므로 모든 $x \in [a, b]$에 대하여

$$f(x) \le M - \frac{1}{K}$$

이다. 이것은 $M = \sup_{x \in [a, b]} f(x)$에 모순이다. 따라서 $f(x_1) = M$을 만족하는 $x_1 \in [a, b]$이 존재한다. 즉, 모든 $x \in [a, b]$에 대하여 $f(x) \le f(x_1)$을 만족하는 $x_1 \in [a, b]$이 존재한다.

한편, $-f$가 $[a, b]$에서 연속이므로, 위의 결과에 의하여 모든 $x \in [a, b]$에 대하여 $(-f)(x) \le (-f)(x_2)$를 만족하는 $x_2 \in [a, b]$가 존재한다. 즉, 모든 $x \in [a, b]$에 대하여 $f(x_2) \le f(x)$를 만족하는 $x_2 \in [a, b]$가 존재한다. ■

【예제 4.7】 (i) 함수 $f(x) = x^2$은 유계인 폐구간 $[0, 2]$에서 연속이므로 $f(2) = 4 = M$, $f(0) = 0 = m$, 여기서 $M = \sup_{x \in [0, 2]} f(x)$, $m = \inf_{x \in [0, 2]} f(x)$이다.

한편, $f(x) = x^2$은 유계인 개구간 $(0, 2)$에서 연속이지만 $f(x_1) = 4 = M$, $f(x_2) = 0 = m$을 만족하는 x_1, $x_2 \in (0, 2)$가 존재하지 않는다.

(ii) 함수 $f(x) = \dfrac{x|x|}{1+x^2}$, $x \in \mathbb{R}$는 $\mathbb{R}$에서 연속이지만 $f(x_1) = 1 = M$, $f(x_2) = -1 = m$을 만족하는 x_1, $x_2 \in \mathbb{R}$가 존재하지 않는다.

[보조정리 4.9]

(i) 함수 $f : \mathbb{R} \to \mathbb{R}$가 x_0에서 연속이고 $f(x_0) > 0$이면 모든 $x \in (x_0 - \delta, x_0 + \delta)$에 대하여 $f(x) > \frac{1}{2} f(x_0) > 0$을 만족하는 $\delta > 0$가 존재한다.

(ii) 함수 $f : \mathbb{R} \to \mathbb{R}$가 x_0에서 연속이고 $f(x_0) < 0$이면 모든 $x \in (x_0 - \delta, x_0 + \delta)$에 대하여 $f(x) < \frac{1}{2} f(x_0) < 0$을 만족하는 $\delta > 0$가 존재한다.

증명 (i) f가 x_0에서 연속이므로 $\epsilon = \frac{1}{2}f(x_0) > 0$에 대하여

$$|x - x_0| < \delta \ \Rightarrow \ |f(x) - f(x_0)| < \epsilon = \frac{1}{2}f(x_0)$$

를 만족하는 $\delta > 0$가 존재한다. 즉,

$$|x - x_0| < \delta \ \Rightarrow \ \frac{1}{2}f(x_0) < f(x) < \frac{3}{2}f(x_0)$$

이다. 따라서 모든 $x \in (x_0 - \delta,\ x_0 + \delta)$에 대하여 $f(x) > \frac{1}{2}f(x_0) > 0$이다.

(ii) $-f$에 (i)의 결과를 적용하여 증명할 수 있다. ■

[정리 4.10] (중간값 정리) 함수 $f : [a, b] \to \mathbb{R}$가 $[a, b]$에서 연속이고 k가 $f(a)$와 $f(b)$ 사이에 있으면 $f(c) = k$인 $c \in (a, b)$가 존재한다.

증명 $f(a) < k < f(b)$라고 가정하자. $f(b) < k < f(a)$인 경우도 같은 방법으로 증명할 수 있다. $A = \{x \in [a, b] \mid f(x) \le k\}$라고 하면 $a \in A$이고 $A \subseteq [a, b]$이므로 A는 유계이다. 따라서 $\sup A$가 존재한다. $c = \sup A$라고 하자. $f(c) = k$임을 보이자. $c = \sup A$이므로 임의의 자연수 n에 대하여 $c - \frac{1}{n} < x_n \le c$를 만족하는 $x_n \in A$이 존재한다. 따라서 $\{x_n\}$은 $\lim_{n \to \infty} x_n = c$인 A에서의 수열이다. f가 c에서 연속이므로 정리 4.2에 의하여 $f(c) = \lim_{n \to \infty} f(x_n) \le k$이다. $f(c) = k$임을 보이기 위하여 $f(c) < k$라고 가정하면 $k - f(x)$는 c에서 연속이고 $k - f(c) > 0$이다. 보조정리 4.9에 의하여, 모든 $x \in (c - \delta,\ c + \delta)$에 대하여 $k - f(x) > 0$을 만족하는 $\delta > 0$가 존재한다. 특히, 모든 $x \in (c, c + \delta)$에 대하여 $f(x) < k$이다. 이것은 $c = \sup A$에 모순이다. 따라서 $f(c) = k$이다. ■

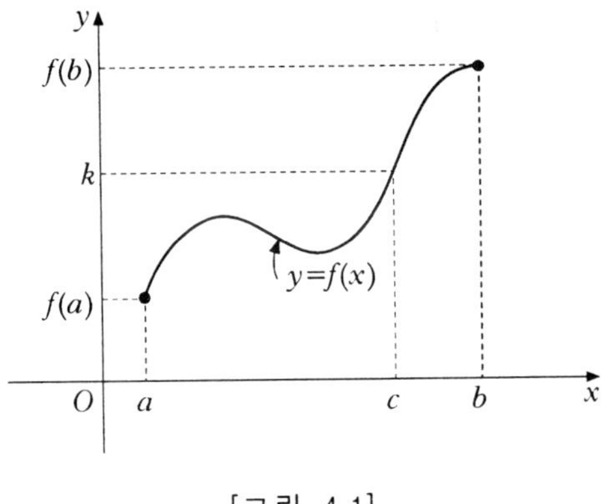

[그림 4.1]

중간값 정리에 의하여 다음 따름정리들을 얻을 수 있다.

[따름정리 4.11] 함수 $f:[a,b]\to\mathbb{R}$가 $[a,b]$에서 연속이고 $f(a)f(b)<0$이면 $f(c)=0$인 $c\in(a,b)$가 존재한다.

[따름정리 4.12] 함수 $f:[a,b]\to\mathbb{R}$가 $[a,b]$에서 연속이고 상수함수가 아니면 f의 치역 $f([a,b])$도 유계인 폐구간이다.

증명 f가 $[a, b]$에서 연속이므로, 정리 4.7에 의하여 $M=\sup_{x\in[a,b]}f(x)$와 $m=\inf_{x\in[a,b]}f(x)$가 존재한다. 정리 4.8에 의하여 $f(x_1)=M$, $f(x_2)=m$을 만족하는 x_1, $x_2\in[a,b]$가 존재한다. f가 상수함수가 아니므로 $m<M$이다. 중간값 정리에 의하여 임의의 $k\in[m,M]$에 대하여 $f(c)=k$를 만족하는 c가 x_1과 x_2 사이에 존재한다. 즉, $f(c)=k$를 만족하는 $c\in[a,b]$가 존재한다. 따라서 $k\in f([a,b])$이다. 즉, $[m,M]\subseteq f([a,b])$이다. 한편, $f([a,b])\subseteq[m,M]$이므로 $f([a,b])=[m,M]$이다. ■

[따름정리 4.13] (부동점 정리) 함수 $f:[a,b]\to[a,b]$가 $[a,b]$에서 연속이면 $f(x_0)=x_0$인 $x_0\in[a,b]$가 존재한다.

증명 $f(a)=a$ 또는 $f(b)=b$인 경우는 명백하다. $f(a)>a$이고 $f(b)<b$라고 가정하자. $g(x)=f(x)-x$, $x\in[a, b]$라고 정의하면 g는 $[a, b]$에서 연속이고 $g(a)>0$, $g(b)<0$이다. 중간값 정리에 의하여 $g(x_0)=0$ 즉, $f(x_0)=x_0$인 $x_0\in(a, b)$가 존재한다. ■

【예제 4.8】 함수 $f(x)=\begin{cases} x+1, & x\in(0, 1] \\ 0, & x=0 \end{cases}$이라고 하자. f는 $x=0$에서 우연속이 아니므로 f는 폐구간 $[0,1]$에서 연속이 아니다. 한편, $M=\sup_{x\in[0,1]}f(x)=2$, $m=\inf_{x\in[0,1]}f(x)=0$이고 $f(0)=0$, $f(1)=2$이다. 그러나 $k\in(0, 1]$에 대하여 $f(c)=k$인 $c\in(0, 1)$가 존재하지 않는다.

[정리 4.14] 함수 $f:[a, b]\to\mathbb{R}$가 $[a, b]$에서 단사이고 연속이면, 역함수 $f^{-1}:[m, M]\to[a, b]$는 $[m, M]$에서 연속이다. 여기서 $M=\sup_{x\in[a,b]}f(x)$, $m=\inf_{x\in[a,b]}f(x)$이다.

증명 함수 f가 $[a, b]$에서 연속이므로, 따름정리 4.12에 의하여 f의 치역은 $[m, M]$이다. 따라서 역함수는 $f^{-1}:[m, M]\to[a, b]$이다. y_0를 $[m, M]$에 속하는 임의의 점이라고 하고 f^{-1}가 y_0에서 연속임을 보이자. $\{y_n\}$을 $\lim_{n\to\infty}y_n=y_0$인 $[m, M]$에서의 임의의 수열이라고 하자. 정리 4.2에 의하여 $\lim_{n\to\infty}f^{-1}(y_n)=f^{-1}(y_0)$임을 보이면 된다. $x_0=f^{-1}(y_0)$, $x_n=f^{-1}(y_n)$ $(n=1, 2, 3, \cdots)$으로 두자. $\lim_{n\to\infty}f^{-1}(y_n)\neq f^{-1}(y_0)$ 즉, $\lim_{n\to\infty}x_n\neq x_0$라고 가정하자. 그러면 $\epsilon>0$이 존재하여 무한히 많은 자연수 n에 대하여 $|x_n-x_0|\geq\epsilon$을 만족한다. 모든 자연수 k에 대하여 $|x_{n_k}-x_0|\geq\epsilon$인 $\{x_n\}$의 부분수열 $\{x_{n_k}\}$를 택하자. $\{x_{n_k}\}$는 유계수열이므로 정리 2.17에 의하여 $\{x_{n_k}\}$는 수렴하는 부분수열 $\{x_{n_{k_i}}\}$를 가진다. $\lim_{i\to\infty}x_{n_{k_i}}=c$로 두면 $c\in[a, b]$이다. 모든 자연수 i에 대하여 $|x_{n_{k_i}}-x_0|\geq\epsilon$이므로 $c\neq x_0$이다. f가 c에서 연속이고 $\lim_{i\to\infty}x_{n_{k_i}}=c$이므로 정리 4.2에 의하여 $\lim_{i\to\infty}f(x_{n_{k_i}})=f(c)$이다. 한편, $\{f(x_{n_{k_i}})\}$는 $\{f(x_n)\}=\{y_n\}$의 부분수열이고 $\lim_{n\to\infty}y_n=y_0=f(x_0)$이므로 $\lim_{i\to\infty}f(x_{n_{k_i}})=f(x_0)$이다. 따라서 $f(c)=f(x_0)$이

다. 이것은 f가 단사함수라는 가정에 모순이다. 따라서 $\lim_{n\to\infty} f^{-1}(y_n) = f^{-1}(y_0)$이다. 그러므로 f^{-1}는 y_0에서 연속이다. y_0가 $[m, M]$에 속하는 임의의 점이므로 f^{-1}는 $[m, M]$에서 연속이다. ■

연습문제 4.2

1. 다음 함수의 최대값 또는 최소값이 존재하면 그것을 구하여라.

   (i) $f(x) = \dfrac{x^3+2x^2+2x+1}{x+1}$, $x \in [0, 1]$

   (ii) $f(x) = e^{-1/x}$, $x \in (0, \infty)$

2. 방정식 $(x^2-1)\cos\left(\dfrac{\pi}{2}x\right) + \sqrt{2}\sin\left(\dfrac{\pi}{2}x\right) - 1 = 0$은 $(0, 1)$에서 적어도 하나의 실근을 가짐을 보여라.

3. $f : [-1, 1] \to \mathbb{R}$가 연속함수이고 $f(-1) = f(1)$이면 $f(c) = f(c-1)$을 만족하는 $c \in [0, 1]$가 존재함을 보여라.

4. $f : [0, 1] \to \mathbb{R}$가 연속함수이고 $f(0) = f(1)$이면 $f(c) = f\left(c + \dfrac{1}{2}\right)$을 만족하는 $c \in \left[0, \dfrac{1}{2}\right]$가 존재함을 보여라.

5. 함수 $f : [a, b] \to \mathbb{R}$와 $g : [a, b] \to \mathbb{R}$가 $[a, b]$에서 연속이고 $f(a) \ge g(a)$이고 $f(b) \le g(b)$이면 $f(c) = g(c)$인 $c \in [a, b]$가 존재함을 보여라.

6. 함수 $f : [a, b] \to \mathbb{R}$가 $[a, b]$에서 연속이고 각 $x \in [a, b]$에 대하여 $|f(y)| \le \dfrac{1}{2}|f(x)|$를 만족하는 $y \in [a, b]$가 존재하면 $f(c) = 0$인 $c \in [a, b]$가 존재함을 보여라.

7. 함수 $f : [a, b] \to \mathbb{R}$가 $[a, b]$에서 연속이고 임의의 $x \in [a, b]$에 대하여 $f(x) \in \mathbb{Q}$이면 f는 상수함수임을 보여라.

8. 함수 $f(x)=\begin{cases} \sin\dfrac{1}{x}, & x\in[-1,\,0)\cup(0,\,1] \\ 0, & x=0 \end{cases}$ 이라고 할 때 다음을 보여라.

(i) f는 $x=0$에서 연속이 아니다.

(ii) k가 $f(-1)$과 $f(1)$ 사이에 있으면 $f(c)=k$인 $c\in(-1,\,1)$가 존재한다.

4.3 균등연속

이 절에서는 균등연속을 정의하고 그 성질을 다룬다. 특히, 유계인 폐구간에서는 연속과 균등연속이 동치임을 보인다.

【예제 4.9】 $f(x) = x^2$이 $\mathbb{R}$에서 연속임을 정의를 이용하여 보여라.

풀이 $x_0 \in \mathbb{R}$라고 하고 $\epsilon > 0$을 임의의 실수라고 하자.

$$|f(x) - f(x_0)| = |x^2 - x_0^2| = |x + x_0||x - x_0| \le (|x| + |x_0|)|x - x_0|$$

이다. $|x - x_0| < 1$이면 $|x| \le |x - x_0| + |x_0| < 1 + |x_0|$이다. 따라서

$$|f(x) - f(x_0)| \le (|x| + |x_0|)|x - x_0| < (1 + 2|x_0|)|x - x_0|$$

이다. $\delta = \min\left(1, \dfrac{\epsilon}{1 + 2|x_0|}\right)$으로 두면

$$\begin{aligned} |x - x_0| < \delta \Rightarrow |f(x) - f(x_0)| &\le (1 + 2|x_0|)|x - x_0| \\ &< (1 + 2|x_0|)\delta \le (1 + 2|x_0|)\frac{\epsilon}{1 + 2|x_0|} = \epsilon \end{aligned}$$

이다. 따라서 $f(x) = x^2$은 $\mathbb{R}$에서 연속이다. 여기서 δ는 ϵ과 점 x_0에 동시에 영향을 받음을 알 수 있다.

【예제 4.10】 $f(x) = 5x - 3$이 $\mathbb{R}$에서 연속임을 정의를 이용하여 보여라.

풀이 $x_0 \in \mathbb{R}$라고 하고 $\epsilon > 0$을 임의의 실수라고 하자.

$$|f(x) - f(x_0)| = |(5x - 3) - (5x_0 - 3)| = 5|x - x_0|$$

이다. $\delta = \dfrac{\epsilon}{5}$으로 두면

$$|x - x_0| < \delta \Rightarrow |f(x) - f(x_0)| = 5|x - x_0| < 5\delta = \epsilon$$

이다. 따라서 $f(x) = 5x - 3$은 $\mathbb{R}$에서 연속이다. 여기서 δ는 ϵ에만 영향을 받고 점 x_0에는 영향을 받지 않음을 알 수 있다.

[정의 4.15] $S \subseteq \mathbb{R}$이고 함수 $f: S \to \mathbb{R}$이라고 하자. 임의의 $\epsilon > 0$에 대하여

$$|x-y| < \delta, \quad x, y \in S \Rightarrow |f(x) - f(y)| < \epsilon$$

을 만족하는 $\delta > 0$가 존재할 때, 함수 f는 S에서 **균등연속**(uniformly continuous)이라고 한다.

【예제 4.11】 $f(x) = x^2$은 $\mathbb{R}$에서 균등연속이 아니고 $f(x) = 5x-3$은 $\mathbb{R}$에서 균등연속임을 보여라.

풀이 (i) $f(x) = x^2$이 $\mathbb{R}$에서 균등연속이 아님을 보이기 위하여, $\epsilon > 0$이 존재하여 임의의 $\delta > 0$에 대하여 $|x-y| < \delta$이지만 $|f(x) - f(y)| \geq \epsilon$인 $x, y \in \mathbb{R}$가 존재함을 보이면 된다. 이제 $\epsilon = 1$이라고 하자. 임의의 $\delta > 0$에 대하여 $x = \frac{1}{\delta}$, $y = \frac{1}{\delta} + \frac{\delta}{2}$로 두면 $x, y \in \mathbb{R}$이고 $|x-y| = \left|\frac{1}{\delta} - \left(\frac{1}{\delta} + \frac{\delta}{2}\right)\right| = \frac{\delta}{2} < \delta$이다. 그러나

$$|f(x) - f(y)| = |x^2 - y^2| = \left|\left(\frac{1}{\delta}\right)^2 - \left(\frac{1}{\delta} + \frac{\delta}{2}\right)^2\right| = 1 + \frac{\delta^2}{4} > 1$$

이다. 따라서 $f(x) = x^2$은 $\mathbb{R}$에서 균등연속이 아니다.

(ii) $\epsilon > 0$을 임의의 실수라고 하자.

$$|f(x) - f(y)| = |(5x-3) - (5y-3)| = 5|x-y|$$

이므로 $\delta = \frac{\epsilon}{5}$으로 두면

$$|x-y| < \delta, \quad x, y \in \mathbb{R} \Rightarrow |f(x) - f(y)| = 5|x-y| < 5\delta = \epsilon$$

이다. 따라서 $f(x) = 5x-3$은 $\mathbb{R}$에서 균등연속이다.

[정리 4.16] $S \subseteq \mathbb{R}$이고 함수 $f: S \to \mathbb{R}$가 S에서 균등연속이면 f는 S에서 연속이다.

증명 $x_0 \in S$를 임의의 점이라고 하고 $\epsilon > 0$을 임의의 실수라고 하자. f가 S에서 균등연속이므로

$$|x-y| < \delta, \quad x, y \in S \ \Rightarrow \ |f(x) - f(y)| < \epsilon$$

을 만족하는 $\delta > 0$가 존재한다. 특히

$$|x - x_0| < \delta, \quad x \in S \ \Rightarrow \ |f(x) - f(x_0)| < \epsilon$$

이다. 따라서 f는 x_0에서 연속이다. $x_0 \in S$는 임의의 점이므로 f는 S에서 연속이다. ■

【예제 4.12】 $f(x) = \dfrac{1}{x}$은 $(0, \infty)$에서 균등연속이 아니고 (a, ∞)에서 균등연속임을 보여라.(단, $a > 0$)

풀이 (i) $f(x) = \dfrac{1}{x}$은 $(0, \infty)$에서 균등연속이 아님을 보이자. $\epsilon > 0$이 존재하여 임의의 $\delta > 0$에 대하여 $|x-y| < \delta$이지만 $|f(x) - f(y)| \geq \epsilon$인 $x, y \in (0, \infty)$가 존재함을 보이면 된다. 이제 $\epsilon = \dfrac{1}{2}$이라고 하자. 임의의 $\delta > 0$에 대하여 $\dfrac{1}{n} < \delta$를 만족하는 자연수 n을 택하자. $x = \dfrac{1}{n}$, $y = \dfrac{1}{n+1}$로 두면 $x, y \in (0, \infty)$이고 $|x-y| = \left|\dfrac{1}{n} - \dfrac{1}{n+1}\right| < \dfrac{1}{n} < \delta$ 이다. 그러나

$$|f(x) - f(y)| = \left|\frac{1}{x} - \frac{1}{y}\right| = |n - (n+1)| = 1 > \frac{1}{2}$$

이다. 따라서 $f(x) = \dfrac{1}{x}$은 $(0, \infty)$에서 균등연속이 아니다.

(ii) $\epsilon > 0$을 임의의 실수라고 하자. 임의의 $x, y \in (a, \infty)$에 대하여

$$|f(x) - f(y)| = \left|\frac{1}{x} - \frac{1}{y}\right| = \frac{|x-y|}{xy} < \frac{1}{a^2}|x-y|$$

이므로 $\delta = a^2\epsilon$으로 두면

$$|x-y| < \delta, \ x, y \in (a, \infty) \Rightarrow |f(x) - f(y)| < \frac{1}{a^2}|x-y| < \frac{1}{a^2}\delta = \epsilon$$

이다. 따라서 $f(x) = \dfrac{1}{x}$은 (a, ∞)에서 균등연속이다.

위의 예제에서 알 수 있듯이 정리 4.16의 역은 성립하지 않는다. 또한 균등연속성은 집합에 따라서 달라짐을 알 수 있다.

> [정리 4.17] 함수 f가 유계인 폐구간 $[a, b]$에서 연속이면 f는 $[a, b]$에서 균등연속이다.

증명 f가 $[a, b]$에서 균등연속이 아니라고 가정하자. 그러면 $\epsilon > 0$이 존재하여 임의의 $\delta > 0$에 대하여 $|x - y| < \delta$이지만 $|f(x) - f(y)| \geq \epsilon$인 $x, y \in [a, b]$가 존재한다. 임의의 자연수 n에 대하여 $\delta = \dfrac{1}{n}$로 두면 $|x_n - y_n| < \dfrac{1}{n}$이지만 $|f(x_n) - f(y_n)| \geq \epsilon$인 $x_n, y_n \in [a, b]$이 존재한다. $\{x_n\}$은 유계수열이므로 정리 2.17에 의하여 $\{x_n\}$은 수렴하는 부분수열 $\{x_{n_k}\}$를 가진다. $\lim\limits_{k \to \infty} x_{n_k} = c$라고 하면 $c \in [a, b]$이다. 모든 자연수 k에 대하여

$$|y_{n_k} - c| \leq |y_{n_k} - x_{n_k}| + |x_{n_k} - c|$$

이고 $\lim\limits_{k \to \infty}(x_{n_k} - y_{n_k}) = 0$이므로 $\lim\limits_{k \to \infty} y_{n_k} = c$이다. f가 c에서 연속이므로 정리 4.2에 의하여

$$\lim_{k \to \infty} f(x_{n_k}) = f(c) = \lim_{k \to \infty} f(y_{n_k})$$

이다. 모든 자연수 k에 대하여 $|f(x_{n_k}) - f(y_{n_k})| \geq \epsilon$이므로

$$\lim_{k \to \infty} |f(x_{n_k}) - f(y_{n_k})| \geq \epsilon > 0 \quad \text{즉,} \quad \lim_{k \to \infty} f(x_{n_k}) \neq \lim_{k \to \infty} f(y_{n_k})$$

이다. 이것은 모순이다. 따라서 f는 $[a, b]$에서 균등연속이다. ■

> [정리 4.18] $S \subseteq \mathbb{R}$이고 함수 $f : S \to \mathbb{R}$가 S에서 균등연속이고 $\{x_n\}$이 S에서 Cauchy 수열이면 $\{f(x_n)\}$도 $\mathbb{R}$에서 Cauchy 수열이다.

증명 $\epsilon > 0$을 임의의 실수라고 하자. $f : S \to \mathbb{R}$가 S에서 균등연속이므로

$$|x-y|<\delta,\quad x,\ y\in S\ \Rightarrow\ |f(x)-f(y)|<\epsilon$$

을 만족하는 $\delta>0$가 존재한다. $\{x_n\}$이 S에서 Cauchy 수열이므로, $\delta>0$에 대하여

$$m,\ n\geq N\ \Rightarrow\ |x_m-x_n|<\delta$$

를 만족하는 자연수 N이 존재한다. 따라서

$$m,\ n\geq N\ \Rightarrow\ |f(x_m)-f(x_n)|<\epsilon$$

이 성립한다. 그러므로 $\{f(x_n)\}$은 $\mathbb{R}$ 에서 Cauchy 수열이다. ■

[정의 4.19] $S\subseteq\mathbb{R}$이고 함수 $f: S\to\mathbb{R}$이라고 하자. 임의의 $x,\ y\in S$에 대하여

$$|f(x)-f(y)|\leq K|x-y|$$

을 만족하는 $K>0$가 존재할 때, f를 Lipschitz 함수라고 한다.

[정리 4.20] $S\subseteq\mathbb{R}$이고 $f: S\to\mathbb{R}$가 Lipschitz 함수이면 f는 S에서 균등연속이다.

증명 $f: S\to\mathbb{R}$가 Lipschitz 함수라고 하면, 임의의 $x,\ y\in S$에 대하여

$$|f(x)-f(y)|\leq K|x-y|$$

을 만족하는 $K>0$가 존재한다. 임의의 $\epsilon>0$에 대하여 $\delta=\dfrac{\epsilon}{K}$으로 두면

$$|x-y|<\delta,\quad x,\ y\in S\ \Rightarrow\ |f(x)-f(y)|\leq K|x-y|<K\delta=\epsilon$$

이다. 따라서 f는 S에서 균등연속이다. ■

다음 예제에서 정리 4.20의 역은 성립하지 않음을 알 수 있다.

【예제 4.13】 $f(x) = \sqrt{x}$ 는 $[0, 1]$에서 균등연속이지만 Lipschitz 함수가 아님을 보여라.

풀이 $f(x) = \sqrt{x}$ 는 $[0, 1]$에서 연속이므로 정리 4.17에 의하여 f 는 $[0, 1]$에서 균등연속이다. 한편, 임의의 $x, y \in [0, 1]$, $x \neq y$에 대하여

$$\left| \frac{f(x) - f(y)}{x - y} \right| = \left| \frac{\sqrt{x} - \sqrt{y}}{x - y} \right| = \frac{1}{\sqrt{x} + \sqrt{y}}$$

이다. 따라서 $\lim_{x,\, y \to 0} \left| \frac{f(x) - f(y)}{x - y} \right| = \infty$ 이다. 임의의 $x, y \in [0, 1]$에 대하여

$$\left| \frac{f(x) - f(y)}{x - y} \right| \leq K \quad \text{즉,} \quad |f(x) - f(y)| \leq K\,|x - y|$$

을 만족하는 $K > 0$가 존재하지 않는다. 그러므로 $f(x) = \sqrt{x}$ 는 $[0, 1]$에서 Lipschitz 함수가 아니다.

> [정리 4.21] 함수 $f : (a, b) \to \mathbb{R}$ 가 (a, b)에서 균등연속일 필요충분조건은 f 가 (a, b)에서 연속이고 $\lim_{x \to a^+} f(x)$와 $\lim_{x \to b^-} f(x)$가 존재하는 것이다.

증명 f 가 (a, b)에서 연속이고 $\lim_{x \to a^-} f(x)$와 $\lim_{x \to b^-} f(x)$가 존재한다고 가정하자. 함수 $g : [a, b] \to \mathbb{R}$ 를 다음과 같이 정의하자.

$$g(x) = \begin{cases} f(x), & x \in (a, b) \\ \lim_{x \to a^-} f(x), & x = a \\ \lim_{x \to b^-} f(x), & x = b \end{cases}$$

그러면 f 가 (a, b)에서 연속이므로 g 는 (a, b)에서 연속이다. 또한

$$\lim_{x \to a^-} g(x) = \lim_{x \to a^-} f(x) = g(a), \quad \lim_{x \to b^-} g(x) = \lim_{x \to b^-} f(x) = g(b)$$

이므로 g는 $x = a$에서 우연속이고 $x = b$에서 좌연속이다. 따라서 g는 $[a, b]$에서 연속이다. 정리 4.17에 의하여 g는 $[a, b]$에서 균등연속이다. 따라서 g는 (a, b)에서 균등연속이다. 그러므로 f는 (a, b)에서 균등연속이다.

역으로, f가 (a, b)에서 균등연속이라고 가정하자. 정리 4.16에 의하여 f는 (a, b)에서 연속이다. 한편, 귀류법을 이용하여 $\lim_{x \to a^-} f(x)$와 $\lim_{x \to b^-} f(x)$가 존재함을 보이자. $\lim_{x \to a^-} f(x)$가 존재하지 않는다고 가정하자.($\lim_{x \to b^-} f(x)$가 존재하지 않는 경우도 같은 방법으로 증명할 수 있다.) 그러면 정리 3.8에 의하여 $\lim_{n \to \infty} x_n = a$이지만 $\{f(x_n)\}$은 수렴하지 않는 (a, b)에서의 수열 $\{x_n\}$이 존재한다. $\{f(x_n)\}$은 Cauchy 수열이 아니므로, 임의의 자연수 N에 대하여 자연수 $i, j \geq N$가 존재하여 $|f(x_i) - f(x_j)| \geq \epsilon_0$을 만족하는 $\epsilon_0 > 0$이 존재한다. $\{x_n\}$이 Cauchy 수열이므로 $\lim_{i, j \to \infty} |x_i - x_j| = 0$이다. 따라서 임의의 $\delta > 0$에 대하여 $|x_i - x_j| < \delta$이지만 $|f(x_i) - f(x_j)| \geq \epsilon_0$을 만족하는 $x_i, x_j \in (a, b)$가 존재한다. 그러므로 f는 (a, b)에서 균등연속이 아니다. 이것은 가정에 모순이다. 따라서 $\lim_{x \to a^-} f(x)$가 존재한다. ■

연습문제 4.3

1. 다음 함수가 주어진 구간에서 균등연속임을 정의 4.15를 이용하여 증명하여라.

   (i) $f(x) = \sqrt{x}$, $[0, \infty)$

   (ii) $f(x) = \dfrac{x}{1+x^2}$, $\mathbb{R} = (-\infty, \infty)$

2. 다음 함수가 주어진 구간에서 균등연속이 아님을 정의 4.15를 이용하여 증명하여라.

   (i) $f(x) = \dfrac{1}{x^2}$, $(0, \infty)$

   (ii) $f(x) = \sin\dfrac{1}{x}$, $(0, 1)$

3. $\alpha \in \mathbb{R}$, $S \subseteq \mathbb{R}$이고 함수 $f : S \to \mathbb{R}$와 $g : S \to \mathbb{R}$가 S에서 균등연속이면 $f+g$와 αf도 S에서 균등연속임을 증명하여라.

4. $S \subseteq \mathbb{R}$이고 함수 $f : S \to \mathbb{R}$와 $g : S \to \mathbb{R}$가 S에서 균등연속이고 유계이면 fg도 S에서 균등연속임을 증명하여라.

5. 함수 $f : \mathbb{R} \to \mathbb{R}$와 $g : \mathbb{R} \to \mathbb{R}$가 $\mathbb{R}$에서 균등연속이지만 fg가 $\mathbb{R}$에서 균등연속이 아닌 예를 들어라.

6. S가 $\mathbb{R}$의 유계인 부분집합이고 함수 $f : S \to \mathbb{R}$가 S에서 균등연속이면 f는 S에서 유계임을 증명하여라.

7. 함수 $f(x) = \dfrac{\sin x}{x}$의 구간 $(0, 1)$에서의 균등연속성을 조사하여라.

8. 함수 $f:[a, \infty) \to \mathbb{R}$가 $[a, \infty)$에서 연속이고 $\lim_{x \to \infty} f(x)$가 존재하면 f는 $[a, \infty)$에서 균등연속임을 증명하여라.

9. 함수 $f:[a, b] \to \mathbb{R}$이고 집합 $A = \left\{ \dfrac{f(x)-f(y)}{x-y} \mid x, y \in [a, b], x \neq y \right\}$가 유계이면 f는 $[a, b]$에서 균등연속임을 증명하여라.

10. $f(x) = \sin(2\pi x [\![x]\!])$의 $\mathbb{R}$에서의 균등연속성을 조사하여라.

4.4 단조함수와 불연속

이 절에서는 단조함수와 불연속의 관계를 다룬다. 특히, 단조함수의 불연속점 전체의 집합은 가산임을 보인다.

[정의 4.22] $S \subseteq \mathbb{R}$이고 함수 $f : S \to \mathbb{R}$이라고 하자. 함수 f가

$$x_1,\ x_2 \in S,\ \ x_1 < x_2 \ \Rightarrow\ f(x_1) \le f(x_2)$$

를 만족할 때 f는 S에서 **단조증가**(monotone increasing)라고 하고

$$x_1,\ x_2 \in S,\ \ x_1 < x_2 \ \Rightarrow\ f(x_1) \ge f(x_2)$$

를 만족할 때 f는 S에서 **단조감소**(monotone decreasing)라고 한다. 또한 단조증가함수와 단조감소함수를 통틀어 **단조함수**(monotone function)라고 한다.

함수 f가

$$x_1,\ x_2 \in S,\ \ x_1 < x_2 \ \Rightarrow\ f(x_1) < f(x_2)$$

를 만족할 때 f는 S에서 **순증가**(strictly increasing)라고 하고

$$x_1,\ x_2 \in S,\ \ x_1 < x_2 \ \Rightarrow\ f(x_1) > f(x_2)$$

를 만족할 때 f는 S에서 **순감소**(strictly decreasing)라고 한다. 또한 순증가함수와 순감소함수를 통틀어 **순단조함수**(strictly monotone function)라고 한다.

【예제 4.14】 $f(x) = \dfrac{1}{[\![x]\!]}$은 $[1, \infty)$에서 단조감소함수임을 보여라.

풀이 $x_1,\ x_2 \in [1, \infty),\ x_1 < x_2$라고 하자. 그러면

$$x_1 \in [n_1,\ n_1+1),\quad x_2 \in [n_2,\ n_2+1)$$

을 만족하는 자연수 n_1과 n_2가 유일하게 존재한다. $x_1 < x_2$이므로 $n_1 \leq n_2$이다. 따라서

$$f(x_1) = \frac{1}{[\![x_1]\!]} = \frac{1}{n_1} \geq \frac{1}{n_2} = \frac{1}{[\![x_2]\!]} = f(x_2)$$

이다. 따라서 $f(x) = \dfrac{1}{[\![x]\!]}$은 $[1,\ \infty)$에서 단조감소함수이다.

[정의 4.23] $\lim\limits_{x \to x_0^+} f(x)$와 $\lim\limits_{x \to x_0^-} f(x)$가 존재하지만 함수 f가 x_0에서 연속이 아닐 때 f는 x_0에서 **단순불연속**(simple discontinuity) 또는 **제1종 불연속**(discontinuity of the first kind)을 가진다고 한다. 특히 $\lim\limits_{x \to x_0} f(x)$가 존재하지만 함수 f가 x_0에서 연속이 아닐 때 f는 x_0에서 **제거가능한 불연속**(removable discontinuity)을 가진다고 하고, $\lim\limits_{x \to x_0^+} f(x)$와 $\lim\limits_{x \to x_0^-} f(x)$가 존재하지만 같지 않을 때 f는 x_0에서 **도약불연속**(jump discontinuity)을 가진다고 한다. f가 x_0에서 제1종 불연속이 아닌 불연속을 가질 때 즉, $\lim\limits_{x \to x_0^+} f(x)$ 또는 $\lim\limits_{x \to x_0^-} f(x)$가 존재하지 않을 때 f는 x_0에서 **제2종 불연속**(discontinuity of the second kind)을 가진다고 한다.

【예제 4.15】 $f(x) = \dfrac{x^3-1}{x-1},\ x \in \mathbb{R}$로 두면

$$\lim_{x \to 1} f(x) = \lim_{x \to 1} \frac{x^3-1}{x-1} = \lim_{x \to 1}(x^2+x+1) = 3$$

이다. 그러나 $f(1)$이 존재하지 않으므로 f는 $x=1$에서 제거가능한 불연속을 가진다. $f(1) = 3$으로 정의하면 $\lim\limits_{x \to 1} f(x) = f(1)$이 되어 f는 $x=1$에서 연속이 된다.

【예제 4.16】 $f(x) = [\![x]\!]$, $x \in \mathbb{R}$로 두면 임의의 정수 k에 대하여

$$\lim_{x \to k^-} f(x) = \lim_{x \to k^-} [\![x]\!] = k-1, \quad \lim_{x \to k^+} f(x) = \lim_{x \to k^+} [\![x]\!] = k$$

이다. 따라서 f는 임의의 정수 k에서 도약불연속을 가진다.

다음 두 정리에서 임의의 단조함수는 불연속점을 가질 경우에 제1종 불연속점만을 가짐을 알 수 있다.

> [정리 4.24] $f:(a,b) \to \mathbb{R}$가 (a,b)에서 단조증가함수이면 임의의 $x_o \in (a,b)$에 대하여 $\lim_{x \to x_0^+} f(x)$와 $\lim_{x \to x_0^-} f(x)$가 존재하고
>
> $$\lim_{x \to x_0^-} f(x) = \sup_{x \in (a,\, x_0)} f(x) \le f(x_0) \le \inf_{x \in (x_0,\, b)} f(x) = \lim_{x \to x_0^+} f(x)$$
>
> 가 성립한다.

증명 $x_o \in (a, b)$라고 하자. f가 (a, b)에서 단조증가함수이므로 $\{f(x) \mid x \in (a, x_0)\}$는 $f(x_0)$에 의하여 위로 유계인 집합이다. 따라서 $\sup_{x \in (a,\, x_0)} f(x) = \alpha$가 존재하고 $\alpha \le f(x_0)$이다. $\lim_{x \to x_0^-} f(x) = \alpha$임을 보이자. $\epsilon > 0$을 임의의 실수라고 하자. $\sup_{x \in (a,\, x_0)} f(x) = \alpha$이므로 $\alpha - \epsilon < f(x_1)$을 만족하는 $x_1 \in (a, x_0)$이 존재한다. $\delta = x_0 - x_1$으로 두면 $\delta > 0$이다.

$$x_0 - \delta < x < x_0 \Rightarrow \alpha - \epsilon < f(x_1) \le f(x) \le \alpha < \alpha + \epsilon \quad \text{즉,} \quad |f(x) - \alpha| < \epsilon$$

이다. 따라서 $\lim_{x \to x_0^-} f(x) = \alpha$이다.

f가 (a, b)에서 단조증가함수이므로 $\{f(x) \mid x \in (x_0, b)\}$는 $f(x_0)$에 의하여 아래로 유계인 집합이다. 따라서 $\inf_{x \in (x_0,\, b)} f(x) = \beta$가 존재하고 $f(x_0) \le \beta$이다. $\lim_{x \to x_0^-} f(x) = \beta$임을 보이자. $\epsilon > 0$을 임의의 실수라고 하자. $\inf_{x \in (x_0,\, b)} f(x) = \beta$

이므로 $f(x_2) < \beta + \epsilon$을 만족하는 $x_2 \in (x_0,\ b)$가 존재한다. $\delta = x_2 - x_0$으로 두면 $\delta > 0$이다.

$$x_0 < x < x_0 + \delta \Rightarrow \beta - \epsilon < \beta \le f(x) \le f(x_2) < \beta + \epsilon \quad \text{즉,} \quad |f(x) - \beta| < \epsilon$$

이다. 따라서 $\lim_{x \to x_0^-} f(x) = \beta$이다. 그러므로 $\lim_{x \to x_0^-} f(x)$와 $\lim_{x \to x_0^-} f(x)$가 존재하고

$$\lim_{x \to x_0^-} f(x) = \sup_{x \in (a,\ x_0)} f(x) \le f(x_0) \le \inf_{x \in (x_0,\ b)} f(x) = \lim_{x \to x_0^-} f(x)$$

가 성립한다. ■

위의 정리와 같은 방법으로 다음 정리를 얻을 수 있다.

[정리 4.25] $f : (a, b) \to \mathbb{R}$가 (a, b)에서 단조감소함수이면 임의의 $x_o \in (a, b)$에 대하여 $\lim_{x \to x_0^+} f(x)$와 $\lim_{x \to x_0^-} f(x)$가 존재하고

$$\lim_{x \to x_0^-} f(x) = \inf_{x \in (a,\ x_0)} f(x) \ge f(x_0) \ge \sup_{x \in (x_0,\ b)} f(x) = \lim_{x \to x_0^+} f(x)$$

가 성립한다.

[따름정리 4.26]

(i) $f : (a, b) \to \mathbb{R}$가 (a, b)에서 단조증가함수이고 $a < x_1 < x_2 < b$이면 $\lim_{x \to x_1^+} f(x) \le \lim_{x \to x_2^-} f(x)$이다.

(ii) $f : (a, b) \to \mathbb{R}$가 (a, b)에서 단조감소함수이고 $a < x_1 < x_2 < b$이면 $\lim_{x \to x_1^+} f(x) \ge \lim_{x \to x_2^-} f(x)$이다.

증명 (i) $f:(a, b) \to \mathbb{R}$ 가 (a, b)에서 단조증가함수라고 하고 $x_0 \in (x_1, x_2)$를 택하자. $x_0 \in (x_1, b)$이므로 $\inf_{x \in (x_1, b)} f(x) \le f(x_0)$이다. 또한 $x_0 \in (a, x_2)$이므로 $f(x_0) \le \sup_{x \in (a, x_2)} f(x)$이다. 정리 4.24에 의하여

$$\lim_{x \to x_1^-} f(x) = \inf_{x \in (x_1, b)} f(x) \le f(x_0) \le \sup_{x \in (a, x_2)} f(x) = \lim_{x \to x_2^-} f(x)$$

가 성립한다.

(ii) (i)과 같은 방법으로 증명할 수 있다. ■

[정리 4.27] $f:(a, b) \to \mathbb{R}$ 가 (a, b)에서 단조함수이면 f 의 불연속점 전체의 집합은 가산이다.

증명 $f:(a, b) \to \mathbb{R}$ 가 (a, b)에서 단조증가함수라고 가정하자.($f:(a, b) \to \mathbb{R}$ 가 (a, b)에서 단조감소함수인 경우도 비슷한 방법으로 증명할 수 있다.)
$A = \{x \in (a, b) \mid f$ 는 x에서 불연속이다$\}$로 정의하면 정리 4.24에 의하여

$$x_0 \in A \quad \Leftrightarrow \quad \lim_{x \to x_0^-} f(x) < \lim_{x \to x_0^+} f(x)$$

이다. 따라서 각 $x_0 \in A$에 대하여

$$\lim_{x \to x_0^-} f(x) < r_{x_0} < \lim_{x \to x_0^+} f(x)$$

를 만족하는 유리수 r_{x_0}가 존재한다. 함수 $\phi : A \to \mathbb{Q}$, $\phi(x_0) = r_{x_0}$로 정의하자. $x_1, x_2 \in A$, $x_1 < x_2$라고 하면 따름정리 4.26에 의하여 $\lim_{x \to x_1^+} f(x) \le \lim_{x \to x_2^-} f(x)$이다. 따라서

$$\phi(x_1) = r_{x_1} < \lim_{x \to x_1^+} f(x) \le \lim_{x \to x_2^-} f(x) < \phi(x_2) = r_{x_2}$$

이다. 즉, $\phi(x_1) \ne \phi(x_2)$이므로 $\phi : A \to \mathbb{Q}$, $\phi(x_0) = r_{x_0}$는 단사함수이다. 따라서 집합 A는 가산집합 $\mathbb{Q}$의 부분집합과 일대일대응이므로 A는 가산이다. ■

연습문제 4.4

1. 함수 f가 구간 $[a, b]$에서 단사이고 연속이면 f는 $[a, b]$에서 순단조임을 증명하여라.

2. (i) $S \subseteq \mathbb{R}$ 이고 함수 $f : S \to \mathbb{R}$ 와 $g : S \to \mathbb{R}$ 가 S에서 단조증가함수이면 $f+g$ 도 S에서 단조증가함수임을 증명하여라.

   (ii) $S \subseteq \mathbb{R}$ 이고 함수 $f : S \to \mathbb{R}$ 와 $g : S \to \mathbb{R}$ 가 S에서 양의 단조증가함수이면 fg도 S에서 단조증가함수임을 증명하여라.

3. 다음 함수의 불연속점을 찾고 그 불연속점이 제거가능한 불연속, 도약불연속 또는 제2종 불연속인지를 결정하여라.

   (i) $f(x) = \dfrac{x}{|x|}$, $x \in \mathbb{R}$

   (ii) $f(x) = x [\![1/x]\!]$, $x \in \mathbb{R}$

   (iii) $f(x) = [\![\sin x]\!]$, $x \in \mathbb{R}$

4. 함수 $f(x) = \begin{cases} x^3 [\![x]\!], & x < -3 \\ -2x + a, & x > -3 \end{cases}$가 $x = -3$에서 제거가능한 불연속을 가지도록 a의 값을 정하여라.

5. 정리 4.25를 증명하여라.

6. 따름정리 4.26(ii)를 증명하여라.

7. $f : [a, b] \to \mathbb{R}$ 가 $[a, b]$에서 단조증가함수라고 하자. 그러면 f가 a에서 연속일 필요충분조건은 $f(a) = \inf_{x \in (a, b]} f(x)$임을 보여라.

5

미 분

5.1 도함수

이 절에서는 도함수를 정의하고 함수의 미분법을 다룬다.

[정의 5.1] $I \subseteq \mathbb{R}$가 구간이고 함수 $f : I \to \mathbb{R}$이라고 하자. $c \in I$에 대하여 극한

$$\lim_{x \to c} \frac{f(x)-f(c)}{x-c}$$

가 존재하면 f는 $x=c$에서 미분가능(differentiable)하다고 하고 기호로

$$f'(c) = \lim_{x \to c} \frac{f(x)-f(c)}{x-c}$$

로 나타내고 이것을 $x=c$에서 f의 미분계수(derivative)라고 한다. f가 모든 점 $c \in S \subseteq I$에서 미분가능하면 f는 집합 S에서 미분가능(differentiable)하다고 한다. 이 때 함수

$$f' : S \to \mathbb{R},\ f'(c) = \lim_{x \to c} \frac{f(x)-f(c)}{x-c}$$

를 f 의 **도함수**(derivative)라고 한다. 함수 $y = f(x)$의 도함수를

$$y',\ f'(x),\ \frac{dy}{dx},\ \frac{df}{dx}$$

등으로 나타내고, 도함수를 구하는 것을 **미분한다**(differentiate)고 한다.

위의 정의에서 $h = x-c$로 두면

$$f'(c) = \lim_{h \to 0} \frac{f(c+h)-f(c)}{h}$$

가 된다.

【예제 5.1】 $f(x) = \sqrt{x},\ x > 0$라고 하자. 그러면 f 의 도함수는

$$\begin{aligned} f'(x) &= \lim_{h \to 0} \frac{f(x+h)-f(x)}{h} \\ &= \lim_{h \to 0} \frac{\sqrt{x+h}-\sqrt{x}}{h} \\ &= \lim_{h \to 0} \frac{(\sqrt{x+h}-\sqrt{x})(\sqrt{x+h}+\sqrt{x})}{h(\sqrt{x+h}+\sqrt{x})} \\ &= \lim_{h \to 0} \frac{1}{\sqrt{x+h}+\sqrt{x}} \\ &= \frac{1}{2\sqrt{x}} \end{aligned}$$

이다.

【예제 5.2】 $f(x)=\begin{cases} x\sin\dfrac{1}{x}, & x\neq 0 \\ 0, & x=0 \end{cases}$ 이라고 하자. $x=0$에서 f의 미분가능성을 조사하여라.

풀이 극한

$$\begin{aligned}\lim_{h\to 0}\frac{f(0+h)-f(0)}{h} &= \lim_{h\to 0}\frac{h\sin\frac{1}{h}-0}{h} \\ &= \lim_{h\to 0}\sin\frac{1}{h}\end{aligned}$$

이 존재하지 않으므로 f는 $x=0$에서 미분불가능하다.

[정리 5.2] $I\subseteq\mathbb{R}$가 구간이고 함수 $f:I\to\mathbb{R}$가 $c\in I$에서 미분가능하면 f는 c에서 연속이다.

증명 f가 c에서 미분가능하므로 $f'(c)=\lim_{x\to c}\dfrac{f(x)-f(c)}{x-c}$가 존재한다. 따라서

$$\begin{aligned}\lim_{x\to c}[f(x)-f(c)] &= \lim_{x\to c}\frac{f(x)-f(c)}{x-c}(x-c) \\ &= \lim_{x\to c}\frac{f(x)-f(c)}{x-c}\lim_{x\to c}(x-c) \\ &= f'(c)\cdot 0 = 0\end{aligned}$$

이다. 즉, $\lim_{x\to c}f(x)=f(c)$이다. 그러므로 f는 c에서 연속이다. ■

[정의 5.3] $I\subseteq\mathbb{R}$가 구간이고 함수 $f:I\to\mathbb{R}$이라고 하자. $c\in I$에 대하여 극한

$$\lim_{x\to c^+}\frac{f(x)-f(c)}{x-c},\quad \lim_{x\to c^-}\frac{f(x)-f(c)}{x-c}$$

가 존재할 때 기호로

$$f_{+}'(c)=\lim_{x\to c^{+}}\frac{f(x)-f(c)}{x-c},\quad f_{-}'(c)=\lim_{x\to c^{-}}\frac{f(x)-f(c)}{x-c}$$

로 나타내고 이것들을 각각 $x=c$에서 f의 **우미분계수**(right-hand derivative), **좌미분계수**(left-hand derivative)라고 한다.

특히, 함수 $f:[a,b]\to\mathbb{R}$이라고 하자. 임의의 $c\in(a,b)$에서 f가 미분가능하고 $f_{+}'(a)$와 $f_{-}'(b)$가 존재할 때 f는 $[a,b]$에서 미분가능하다고 한다.

함수 $f:[a,b]\to\mathbb{R}$가 $c\in(a,b)$에서 미분가능할 필요충분조건은 $f_{+}'(c)$와 $f_{-}'(c)$가 존재하고 $f_{+}'(c)=f_{-}'(c)$이다.

【예제 5.3】 $f(x)=\begin{cases} x^2, & x<1 \\ 3x-2, & x\geq 1\end{cases}$라고 하자. $x=1$에서 f의 미분가능성을 조사하여라.

풀이

$$f_{+}'(1)=\lim_{x\to 1^{-}}\frac{f(x)-f(1)}{x-1}=\lim_{x\to 1^{-}}\frac{(3x-2)-1}{x-1}=3$$

$$f_{-}'(1)=\lim_{x\to 1^{-}}\frac{f(x)-f(1)}{x-1}=\lim_{x\to 1^{-}}\frac{x^2-1}{x-1}=\lim_{x\to 1^{-}}(x+1)=2$$

$f_{+}'(1)\neq f_{-}'(1)$이므로 f는 $x=1$에서 미분불가능하다.

[정리 5.4] $I\subseteq\mathbb{R}$가 구간이고 함수 $f:I\to\mathbb{R}$, $g:I\to\mathbb{R}$이라고 하자. f와 g가 $c\in I$에서 미분가능하면

(i) $f+g$도 c에서 미분가능하고 $(f+g)'(c)=f'(c)+g'(c)$이다.

(ii) fg도 c에서 미분가능하고 $(fg)'(c)=f'(c)g(c)+f(c)g'(c)$이다.

(iii) $g(c)\neq 0$이면 $\frac{f}{g}$도 c에서 미분가능하고 $\left(\frac{f}{g}\right)'(c)=\frac{f'(c)g(c)-f(c)g'(c)}{[g(c)]^2}$ 이다.

증명 (i)

$$\begin{aligned}(f+g)'(c) &= \lim_{x\to c}\frac{(f+g)(x)-(f+g)(c)}{x-c}\\ &= \lim_{x\to c}\frac{f(x)-f(c)}{x-c}+\lim_{x\to c}\frac{g(x)-g(c)}{x-c}\\ &= f'(c)+g'(c)\end{aligned}$$

(ii) f 가 c에서 미분가능하므로 f 는 c에서 연속이다. 따라서 $\lim_{x\to c} f(x)=f(c)$이다. 그러므로

$$\begin{aligned}(fg)'(c) &= \lim_{x\to c}\frac{(fg)(x)-(fg)(c)}{x-c}\\ &= \lim_{x\to c}\left[f(x)\frac{g(x)-g(c)}{x-c}+g(c)\frac{f(x)-f(c)}{x-c}\right]\\ &= \lim_{x\to c} f(x)\lim_{x\to c}\frac{g(x)-g(c)}{x-c}+g(c)\lim_{x\to c}\frac{f(x)-f(c)}{x-c}\\ &= f(c)g'(c)+g(c)f'(c)\end{aligned}$$

이다.

(iii) g가 c에서 미분가능하므로 g는 c에서 연속이다. 따라서 $\lim_{x\to c} g(x)=g(c)$이다. 그러므로

$$\begin{aligned}\left(\frac{f}{g}\right)'(c) &= \lim_{x\to c}\frac{\left(\frac{f}{g}\right)(x)-\left(\frac{f}{g}\right)(c)}{x-c}\\ &= \lim_{x\to c}\frac{f(x)g(c)-f(c)g(x)}{(x-c)g(x)g(c)}\\ &= \lim_{x\to c}\left[g(c)\frac{f(x)-f(c)}{x-c}-f(c)\frac{g(x)-g(c)}{x-c}\right]\frac{1}{g(x)g(c)}\\ &= \left[g(c)\lim_{x\to c}\frac{f(x)-f(c)}{x-c}-f(c)\lim_{x\to c}\frac{g(x)-g(c)}{x-c}\right]\lim_{x\to c}\frac{1}{g(x)g(c)}\\ &= \frac{f'(c)g(c)-f(c)g'(c)}{[g(c)]^2}\end{aligned}$$

이다. ■

[정리 5.5] **(연쇄법칙)** I, $J \subseteq \mathbb{R}$가 구간이고 함수 $f : I \to \mathbb{R}$, $g : J \to \mathbb{R}$이고 $f(I) \subseteq J$라고 하자. f가 $c \in I$에서 미분가능하고 g가 $f(c)$에서 미분가능하면 합성함수 $h = g \circ f$도 c에서 미분가능하고 다음이 성립한다.

$$h'(c) = (g \circ f)'(c) = g'(f(c))f'(c)$$

증명 $y = f(x)$, $d = f(c)$로 두자. f가 c에서 미분가능하므로 $f'(c) = \lim_{x \to c} \dfrac{f(x) - f(c)}{x - c}$가 존재한다. 따라서 $u(x) = \dfrac{f(x) - f(c)}{x - c} - f'(c)$로 두면

$$f(x) - f(c) = (x - c)[f'(c) + u(x)]$$

이다. 여기서 $x \to c$일 때 $u(x) \to 0$이다. 같은 방법으로, g가 $d = f(c)$에서 미분가능하므로

$$g(y) - g(d) = (y - d)[g'(d) + v(y)]$$

이다. 여기서 $y \to d$일 때 $v(y) \to 0$이다. 따라서

$$\begin{aligned} h(x) - h(c) &= g(f(x)) - g(f(c)) \\ &= g(y) - g(d) \\ &= (y - d)[g'(d) + v(y)] \\ &= [f(x) - f(c)][g'(d) + v(y)] \\ &= (x - c)[f'(c) + u(x)][g'(d) + v(y)] \end{aligned}$$

이다. 그러므로 $x \neq c$이면

$$\frac{h(x) - h(c)}{x - c} = [f'(c) + u(x)][g'(d) + v(y)]$$

이다. f가 c에서 미분가능하므로 f는 c에서 연속이다. 따라서 $x \to c$일 때 $y = f(x) \to d = f(c)$이다. 그러므로 $x \to c$일 때 $u(x) \to 0$이고 $v(y) \to 0$이다. 따라서

$$h'(c) = \lim_{x \to c} \frac{h(x) - h(c)}{x - c} = f'(c)g'(d) = g'(f(c))f'(c)$$

가 성립한다. ■

【예제 5.4】 $h(x) = \sqrt{5-x^3}$ 일 때 $h'(x)$를 구하여라.

풀이 $f(x) = 5 - x^3$, $g(x) = \sqrt{x}$ 로 두면 $h(x) = (g \circ f)(x)$이다. $f'(x) = -3x^2$, $g'(x) = \dfrac{1}{2\sqrt{x}}$ 이므로 연쇄법칙에 의하여

$$h'(x) = g'(f(x))f'(x) = \frac{1}{2\sqrt{5-x^3}}(-3x^2) = -\frac{3x^2}{2\sqrt{5-x^3}}$$

이다.

> [정리 5.6] **(역함수의 미분법)** $I \subseteq \mathbb{R}$ 가 구간이고 함수 $f : I \to \mathbb{R}$ 가 I에서 단사이고 연속이라고 하자. f 가 $c \in I$에서 미분가능하고 $f'(c) \neq 0$이면 역함수 f^{-1}는 $f(c)$에서 미분가능하고 다음이 성립한다.
>
> $$(f^{-1})'(f(c)) = \frac{1}{f'(c)}$$

증명 $y = f(x)$, $d = f(c)$로 두자. 그러면 $x = f^{-1}(y)$, $c = f^{-1}(d)$이다. $f : I \to \mathbb{R}$가 I에서 단사이고 연속이므로 정리 4.14에 의하여 역함수 $f^{-1} : J = f(I) \to I$도 J에서 연속이다. 특히, f^{-1}가 $d = f(c)$에서 연속이므로 $y \to d$ 이면 $x = f^{-1}(y) \to c = f^{-1}(d)$이다. 따라서

$$\begin{aligned}(f^{-1})'(f(c)) = (f^{-1})'(d) &= \lim_{y \to d} \frac{f^{-1}(y) - f^{-1}(d)}{y - d} \\ &= \lim_{x \to c} \frac{x - c}{f(x) - f(c)} \\ &= \frac{1}{\lim\limits_{x \to c} \dfrac{f(x) - f(c)}{x - c}} \\ &= \frac{1}{f'(c)}\end{aligned}$$

이다. ■

【예제 5.5】 $f(x) = x^5 + x^3$일 때 $(f^{-1})'(2)$를 구하여라.

풀이 $f(x) = x^5 + x^3$은 $\mathbb{R}$ 에서 순증가이고 연속이다. 따라서 역함수 f^{-1}가 존재한다. $f'(x) = 5x^4 + 3x^2$, $x \in \mathbb{R}$ 이므로 정리 5.6에 의하여

$$(f^{-1})'(f(x)) = \frac{1}{f'(x)} = \frac{1}{5x^4 + 3x^2}, \quad x \neq 0$$

이다. 특히, $f(1) = 2$이므로

$$(f^{-1})'(2) = (f^{-1})'(f(1)) = \frac{1}{f'(1)} = \frac{1}{8}$$

이다.

연습문제 5.1

1. 정의 5.1에 의하여 다음 함수의 도함수를 구하여라.

   (i) $f(x) = x^{1/3}, \quad x \in \mathbb{R}$

   (ii) $f(x) = |x^3|, \quad x \in \mathbb{R}$

2. $f(x) = \begin{cases} x^3, & x \in \mathbb{Q} \\ 0, & x \in \mathbb{R} - \mathbb{Q} \end{cases}$ 일 때 $x=0$에서 f의 미분가능성을 조사하여라.

3. $f(x) = \begin{cases} x^2 \sin \dfrac{1}{x}, & x \neq 0 \\ 0, & x = 0 \end{cases}$ 이라고 하자.

   (i) $f'(x)$를 구하여라.

   (ii) f'은 $x=0$에서 연속이 아님을 보여라.

4. $f(x) = \begin{cases} x^3 [\![1/x]\!], & 0 < x \leq 1 \\ 0, & x = 0 \end{cases}$ 의 도함수를 구하여라.

5. 다음 함수의 도함수를 구하여라.

   (i) $f(x) = \sqrt{\sin x + e^x}$

   (ii) $f(x) = x^x$

   (iii) $f(x) = |\sin x|$

6. $f(x) = \begin{cases} \dfrac{1}{4^n}, & x = \dfrac{1}{2^n}\ (n = 1, 2, 3, \cdots) \\ 0, & x \in \mathbb{R} - \left\{ \dfrac{1}{2^n} \mid n = 1, 2, 3, \cdots \right\} \end{cases}$ 일 때 $x=0$에서 f의 미분가능성을 조사하여라.

7. $f(x)=\begin{cases}\dfrac{1}{2^{n+1}}, & x=\dfrac{1}{2^n}\ (n=1,\,2,\,3,\,\cdots)\\ 0, & x\in\mathbb{R}-\left\{\dfrac{1}{2^n}\mid n=1,\,2,\,3,\,\cdots\right\}\end{cases}$ 일 때 $x=0$에서 f의 미분가능성을 조사하여라.

8. f가 a에서 미분가능하면 $f'(a)=\lim\limits_{h\to 0}\dfrac{f(a+h)-f(a-h)}{2h}$임을 증명하여라.

9. $f(x)=\begin{cases}x^3, & x<2\\ ax+b, & x\geq 2\end{cases}$일 때 f가 $x=2$에서 미분가능하기 위한 a와 b의 값을 구하여라.

10. $f:(a,\,b)\to\mathbb{R}$가 $c\in(a,\,b)$에서 미분가능하면 $f'(c)=\lim\limits_{n\to\infty}n\left[f\left(c+\dfrac{1}{n}\right)-f(c)\right]$ 임을 증명하여라. 한편, 역은 성립하지 않음을 보여라.

11. $f(x)=\begin{cases}|x|^{\alpha}\sin\dfrac{1}{x}, & x\neq 0\\ 0, & x=0\end{cases}$이라고 하자.

(i) $\alpha>0$이면 f는 $x=0$에서 연속임을 보여라.

(ii) $\alpha>1$이면 f는 $x=0$에서 미분가능함을 보여라.

12. (Leibniz 공식) 함수 f와 g가 a에서 n계 도함수가 존재하면 다음이 성립함을 증명하여라.

$$(fg)^{(n)}(a)=\sum_{k=0}^{n}\binom{n}{k}f^{(k)}(a)\,g^{(n-k)}(a)$$

13. Leibniz 공식을 이용하여 $f(x)=x^3e^x$일 때 $f^{(n)}(0)$을 구하여라.

14. f가 a에서 미분가능할 때 $\lim_{h\to 0}\dfrac{f(a+\alpha h)-f(a+\beta h)}{h}$를 구하여라.

15. $f(x)=x^2e^{x^2},\quad x\in\mathbb{R}$이라고 하자.

(i) 구간 $(0,\ \infty)$에서 역함수 f^{-1}가 존재하고 미분가능함을 보여라.

(ii) $(f^{-1})'(e)$를 구하여라.

16. $f(x)=\sin^{-1}x,\quad x\in[-1,1]$일 때 $f'(x)=\dfrac{1}{\sqrt{1-x^2}},\quad x\in(-1,\ 1)$임을 정리 5.6을 이용하여 보여라.

5.2 평균값 정리

이 절에서는 평균값 정리를 증명하고 이를 이용하여 도함수의 여러 성질들을 다룬다.

[정의 5.7] $S \subseteq \mathbb{R}$이고 함수 $f : S \to \mathbb{R}$이고 $c \in S$라고 하자. $\delta > 0$가 존재하여 모든 $x \in S \cap N_\delta(c)$에 대하여 $f(x) \le f(c)$를 만족할 때, f는 c에서 **극대값**(local maximum)을 가진다고 한다. $\delta > 0$가 존재하여 모든 $x \in S \cap N_\delta(c)$에 대하여 $f(x) \ge f(c)$를 만족할 때, f는 c에서 **극소값**(local minimum)을 가진다고 한다. 극대값과 극소값을 통틀어 **극값**(local extremum)이라고 한다.

모든 $x \in S$에 대하여 $f(x) \le f(c)$를 만족할 때, f는 c에서 **최대값**(absolute maximum)을 가진다고 한다. 모든 $x \in S$에 대하여 $f(x) \ge f(c)$를 만족할 때, f는 c에서 **최소값**(absolute minimum)을 가진다고 한다.

[정리 5.8] 함수 $f : [a, b] \to \mathbb{R}$가 $c \in (a, b)$에서 극값을 가지고 c에서 미분가능하면, $f'(c) = 0$이다.

증명 f가 c에서 극대값을 가진다고 가정하자.(f가 c에서 극소값을 가지는 경우도 같은 방법으로 증명할 수 있다.) 그러면 $\delta > 0$가 존재하여 모든 $x \in [a, b] \cap N_\delta(c)$에 대하여 $f(x) \le f(c)$를 만족한다. 따라서

$$c < x < c + \delta, \quad x \in [a, b] \quad \Rightarrow \quad \frac{f(x) - f(c)}{x - c} \le 0$$
$$c - \delta < x < c, \quad x \in [a, b] \quad \Rightarrow \quad \frac{f(x) - f(c)}{x - c} \ge 0$$

이 성립한다. f가 c에서 미분가능하므로 $f'(c) = \lim_{x \to c} \dfrac{f(x) - f(c)}{x - c}$가 존재한다. 따라서

$$0 \geq \lim_{x \to c^-} \frac{f(x)-f(c)}{x-c} = f'(c) = \lim_{x \to c^-} \frac{f(x)-f(c)}{x-c} \geq 0$$

이다. 즉, $f'(c)=0$이다. ■

정리 5.8의 역은 성립하지 않는다.

【예제 5.6】 함수 $f(x)=x^3$, $x \in \mathbb{R}$ 이라고 하자. 그러면 $f'(x)=3x^2$, $x \in \mathbb{R}$ 이므로 $f'(0)=0$이다. 그러나 f 는 $\mathbb{R}$ 에서 순증가이므로 $x=0$에서 극값을 가지지 않는다.

> [정리 5.9] (Rolle의 정리) 함수 $f:[a, b] \to \mathbb{R}$가 $[a, b]$에서 연속이고 (a, b)에서 미분가능하며 $f(a)=f(b)$이면 $f'(c)=0$인 $c \in (a, b)$가 존재한다.

증명 모든 $x \in (a, b)$에 대하여 $f(x)=f(a)$이면 f 는 $[a, b]$에서 상수함수이다. 모든 $x \in (a, b)$에 대하여 $f'(x)=0$이므로 명백하다. 따라서 $f(x) \neq f(a)$인 $x \in (a, b)$가 존재한다고 가정하자. f 가 $[a, b]$에서 연속이므로 정리 4.8에 의하여 f 가 $[a, b]$에서 최대값과 최소값을 가진다. $f(x) \neq f(a)$인 $x \in (a, b)$가 존재하고 $f(a)=f(b)$이므로, $c \in (a, b)$가 존재하여 f 가 c에서 극값을 가진다. f 가 $c \in (a, b)$에서 미분가능하므로, 정리 5.8에 의하여 $f'(c)=0$이다. ■

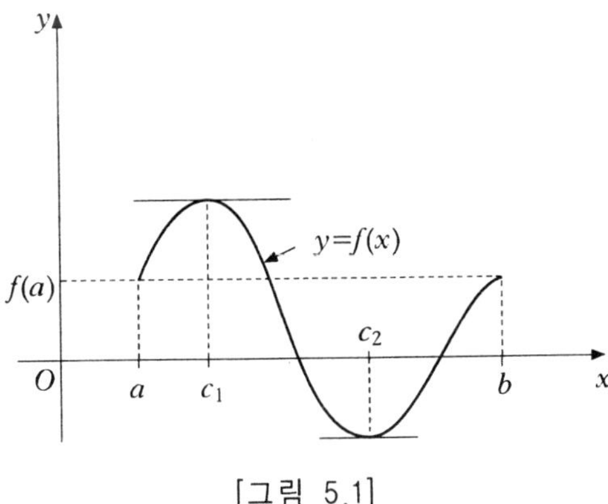

[그림 5.1]

[정리 5.10] (평균값 정리) 함수 $f : [a, b] \to \mathbb{R}$가 $[a, b]$에서 연속이고 (a, b)에서 미분가능하면

$$f'(c) = \frac{f(b)-f(a)}{b-a}$$

인 $c \in (a, b)$가 존재한다.

증명 $F(x) = f(x) - f(a) - \frac{f(b)-f(a)}{b-a}(x-a)$, $x \in [a, b]$로 정의하면, 가정에 의하여 F는 $[a, b]$에서 연속이고 (a, b)에서 미분가능하며 $F(a) = F(b) = 0$이다. Rolle의 정리에 의하여 $F'(c) = 0$인 $c \in (a, b)$가 존재한다. 한편

$$F'(x) = f'(x) - \frac{f(b)-f(a)}{b-a}, \quad x \in (a, b)$$

이다. 따라서

$$f'(c) = \frac{f(b)-f(a)}{b-a}$$

이다. ■

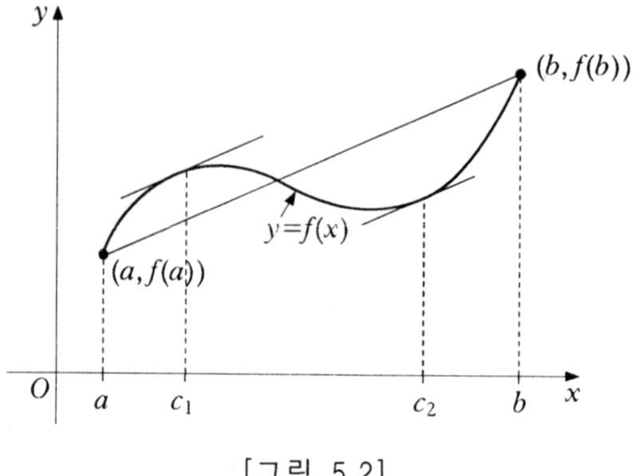

[그림 5.2]

【예제 5.7】 함수 $f(x) = \dfrac{1}{x}$, $x \in [1, 3]$이라고 하자. f 는 $[1, 3]$에서 연속이고 $(1, 3)$에서 미분가능하므로, 평균값 정리에 의하여

$$f'(c) = \frac{f(3)-f(1)}{3-1} = \frac{1/3-1}{2} = -\frac{1}{3}$$

인 $c \in (1, 3)$가 존재한다. $f'(x) = -\dfrac{1}{x^2}$, $x \in (1, 3)$이므로 $c = \sqrt{3}$ 이다.

다음 예제에서 함수 f 가 $[a, b]$에서 연속이 아니거나 (a, b)에서 미분가능하지 않으면 평균값 정리가 성립하지 않음을 알 수 있다.

【예제 5.8】 (i) $f(x) = \begin{cases} x^2, & x \in (0, 1] \\ 2 & x = 0 \end{cases}$ 로 정의하자. 그러면 f 는 $(0, 1)$에서 미분가능하지만 $[0, 1]$에서 연속이 아니다. $f'(x) = 2x$, $x \in (0, 1)$이므로

$$f'(c) = \frac{f(1)-f(0)}{1-0} = -1$$

을 만족하는 $c \in (0, 1)$가 존재하지 않는다.

(ii) $f(x) = |x|$, $x \in [-1, 2]$로 정의하자. 그러면 f 는 $[-1, 2]$에서 연속이지만 $x = 0$에서 미분불가능하므로 $(-1, 2)$에서 미분가능하지 않다.

$$f'(x) = \begin{cases} -1, & x \in (-1, 0) \\ 1, & x \in (0, 2) \end{cases}$$

이므로

$$f'(c) = \frac{f(2)-f(-1)}{2-(-1)} = \frac{1}{3}$$

을 만족하는 $c \in (-1, 2)$가 존재하지 않는다.

【예제 5.9】 모든 실수 x, y에 대하여 $|\sin x - \sin y| \le |x - y|$임을 보여라.

풀이 x, y를 임의의 실수라고 하자. $x = y$이면 $|\sin x - \sin y| = 0 = |x - y|$이다. $x \neq y$ 즉, $x < y$라고 하자. 그러면 $f(t) = \sin t$는 $[x, y]$에서 연속이고 (x, y)에서 미분가능하다. 평균값 정리에 의하여

$$f'(c) = \frac{f(y) - f(x)}{y - x} = \frac{\sin y - \sin x}{y - x}$$

인 $c \in (x, y)$가 존재한다. $f'(t) = \cos t,\ t \in \mathbb{R}$ 이므로

$$\cos c = \frac{\sin y - \sin x}{y - x}$$

이다. 따라서

$$|\sin y - \sin x| = |\cos c||y - x| \le |y - x| \quad \text{즉, } |\sin x - \sin y| \le |x - y|$$

가 성립한다.

[정리 5.11] (Cauchy의 평균값 정리) 함수 $f : [a, b] \to \mathbb{R}$와 $g : [a, b] \to \mathbb{R}$가 $[a, b]$에서 연속이고 (a, b)에서 미분가능하면

$$[f(b) - f(a)]\, g'(c) = [g(b) - g(a)]\, f'(c)$$

인 $c \in (a, b)$가 존재한다.

증명 $F(x) = [f(b) - f(a)]g(x) - [g(b) - g(a)]f(x),\ x \in [a, b]$로 정의하면, 가정에 의하여 F는 $[a, b]$에서 연속이고 (a, b)에서 미분가능하며 $F(a) = f(b)g(a) - f(a)g(b) = F(b)$이다. Rolle의 정리에 의하여 $F'(c) = 0$인 $c \in (a, b)$가 존재한다. 한편

$$F'(x) = [f(b) - f(a)]\, g'(x) - [g(b) - g(a)]f'(x), \quad x \in (a, b)$$

이다. 따라서

$$[f(b)-f(a)]g'(c)=[g(b)-g(a)]f'(c)$$

이다. ■

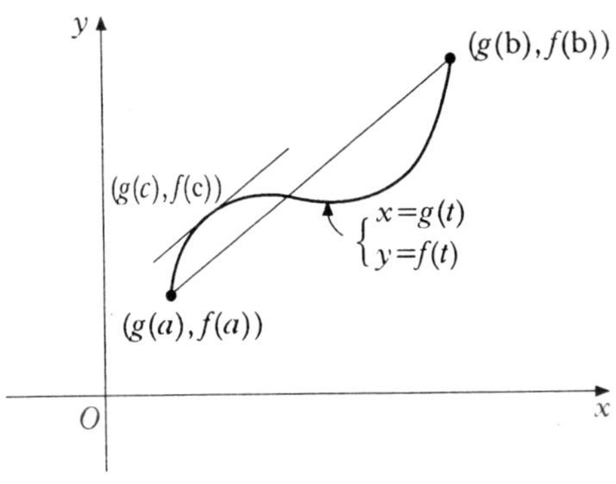

[그림 5.3]

[정리 5.12] $I\subseteq\mathbb{R}$가 구간이고 함수 $f:I\to\mathbb{R}$가 I에서 미분가능하다고 하자.

(i) 모든 $x\in I$에 대하여 $f'(x)\geq 0$이면 f는 I에서 단조증가함수이다.

(ii) 모든 $x\in I$에 대하여 $f'(x)>0$이면 f는 I에서 순증가함수이다.

(iii) 모든 $x\in I$에 대하여 $f'(x)\leq 0$이면 f는 I에서 단조감소함수이다.

(iv) 모든 $x\in I$에 대하여 $f'(x)<0$이면 f는 I에서 순감소함수이다.

(v) 모든 $x\in I$에 대하여 $f'(x)=0$이면 f는 I에서 상수함수이다.

증명 (i) $x_1,\ x_2\in I,\ x_1<x_2$라고 하자. f가 I에서 미분가능하므로 $[x_1,\ x_2]$에서 연속이고 $(x_1,\ x_2)$에서 미분가능하다. 평균값 정리에 의하여

$$f'(c)=\frac{f(x_2)-f(x_1)}{x_2-x_1}$$

인 $c\in(x_1,\ x_2)$가 존재한다. $x_2-x_1>0$이고 $f'(c)\geq 0$이므로 $f(x_2)-f(x_1)\geq 0$ 즉, $f(x_1)\leq f(x_2)$이다. 그러므로 f는 I에서 단조증가함수이다.

(ii), (iii), (iv), (v)도 같은 방법으로 증명할 수 있다. ■

> [정리 5.13] $I \subseteq \mathbb{R}$가 구간이고 함수 $f: I \to \mathbb{R}$가 I에서 미분가능하고 도함수 f'이 I에서 유계이면 f는 I에서 균등연속이다.

증명 f'이 I에서 유계이므로 모든 $x \in I$에 대하여 $|f'(x)| \le M$을 만족하는 $M > 0$이 존재한다. $x_1 < x_2$인 임의의 $x_1, x_2 \in I$에 대하여, 구간 $[x_1, x_2]$에 평균값 정리를 적용하면

$$f'(x_0) = \frac{f(x_2) - f(x_1)}{x_2 - x_1}$$

을 만족하는 $x_0 \in (x_1, x_2)$가 존재한다. 따라서

$$\left| \frac{f(x_2) - f(x_1)}{x_2 - x_1} \right| = |f'(x_0)| \le M$$

이 성립한다. 그러므로 임의의 $x_1, x_2 \in I$에 대하여 $|f(x_2) - f(x_1)| \le M|x_2 - x_1|$이다. $\epsilon > 0$을 임의의 실수라고 하자. $\delta = \dfrac{\epsilon}{M}$으로 두면

$$|x_1 - x_2| < \delta,\ x_1, x_2 \in I \ \Rightarrow \ |f(x_1) - f(x_2)| \le M|x_1 - x_2| < M\delta = \epsilon$$

이다. 따라서 f는 I에서 균등연속이다. ■

【예제 5.10】 $f(x) = \cos x,\ x \in \mathbb{R}$이라고 하자. 모든 $x \in \mathbb{R}$에 대하여 $f'(x) = \sin x$이고 $|f'(x)| = |\sin x| \le 1$이다. 정리 5.13에 의하여 $f(x) = \cos x$는 $\mathbb{R}$에서 균등연속이다.

> [정리 5.14] (도함수에 관한 중간값 정리) 함수 $f: [a, b] \to \mathbb{R}$가 $[a, b]$에서 미분가능하고 k가 $f_+'(a)$와 $f_-'(b)$ 사이에 있으면 $f'(c) = k$인 $c \in (a, b)$가 존재한다.

증명 $f_+'(a) < k < f_-'(b)$라고 가정하자. $f_-'(b) < k < f_+'(a)$인 경우도 같은 방법으로 증명할 수 있다. $g(x) = f(x) - kx,\ x \in [a, b]$로 정의하자. 그러면 g는 $[a, b]$에서 미분가능하고 $g'(x) = f'(x) - k,\ x \in (a, b)$이다. 또한

$$g'_+(a) = f'_+(a) - k < 0, \quad g'_-(b) = f'_-(b) - k > 0$$

이다. 따라서 충분히 작은 $h > 0$에 대하여

$$\frac{g(a+h) - g(a)}{h} < 0$$

이므로 $g(a+h) < g(a)$이다. 또한 충분히 작은 $h < 0$에 대하여

$$\frac{g(b+h) - g(b)}{h} > 0$$

이므로 $g(b+h) < g(b)$이다. g가 $[a, b]$에서 연속이므로 정리 4.8에 의하여 g는 $[a, b]$에서 최소값을 가진다. 위의 결과로 부터 g는 적당한 $c \in (a, b)$에서 최소값을 가진다. 정리 5.8에 의하여 $g'(c) = f'(c) - k = 0$이다. 따라서 $f'(c) = k$이다.

■

연습문제 5.2

1. 모든 실수 x, y에 대하여 $|\cos x - \cos y| \le |x-y|$임을 증명하여라.

2. 정리 5.12 (iii) (v)를 증명하여라.

3. $a>b>0$이고 n은 $n \ge 2$인 자연수라고 하면 $\sqrt[n]{a} - \sqrt[n]{b} < \sqrt[n]{a-b}$임을 증명하여라.

4. 방정식 $x^3 + x^2 + 6x + 1 = 0$은 유일한 실근을 가짐을 보여라.

5. 임의의 실수 b에 대하여 방정식 $x^3 + x + b = 0$은 유일한 실근을 가짐을 보여라.

6. 함수 $f(x) = 1 - |x-1|$은 구간 $[0, 2]$에서 Rolle의 정리를 만족하지 않음을 보여라.

7. 모든 실수 x, y에 대하여 $|f(x) - f(y)| \le K(x-y)^2$을 만족하는 $K>0$가 존재하면 f는 $\mathbb{R}$에서 상수함수임을 보여라.

8. $x>0$에 대하여 $\dfrac{x}{1+x^2} < \tan^{-1}x < x$가 성립함을 보여라.

9. $x>a>0$이면 $\dfrac{x-a}{x} < \ln\dfrac{x}{a} < \dfrac{x-a}{a}$가 성립함을 보여라.

10. 함수 f와 g가 $\mathbb{R}$에서 미분가능하고 $f(0) = g(0)$이고 모든 $x \ge 0$에 대하여 $f'(x) \ge g'(x)$이면 모든 $x \ge 0$에 대하여 $f(x) \ge g(x)$임을 보여라.

11. 함수 f와 g가 개구간 I에서 미분가능하고 $a<b$인 $a, b \in I$에 대하여 $f(a) = f(b) = 0$이면 $f'(c) + f(c)g'(c) = 0$을 만족하는 $c \in (a, b)$가 존재함을 보여라.

5.3 로피탈의 법칙

이 절에서는 Cauchy의 평균값 정리를 이용하여 로피탈의 법칙을 증명하고 이를 이용하여 여러 형태의 부정형의 극한을 구한다.

[정리 5.15] 함수 $f:[a,b]\to\mathbb{R}$와 $g:[a,b]\to\mathbb{R}$가 $[a,b]$에서 연속이고 (a,b)에서 미분가능하고, 모든 $x\in(a,b)$에 대하여 $g(x)\neq 0$, $g'(x)\neq 0$이고 $\lim_{x\to a^+} f(x)=\lim_{x\to a^+} g(x)=0$이면 다음이 성립한다.

(i) $\lim_{x\to a^+}\dfrac{f'(x)}{g'(x)}=L\in\mathbb{R}$이면 $\lim_{x\to a^+}\dfrac{f(x)}{g(x)}=L$이다.

(ii) $\lim_{x\to a^+}\dfrac{f'(x)}{g'(x)}=\infty$이면 $\lim_{x\to a^+}\dfrac{f(x)}{g(x)}=\infty$이다.

(iii) $\lim_{x\to a^+}\dfrac{f'(x)}{g'(x)}=-\infty$이면 $\lim_{x\to a^+}\dfrac{f(x)}{g(x)}=-\infty$이다.

증명 (i) $\epsilon>0$을 임의의 실수라고 하자. f와 g가 a에서 연속이므로 $f(a)=\lim_{x\to a^-} f(x)=0$, $g(a)=\lim_{x\to a^-} g(x)=0$이다. $\lim_{x\to a^-}\dfrac{f'(x)}{g'(x)}=L$이므로

$$a<x<a+\delta,\quad x\in[a,b]\ \Rightarrow\ \left|\frac{f'(x)}{g'(x)}-L\right|<\epsilon$$

을 만족하는 $\delta>0$가 존재한다. Cauchy의 평균값 정리에 의하여, 각 $x\in(a,\ a+\delta)\cap[a,b]$에 대하여

$$\frac{f'(c_x)}{g'(c_x)}=\frac{f(x)}{g(x)}$$

를 만족하는 $c_x\in(a,x)$가 존재한다. 따라서

$$a<x<a+\delta,\ x\in[a,b]\ \Rightarrow\ \left|\frac{f(x)}{g(x)}-L\right|=\left|\frac{f'(c_x)}{g'(c_x)}-L\right|<\epsilon$$

이다. 그러므로 $\lim_{x \to a^-} \frac{f(x)}{g(x)} = L$이다.

(ii) $M > 0$을 임의의 실수라고 하자. $\lim_{x \to a^-} \frac{f'(x)}{g'(x)} = \infty$이므로

$$a < x < a + \delta,\ x \in [a, b] \Rightarrow \frac{f'(x)}{g'(x)} > M$$

을 만족하는 $\delta > 0$가 존재한다. Cauchy의 평균값 정리에 의하여, 각 $x \in (a, a+\delta) \cap [a, b]$에 대하여

$$\frac{f'(c_x)}{g'(c_x)} = \frac{f(x)}{g(x)}$$

를 만족하는 $c_x \in (a, x)$가 존재한다. 따라서

$$a < x < a + \delta,\ x \in [a, b] \Rightarrow \frac{f(x)}{g(x)} = \frac{f'(c_x)}{g'(c_x)} > M$$

이다. 그러므로 $\lim_{x \to a^-} \frac{f(x)}{g(x)} = \infty$이다.

(iii) (ii)와 같은 방법으로 증명할 수 있다. ■

위의 정리는 우극한인 경우에 증명되었는데, 같은 방법으로 좌극한인 경우에도 증명될 수 있다.

[정리 5.16] 함수 $f : [a, b] \to \mathbb{R}$와 $g : [a, b] \to \mathbb{R}$가 $[a, b]$에서 연속이고 (a, b)에서 미분가능하고, 모든 $x \in (a, b)$에 대하여 $g(x) \neq 0$, $g'(x) \neq 0$이고 $\lim_{x \to b^-} f(x) = \lim_{x \to b^-} g(x) = 0$이면 다음이 성립한다.

(i) $\lim_{x \to b^-} \frac{f'(x)}{g'(x)} = L \in \mathbb{R}$이면 $\lim_{x \to b^-} \frac{f(x)}{g(x)} = L$이다.

(ii) $\lim_{x \to b^-} \frac{f'(x)}{g'(x)} = \infty$이면 $\lim_{x \to b^-} \frac{f(x)}{g(x)} = \infty$이다.

(iii) $\lim_{x \to b^-} \frac{f'(x)}{g'(x)} = -\infty$이면 $\lim_{x \to b^-} \frac{f(x)}{g(x)} = -\infty$이다.

정리 3.10, 정리 5.15, 정리 5.16으로부터 다음 따름정리를 얻을 수 있다.

[따름정리 5.17] 함수 $f:[a,b]\to\mathbb{R}$와 $g:[a,b]\to\mathbb{R}$가 $[a,b]$에서 연속이고 $(a,c)\cup(c,b)$에서 미분가능하고, 모든 $x\in(a,c)\cup(c,b)$에 대하여 $g(x)\neq 0$, $g'(x)\neq 0$이고 $\lim_{x\to c} f(x)=\lim_{x\to c} g(x)=0$이면 다음이 성립한다.

(i) $\lim_{x\to c}\dfrac{f'(x)}{g'(x)}=L\in\mathbb{R}$이면 $\lim_{x\to c}\dfrac{f(x)}{g(x)}=L$이다.

(ii) $\lim_{x\to c}\dfrac{f'(x)}{g'(x)}=\infty$이면 $\lim_{x\to c}\dfrac{f(x)}{g(x)}=\infty$이다.

(iii) $\lim_{x\to c}\dfrac{f'(x)}{g'(x)}=-\infty$이면 $\lim_{x\to c}\dfrac{f(x)}{g(x)}=-\infty$이다.

【예제 5.11】 (i) $\lim_{x\to 0^+}\dfrac{\sin x}{\sqrt{x}}=\lim_{x\to 0^+}\dfrac{\cos x}{\dfrac{1}{2\sqrt{x}}}=\lim_{x\to 0^+}2\sqrt{x}\cos x=0$

(ii) $\lim_{x\to 1}\dfrac{1+\cos\pi x}{x^2-2x+1}=\lim_{x\to 1}\dfrac{-\pi\sin\pi x}{2x-2}=\lim_{x\to 1}\dfrac{-\pi^2\cos\pi x}{2}=\dfrac{\pi^2}{2}$

(iii) $\lim_{x\to 0}\dfrac{x-\sin x}{x^3}=\lim_{x\to 0}\dfrac{1-\cos x}{3x^2}=\lim_{x\to 0}\dfrac{\sin x}{6x}=\lim_{x\to 0}\dfrac{\cos x}{6}=\dfrac{1}{6}$

[정리 5.18] 함수 $f:[a,\infty)\to\mathbb{R}$와 $g:[a,\infty)\to\mathbb{R}$가 $[a,\infty)$에서 연속이고 (a,∞)에서 미분가능하고, 모든 $x\in(a,\infty)$에 대하여 $g(x)\neq 0$, $g'(x)\neq 0$이고 $\lim_{x\to\infty} f(x)=\lim_{x\to\infty} g(x)=0$이면 다음이 성립한다.(단, $a>0$)

(i) $\lim_{x\to\infty}\dfrac{f'(x)}{g'(x)}=L\in\mathbb{R}$이면 $\lim_{x\to\infty}\dfrac{f(x)}{g(x)}=L$이다.

(ii) $\lim_{x\to\infty}\dfrac{f'(x)}{g'(x)}=\infty$이면 $\lim_{x\to\infty}\dfrac{f(x)}{g(x)}=\infty$이다.

(iii) $\lim_{x\to\infty}\dfrac{f'(x)}{g'(x)}=-\infty$이면 $\lim_{x\to\infty}\dfrac{f(x)}{g(x)}=-\infty$이다.

증명 함수 $F:\left[0,\ \frac{1}{a}\right]\to\mathbb{R}$ 와 $G:\left[0,\ \frac{1}{a}\right]\to\mathbb{R}$ 를

$$F(t)=\begin{cases} f\left(\frac{1}{t}\right), & 0<t\le\frac{1}{a}, \\ 0, & t=0 \end{cases}\quad G(t)=\begin{cases} g\left(\frac{1}{t}\right), & 0<t\le\frac{1}{a} \\ 0, & t=0 \end{cases}$$

로 정의하면 함수 F와 G는 $\left[0,\ \frac{1}{a}\right]$에서 정리 5.15의 가정을 모두 만족한다. $x=\frac{1}{t}$로 두면 정리 5.15에 의하여

$$\begin{aligned}\lim_{x\to\infty}\frac{f(x)}{g(x)}&=\lim_{t\to 0^-}\frac{F(t)}{G(t)}=\lim_{t\to 0^-}\frac{F'(t)}{G'(t)}\\&=\lim_{t\to 0^-}\frac{f'\left(\frac{1}{t}\right)}{g'\left(\frac{1}{t}\right)}=\lim_{x\to\infty}\frac{f'(x)}{g'(x)}\end{aligned}$$

가 성립한다. 따라서 (i), (ii), (iii)이 성립한다. ■

같은 방법으로 다음 정리를 얻을 수 있다.

[정리 5.19] 함수 $f:(-\infty,\ b]\to\mathbb{R}$ 와 $g:(-\infty,\ b]\to\mathbb{R}$ 가 $(-\infty,\ b]$에서 연속이고 $(-\infty,\ b)$에서 미분가능하고, 모든 $x\in(-\infty,\ b)$에 대하여 $g(x)\neq 0$, $g'(x)\neq 0$이고 $\lim_{x\to-\infty}f(x)=\lim_{x\to-\infty}g(x)=0$이면 다음이 성립한다.(단, $b<0$)

(i) $\lim_{x\to-\infty}\frac{f'(x)}{g'(x)}=L\in\mathbb{R}$ 이면 $\lim_{x\to-\infty}\frac{f(x)}{g(x)}=L$이다.

(ii) $\lim_{x\to-\infty}\frac{f'(x)}{g'(x)}=\infty$이면 $\lim_{x\to-\infty}\frac{f(x)}{g(x)}=\infty$이다.

(iii) $\lim_{x\to-\infty}\frac{f'(x)}{g'(x)}=-\infty$이면 $\lim_{x\to-\infty}\frac{f(x)}{g(x)}=-\infty$이다.

> **[정리 5.20]** 함수 $f:(a,b)\to\mathbb{R}$ 와 $g:(a,b)\to\mathbb{R}$ 가 (a,b)에서 미분가능하고, 모든 $x\in(a,b)$에 대하여 $g(x)\neq 0$, $g'(x)\neq 0$이고 $\lim\limits_{x\to a^+} f(x)=\lim\limits_{x\to a^+} g(x)=\infty$ 이면 다음이 성립한다.
>
> (i) $\lim\limits_{x\to a^+}\dfrac{f'(x)}{g'(x)}=L\in\mathbb{R}$ 이면 $\lim\limits_{x\to a^+}\dfrac{f(x)}{g(x)}=L$이다.
>
> (ii) $\lim\limits_{x\to a^+}\dfrac{f'(x)}{g'(x)}=\infty$이면 $\lim\limits_{x\to a^+}\dfrac{f(x)}{g(x)}=\infty$이다.
>
> (iii) $\lim\limits_{x\to a^+}\dfrac{f'(x)}{g'(x)}=-\infty$이면 $\lim\limits_{x\to a^+}\dfrac{f(x)}{g(x)}=-\infty$이다.

증명 (i) $0<\epsilon<1$을 임의의 실수라고 하자. $\lim\limits_{x\to a^-}\dfrac{f'(x)}{g'(x)}=L$이므로

$$a<x<a+\delta_1 \;\Rightarrow\; \left|\frac{f'(x)}{g'(x)}-L\right|<\frac{\epsilon}{2}$$

을 만족하는 $0<\delta_1<b-a$이 존재한다. 따라서

$$a<x<a+\delta_1 \;\Rightarrow\; \left|\frac{f'(x)}{g'(x)}\right|\leq\left|\frac{f'(x)}{g'(x)}-L\right|+|L|<|L|+\frac{\epsilon}{2}<|L|+\frac{1}{2}$$

이다. $c_1\in(a,a+\delta_1)$을 택하자. $\lim\limits_{x\to a^-}f(x)=\infty$이므로

$$x\in(a,c_2)\;\Rightarrow\; f(x)>f(c_1)$$

을 만족하는 $c_2\in(a,c_1)$가 존재한다. 모든 $x\in(a,b)$에 대하여 $g'(x)\neq 0$이므로 평균값 정리에 의하여

$$x\in(a,c_2)\;\Rightarrow\; g(x)\neq g(c_1)$$

이 성립한다.

$$F(x)=\frac{1-\dfrac{g(c_1)}{g(x)}}{1-\dfrac{f(c_1)}{f(x)}},\quad a<x<c_2$$

로 정의하면 $\lim_{x \to a^-} F(x) = 1$이다. 따라서

$$x \in (a, c_3) \;\; \Rightarrow \;\; |F(x) - 1| < \frac{\epsilon}{2\left(|L| + \frac{1}{2}\right)}$$

을 만족하는 $c_3 \in (a, c_2)$가 존재한다. 한편 $x \in (a, c_2)$에 대하여

$$\frac{f(x)}{g(x)} = \frac{f(x)}{g(x)} \cdot \frac{1}{F(x)} \cdot F(x) = \frac{f(x) - f(c_1)}{g(x) - g(c_1)} \cdot F(x)$$

이다. Cauchy의 평균값 정리에 의하여, $x \in (a, c_1)$에 대하여

$$\frac{f(x) - f(c_1)}{g(x) - g(c_1)} = \frac{f'(c_x)}{g'(c_x)}$$

를 만족하는 $c_x \in (x, c_1)$가 존재한다. $\delta = c_3 - a > 0$로 두면 $a < c_3 < c_2 < c_1 < a + \delta_1$이므로

$$\begin{aligned} a < x < a + \delta \;\; \Rightarrow \;\; \left| \frac{f(x)}{g(x)} - L \right| &= \left| \frac{f'(c_x)}{g'(c_x)} \cdot F(x) - L \right| \\ &\le \left| \frac{f'(c_x)}{g'(c_x)} \right| |F(x) - 1| + \left| \frac{f'(c_x)}{g'(c_x)} - L \right| \\ &< \left(|L| + \frac{1}{2}\right) \frac{\epsilon}{2\left(|L| + \frac{1}{2}\right)} + \frac{\epsilon}{2} = \epsilon \end{aligned}$$

이다. 따라서 $\lim_{x \to a^-} \frac{f(x)}{g(x)} = L$이다.

(ii)와 (iii)도 비슷한 방법으로 증명할 수 있다. ■

위의 정리는 우극한인 경우에 증명되었는데, 같은 방법으로 좌극한인 경우에도 증명될 수 있다.

[정리 5.21] 함수 $f:(a,b)\to\mathbb{R}$ 와 $g:(a,b)\to\mathbb{R}$ 가 (a,b)에서 미분가능하고, 모든 $x\in(a,b)$에 대하여 $g(x)\neq 0$, $g'(x)\neq 0$이고 $\lim_{x\to b^-} f(x)=\lim_{x\to b^-} g(x)=\infty$ 이면 다음이 성립한다.

(i) $\lim_{x\to b^-}\dfrac{f'(x)}{g'(x)}=L\in\mathbb{R}$ 이면 $\lim_{x\to b^-}\dfrac{f(x)}{g(x)}=L$이다.

(ii) $\lim_{x\to b^-}\dfrac{f'(x)}{g'(x)}=\infty$이면 $\lim_{x\to b^-}\dfrac{f(x)}{g(x)}=\infty$이다.

(iii) $\lim_{x\to b^-}\dfrac{f'(x)}{g'(x)}=-\infty$이면 $\lim_{x\to b^-}\dfrac{f(x)}{g(x)}=-\infty$이다.

정리 3.10, 정리 5.20, 정리 5.21로부터 다음 따름정리를 얻을 수 있다.

[따름정리 5.22] 함수 $f:(a,b)\to\mathbb{R}$ 와 $g:(a,b)\to\mathbb{R}$ 가 $(a,c)\cup(c,b)$에서 미분가능하고, 모든 $x\in(a,c)\cup(c,b)$에 대하여 $g(x)\neq 0$, $g'(x)\neq 0$이고 $\lim_{x\to c} f(x)=\lim_{x\to c} g(x)=\infty$이면 다음이 성립한다.

(i) $\lim_{x\to c}\dfrac{f'(x)}{g'(x)}=L\in\mathbb{R}$ 이면 $\lim_{x\to c}\dfrac{f(x)}{g(x)}=L$이다.

(ii) $\lim_{x\to c}\dfrac{f'(x)}{g'(x)}=\infty$이면 $\lim_{x\to c}\dfrac{f(x)}{g(x)}=\infty$이다.

(iii) $\lim_{x\to c}\dfrac{f'(x)}{g'(x)}=-\infty$이면 $\lim_{x\to c}\dfrac{f(x)}{g(x)}=-\infty$이다.

【예제 5.12】
$$\lim_{x\to 0^+}\frac{\ln\sin 3x}{\ln\sin 2x}=\lim_{x\to 0^+}\frac{\dfrac{3\cos 3x}{\sin 3x}}{\dfrac{2\cos 2x}{\sin 2x}}=\left(\lim_{x\to 0^+}\frac{3\cos 3x}{2\cos 2x}\right)\left(\lim_{x\to 0^+}\frac{\sin 2x}{\sin 3x}\right)$$
$$=\frac{3}{2}\lim_{x\to 0^+}\frac{\sin 2x}{\sin 3x}=\frac{3}{2}\lim_{x\to 0^+}\frac{2\cos 2x}{3\cos 3x}=\frac{3}{2}\cdot\frac{2}{3}=1$$

정리 5.15와 정리 5.16으로 부터 정리 5.18과 정리 5.19를 얻은 것과 같은 방법으로, 정리 5.20과 정리 5.21로 부터 다음 정리들을 얻을 수 있다.

[정리 5.23] 함수 $f:(a,\infty)\to\mathbb{R}$와 $g:(a,\infty)\to\mathbb{R}$가 (a,∞)에서 미분가능하고, 모든 $x\in(a,\infty)$에 대하여 $g(x)\neq 0$, $g'(x)\neq 0$이고 $\lim_{x\to\infty} f(x) = \lim_{x\to\infty} g(x) = \infty$이면 다음이 성립한다.

(i) $\lim_{x\to\infty}\frac{f'(x)}{g'(x)} = L\in\mathbb{R}$이면 $\lim_{x\to\infty}\frac{f(x)}{g(x)} = L$이다.

(ii) $\lim_{x\to\infty}\frac{f'(x)}{g'(x)} = \infty$이면 $\lim_{x\to\infty}\frac{f(x)}{g(x)} = \infty$이다.

(iii) $\lim_{x\to\infty}\frac{f'(x)}{g'(x)} = -\infty$이면 $\lim_{x\to\infty}\frac{f(x)}{g(x)} = -\infty$이다.

[정리 5.24] 함수 $f:(-\infty,b)\to\mathbb{R}$와 $g:(-\infty,b)\to\mathbb{R}$가 $(-\infty,b)$에서 미분가능하고, 모든 $x\in(-\infty,b)$에 대하여 $g(x)\neq 0$, $g'(x)\neq 0$이고 $\lim_{x\to-\infty} f(x) = \lim_{x\to-\infty} g(x) = \infty$이면 다음이 성립한다.

(i) $\lim_{x\to-\infty}\frac{f'(x)}{g'(x)} = L\in\mathbb{R}$이면 $\lim_{x\to-\infty}\frac{f(x)}{g(x)} = L$이다.

(ii) $\lim_{x\to-\infty}\frac{f'(x)}{g'(x)} = \infty$이면 $\lim_{x\to-\infty}\frac{f(x)}{g(x)} = \infty$이다.

(iii) $\lim_{x\to-\infty}\frac{f'(x)}{g'(x)} = -\infty$이면 $\lim_{x\to-\infty}\frac{f(x)}{g(x)} = -\infty$이다.

【예제 5.13】 (i) $\lim_{x\to\infty}\frac{3x^2}{e^x} = \lim_{x\to\infty}\frac{6x}{e^x} = \lim_{x\to\infty}\frac{6}{e^x} = 0$

(ii) $\lim_{x\to\infty}\frac{2x^2-3x+6}{5x^2+2x-3} = \lim_{x\to\infty}\frac{4x-3}{10x+2} = \lim_{x\to\infty}\frac{4}{10} = \frac{2}{5}$

$$\text{(iii)} \lim_{x\to 0^+} \frac{e^{-\frac{1}{x}}}{x} = \lim_{t\to\infty} \frac{t}{e^t} = \lim_{t\to\infty} \frac{1}{e^t} = 0 \ \left(t = \frac{1}{x}\text{로 치환}\right)$$

$0 \cdot \infty$, $\infty - \infty$, 0^0, ∞^0, 1^∞ 형태의 부정형들은 $\frac{0}{0}$ 또는 $\frac{\infty}{\infty}$ 형태의 부정형으로 변형하여 로피탈의 법칙을 적용한다.

【예제 5.14】 (i) $\lim_{x\to 0^+} x\ln x = \lim_{x\to 0^+} \frac{\ln x}{\frac{1}{x}} = \lim_{x\to 0^+} \frac{\frac{1}{x}}{-\frac{1}{x^2}} = -\lim_{x\to 0^+} x = 0$

$$\text{(ii)} \lim_{x\to 0^+}\left(\frac{1}{x} - \frac{1}{\sin x}\right) = \lim_{x\to 0^+} \frac{\sin x - x}{x\sin x} = \lim_{x\to 0^+} \frac{\cos x - 1}{\sin x + x\cos x}$$

$$= \lim_{x\to 0^+} \frac{-\sin x}{2\cos x - x\sin x} = \frac{0}{2} = 0$$

【예제 5.15】 $\lim_{x\to 0^+} x^{\sin x}$를 구하여라.

풀이 $y = x^{\sin x}$로 두면 $\ln y = \sin x \ln x$이다.

$$\lim_{x\to 0^-} \ln y = \lim_{x\to 0^+} \sin x \ln x = \lim_{x\to 0^+} \frac{\ln x}{\frac{1}{\sin x}}$$

$$= \lim_{x\to 0^+} \frac{\frac{1}{x}}{-\frac{\cos x}{\sin^2 x}} = -\lim_{x\to 0^-} \frac{\sin^2 x}{x\cos x}$$

$$= -\lim_{x\to 0^-} \frac{2\sin x\cos x}{\cos x - x\sin x} = \frac{0}{1} = 0$$

따라서 $\lim_{x\to 0^-} x^{\sin x} = \lim_{x\to 0^-} y = e^0 = 1$이다.

【예제 5.16】 $\lim_{x\to\infty} x^{1/x}$을 구하여라.

풀이 $y = x^{1/x}$로 두면 $\ln y = \dfrac{\ln x}{x}$이다.

$$\lim_{x \to \infty} \ln y = \lim_{x \to \infty} \frac{\ln x}{x} = \lim_{x \to \infty} \frac{1/x}{1} = 0$$

따라서 $\lim\limits_{x \to \infty} x^{1/x} = \lim\limits_{x \to \infty} y = e^0 = 1$이다.

【예제 5.17】 $\lim\limits_{x \to 0} (\cos x)^{\frac{1}{x^2}}$을 구하여라.

풀이 $y = (\cos x)^{\frac{1}{x^2}}$로 두면 $\ln y = \dfrac{\ln \cos x}{x^2}$이다.

$$\begin{aligned}\lim_{x \to 0} \ln y &= \lim_{x \to 0} \frac{\ln \cos x}{x^2} = \lim_{x \to 0} \frac{-\dfrac{\sin x}{\cos x}}{2x} \\ &= -\lim_{x \to 0} \frac{\sin x}{2x \cos x} = -\lim_{x \to 0} \frac{\cos x}{2\cos x - 2x \sin x} \\ &= -\frac{1}{2}\end{aligned}$$

따라서 $\lim\limits_{x \to 0} (\cos x)^{\frac{1}{x^2}} = \lim\limits_{x \to 0} y = e^{-\frac{1}{2}}$이다.

연습문제 5.3

1. 다음 극한을 구하여라.

(i) $\lim_{x \to 0} \frac{e^x - \cos x}{x}$

(ii) $\lim_{x \to 0} \frac{\sqrt{4+x} - \sqrt{4-x}}{x}$

(iii) $\lim_{x \to 0^+} \frac{\ln(\tan 3x)}{\ln(\tan 2x)}$

(iv) $\lim_{x \to \infty} \frac{\ln x}{x^2}$

(v) $\lim_{x \to \infty} \frac{x + \ln x}{x \ln x}$

2. 정리 5.16을 증명하여라.

3. 다음 극한을 구하여라.

(i) $\lim_{x \to 0^+} \left(\frac{1}{x} - \frac{1}{\tan^{-1} x} \right)$

(ii) $\lim_{x \to \infty} x \ln\left(\frac{x+1}{x-1} \right)$

(iii) $\lim_{x \to 0^+} (x + \sin x)^{\tan x}$

(iv) $\lim_{x \to \infty} (e^{2x} - 3x)^{1/x}$

(v) $\lim_{x \to 0} \left(\frac{x}{\sin x} \right)^{1/x^2}$

4. $\lim_{x \to \infty} \left(\frac{nx+1}{nx-1} \right)^x = 3$이 되기 위한 n의 값을 구하여라.

5. 함수 f가 개구간 (a, ∞)에서 미분가능하고 $\lim_{x \to \infty} [f(x) + f'(x)] = L$이면 $\lim_{x \to \infty} f(x) = L$이고 $\lim_{x \to \infty} f'(x) = 0$임을 증명하여라.

6. $f(x) = \begin{cases} x^2 \sin\frac{1}{x}, & x \neq 0 \\ 0, & x = 0 \end{cases}$, $g(x) = \sin x (x \in \mathbb{R})$라고 하면 $\lim_{x \to 0} \frac{f(x)}{g(x)} = 0$이지만 $\lim_{x \to 0} \frac{f'(x)}{g'(x)}$는 존재하지 않음을 보여라.

7. 함수 f가 개구간 (a, ∞)에서 미분가능하고 $\lim_{x \to \infty} f'(x) = L$이면 $\lim_{x \to \infty} \frac{f(x)}{x} = L$임을 증명하여라.

8. 함수 f가 개구간 (a, ∞)에서 미분가능하고 $\lim_{x \to \infty} \frac{f(x)}{x} = L$이면 $\lim_{n \to \infty} x_n = \infty$이고 $\lim_{n \to \infty} f'(x_n) = L$인 수열 $\{x_n\}$이 존재함을 증명하여라. 그러나 반드시 $\lim_{x \to \infty} f'(x) = L$일 필요는 없음을 보여라.

6

Riemann 적분

6.1 Riemann 적분의 정의

이 절에서는 유계인 폐구간 $[a, b]$에서 정의된 유계함수에 대한 Riemann 적분을 정의하고 그 예를 든다.

구간 $[a, b]$의 분할(partition)이란

$$a = x_0 < x_1 < x_2 < \cdots < x_n = b$$

를 만족하는 유한개의 점들의 집합 $P = \{x_0, x_1, x_2, \cdots, x_n\}$을 의미한다. $[a, b]$의 임의의 분할 $P = \{x_0, x_1, x_2, \cdots, x_n\}$에 대하여 $\Delta x_i = x_i - x_{i-1} (i = 1, 2, \cdots, n)$이라고 하면

$$\| P \| = \max\{ \Delta x_i \mid i = 1, 2, \cdots, n\}$$

을 분할 P의 노름(norm)이라고 한다. P, Q가 $[a, b]$의 분할이고 $P \subseteq Q$이면 분할 Q를 분할 P의 세분할(refinement)이라고 한다. P가 $[a, b]$의 분할 P_1과 P_2의 세분

할이면 분할 P를 분할 P_1과 P_2의 공통세분할(common refinement)이라고 한다.

[정의 6.1] $f:[a, b]\to\mathbb{R}$가 유계함수라고 하자. $[a, b]$의 임의의 분할 $P = \{x_0, x_1, x_2, \cdots, x_n\}$에 대하여

$$M_i = \sup\{f(x)\mid x\in[x_{i-1}, x_i]\}$$
$$m_i = \inf\{f(x)\mid x\in[x_{i-1}, x_i]\}\ (i=1, 2, \cdots, n)$$

라고 하고 분할 P에 대한 f의 Riemann 상합(upper Riemann sum) $U(f, P)$와 Riemann 하합(lower Riemann sum) $L(f, P)$를 다음과 같이 정의한다.

$$U(f, P) = \sum_{i=1}^{n} M_i\,\Delta x_i$$
$$L(f, P) = \sum_{i=1}^{n} m_i\,\Delta x_i$$

위의 정의에서 $f:[a, b]\to\mathbb{R}$가 유계함수일 때 $[a, b]$의 임의의 분할 P에 대하여

$$L(f, P)\le U(f, P)$$

가 성립함을 알 수 있다.

$$M = \sup\{f(x)\mid a\le x\le b\}$$
$$m = \inf\{f(x)\mid a\le x\le b\}$$

라고 두면

$$\sum_{i=1}^{n} m_i\,\Delta x_i \ge \sum_{i=1}^{n} m\,\Delta x_i = m(b-a)$$
$$\sum_{i=1}^{n} M_i\,\Delta x_i \le \sum_{i=1}^{n} M\,\Delta x_i = M(b-a)$$

이다. 따라서 $[a, b]$의 임의의 분할 P에 대하여

$$m(b-a) \le L(f, P) \le U(f, P) \le M(b-a)$$

가 성립한다. 따라서 두 집합

$$\{L(f, P) \mid P\text{는 } [a, b]\text{의 분할}\}, \ \{U(f, P) \mid P\text{는 } [a, b]\text{의 분할}\}$$

은 유계인 집합이다. 그러므로

$$\sup\{L(f, P) \mid P\text{는 } [a, b]\text{의 분할}\}, \ \inf\{U(f, P) \mid P\text{는 } [a, b]\text{의 분할}\}$$

가 항상 존재한다.

[정의 6.2] $f : [a, b] \to \mathbb{R}$가 유계함수일 때 실수

$$\inf\{U(f, P) \mid P\text{는 } [a, b]\text{의 분할}\}$$

을 $[a, b]$에서 f의 Riemann 상적분(upper Riemann integral)이라고 하고, 실수

$$\sup\{L(f, P) \mid P\text{는 } [a, b]\text{의 분할}\}$$

을 $[a, b]$에서 f의 Riemann 하적분(lower Riemann integral)이라고 한다. $[a, b]$에서 f의 Riemann 상적분과 Riemann 하적분을 각각

$$\overline{\int_a^b} f(x)dx \ (\text{또는 } \overline{\int_a^b} f), \quad \underline{\int_a^b} f(x)dx \ (\text{또는 } \underline{\int_a^b} f)$$

로 나타낸다.

[보조정리 6.3] $f : [a, b] \to \mathbb{R}$가 유계함수이고 Q가 $[a, b]$의 분할 P의 세분할이면

$$L(f, P) \le L(f, Q) \le U(f, Q) \le U(f, P)$$

가 성립한다.

증명 $P = \{x_0, x_1, x_2, \cdots, x_n\}$의 세분할 Q가 한 점 x^*를 더 가지고 있고 $x_{j-1} < x^* < x_j$라고 하자.

$$M_j' = \sup\{f(x) \mid x \in [x_{j-1}, x^*]\}$$
$$M_j'' = \sup\{f(x) \mid x \in [x^*, x_j]\}$$

라고 두면 $M_j' \le M_j$, $M_j'' \le M_j$이다. 따라서

$$\begin{aligned} U(f, P) &= \sum_{i=1}^{n} M_i \Delta x_i \\ &= \sum_{i=1}^{j-1} M_i \Delta x_i + M_j(x^* - x_{j-1}) + M_j(x_j - x^*) + \sum_{i=j+1}^{n} M_i \Delta x_i \\ &\ge \sum_{i=1}^{j-1} M_i \Delta x_i + M_j'(x^* - x_{j-1}) + M_j''(x_j - x^*) + \sum_{i=j+1}^{n} M_i \Delta x_i \\ &= U(f, Q) \end{aligned}$$

가 성립한다. 일반적으로 Q가 P보다 k개의 점을 더 가지고 있는 세분할이면 위의 방법을 k번 반복하여 $U(f, P) \ge U(f, Q)$를 얻는다. 같은 방법으로 $L(f, P) \le L(f, Q)$임을 증명할 수 있다. ■

[정리 6.4] $f : [a, b] \to \mathbb{R}$가 유계함수이고 P_1, P_2가 $[a, b]$의 임의의 두 분할이라고 하면

$$L(f, P_1) \le U(f, P_2)$$

가 성립한다.

증명 $P = P_1 \cup P_2$로 두면 P는 P_1과 P_2의 공통세분할이므로 보조정리 6.3에 의하여

$$L(f,\ P_1) \le L(f,\ P) \le U(f,\ P) \le U(f,\ P_2)$$

가 성립한다. 따라서 $L(f,\ P_1) \le U(f,\ P_2)$가 성립한다. ■

[정리 6.5] $f : [a,\ b] \to \mathbb{R}$가 유계함수일 때

$$\underline{\int_a^b} f(x)dx \le \overline{\int_a^b} f(x)\,dx$$

가 성립한다.

증명 $P,\ Q$를 $[a,\ b]$의 임의의 두 분할이라고 하면 정리 6.4에 의하여

$$L(f,\ P) \le U(f,\ Q)$$

이다. $U(f,\ Q)$는 집합 $\{L(f,\ P) \mid P\text{는 } [a,\ b]\text{의 분할}\}$의 상계이므로

$$\underline{\int_a^b} f(x)\,dx = \sup\{L(f,\ P) \mid P\text{는 } [a,\ b]\text{의 분할}\} \le U(f,\ Q)$$

가 성립한다. 또한 $\underline{\int_a^b} f(x)\,dx$가 집합 $\{U(f,\ Q) \mid Q\text{는 } [a,\ b]\text{의 분할}\}$의 하계이므로

$$\underline{\int_a^b} f(x)dx \le \inf\{U(f,\ Q) \mid Q\text{는 } [a,\ b]\text{의 분할}\} = \overline{\int_a^b} f(x)dx$$

가 성립한다. 즉, $\underline{\int_a^b} f(x)dx \le \overline{\int_a^b} f(x)dx$가 성립한다. ■

[정의 6.6] $f:[a, b] \to \mathbb{R}$가 유계함수일 때

$$\underline{\int_a^b} f(x)dx = \overline{\int_a^b} f(x)dx$$

이면 함수 f는 $[a, b]$에서 Riemann 적분가능하다(Riemann integrable) 또는 간단히 적분가능하다(integrable)라고 하며, 그 공통값을 $[a, b]$에서 함수 f의 Riemann 적분(Riemann integral) 또는 간단히 적분(integral)이라고 하고

$$\int_a^b f(x)dx \text{ 또는 } \int_a^b f$$

로 나타낸다. 또한

$$\int_b^a f = -\int_a^b f, \quad \int_a^a f = 0$$

으로 정의한다.

【예제 6.1】 상수함수 $f(x) = c\,(x \in [a, b])$의 $[a, b]$에서 적분가능성을 조사하여라.

풀이 $[a, b]$의 임의의 분할 $P = \{x_0, x_1, x_2, \cdots, x_n\}$에 대하여 $M_i = m_i = c\,(i = 1, 2, \cdots, n)$이므로

$$L(f, P) = U(f, P) = \sum_{i=1}^{n} c\Delta x_i = c(b-a)$$

이므로

$$\underline{\int_a^b} f = c(b-a) = \overline{\int_a^b} f$$

이다. 따라서 f는 $[a, b]$에서 적분가능하고

$$\int_a^b f = c(b-a)$$

이다.

【예제 6.2】 함수 $f:[a,\ b] \to \mathbb{R}$ 가

$$f(x) = \begin{cases} 1, & x \in \mathbb{Q} \cap [a,\ b] \\ 0, & x \in (\mathbb{R}-\mathbb{Q}) \cap [a,\ b] \end{cases}$$

으로 정의되었을 때 함수 f 의 $[a,\ b]$에서 적분가능성을 조사하여라.

풀이 $[a,\ b]$의 임의의 분할 $P = \{x_0,\ x_1,\ x_2,\ \cdots,\ x_n\}$에 대하여 $M_i = 1,\ m_i = 0\ (i = 1,\ 2,\ \cdots,\ n)$이므로

$$U(f,\ P) = \sum_{i=1}^{n} M_i \Delta x_i = \sum_{i=1}^{n} 1 \cdot \Delta x_i = b-a$$

$$L(f,\ P) = \sum_{i=1}^{n} m_i \Delta x_i = \sum_{i=1}^{n} 0 \cdot \Delta x_i = 0$$

이다. 따라서

$$\overline{\int_a^b} f = b-a, \quad \underline{\int_a^b} f = 0$$

이다. 그러므로 f는 $[a,\ b]$에서 적분가능하지 않다.

연습문제 6.1

1. 정의 6.6을 이용하여 함수 $f(x) = x^2$의 $[0,\ b]$에서 적분가능성을 조사하여라.

2. $f(x) = \begin{cases} x^2, & x \in \mathbb{Q} \\ 0, & x \in \mathbb{R} - \mathbb{Q} \end{cases}$ 이라고 할 때 정의 6.6을 이용하여 함수 f의 $[0,\ b]$에서 적분가능성을 조사하여라.

3. $f(x) = \begin{cases} 0, & x \in \left[0,\ \frac{1}{2}\right] \\ 1, & x \in \left(\frac{1}{2},\ 1\right] \end{cases}$ 이라고 할 때 정의 6.6을 이용하여 함수 f의 $[0,\ 1]$에서 적분가능성을 조사하여라.

4. 함수 $f : [0,\ 1] \to \mathbb{R}$가 $f(x) = \begin{cases} 1, & x = 0 \\ \frac{1}{q}, & x = \frac{p}{q} \\ 0, & x \in \mathbb{R} - \mathbb{Q} \end{cases}$ (p와 q는 서로소인 자연수) 으로 정의되었을 때 정의 6.6을 이용하여 함수 f의 $[0,\ 1]$에서 적분가능성을 조사하여라.

5. $f(x) = \begin{cases} x, & x \in \mathbb{Q} \cap [a,\ b] \\ a, & x \in (\mathbb{R} - \mathbb{Q}) \cap [a,\ b] \end{cases}$ 라고 하자.

   (i) $[a,\ b]$의 임의의 분할 P에 대하여 Riemann 하합 $L(f,\ P)$를 구하여라.

   (ii) $[a,\ b]$에서 Riemann 하적분 $\underline{\int_a^b} f$를 구하여라.

   (iii) $[a,\ b]$의 한 n등분할 P_n에 대하여 Riemann 상합 $U(f,\ P_n)$을 구하여라.

   (iv) $[a,\ b]$에서 Riemann 상적분 $\overline{\int_a^b} f$를 구하여라.

6. $f(x)=\begin{cases} 1, & x\in\left\{\dfrac{1}{n}\mid n\in\mathrm{N}\right\} \\ 0, & x\in[0,1]-\left\{\dfrac{1}{n}\mid n\in\mathrm{N}\right\} \end{cases}$ 이라고 할 때 정의 6.6을 이용하여 함수 f 의 $[0, 1]$에서 적분가능성을 조사하여라.

6.2 Riemann 적분의 성질

이 절에서는 Riemann 적분가능성의 동치조건을 보이고 이를 이용하여 연속함수와 유계인 단조함수가 적분가능함을 보이고 또한 적분가능한 함수의 여러 성질들을 다룬다.

[정리 6.7] $f:[a, b]\to\mathbb{R}$ 가 유계함수라고 하자. 함수 f가 $[a, b]$에서 적분가능할 필요충분조건은 임의의 $\epsilon>0$에 대하여

$$U(f, P)-L(f, P)<\epsilon$$

인 $[a, b]$의 분할 P가 존재하는 것이다.

증명 함수 f가 $[a, b]$에서 적분가능하다고 가정하고 $\epsilon>0$을 임의의 실수라고 하자. 정의 6.2에 의하여

$$\underline{\int_a^b} f-\frac{\epsilon}{2}<L(f, P_1), \quad U(f, P_2)<\overline{\int_a^b} f+\frac{\epsilon}{2}$$

인 $[a, b]$의 분할 P_1, P_2가 존재한다. 함수 f가 $[a, b]$에서 적분가능하므로

$$\underline{\int_a^b} f=\overline{\int_a^b} f=\int_a^b f$$

이다. 따라서

$$\int_a^b f-\frac{\epsilon}{2}<L(f, P_1), \quad U(f, P_2)<\int_a^b f+\frac{\epsilon}{2}$$

이다. $P=P_1\cup P_2$라고 하면 보조정리 6.3에 의하여

$$L(f, P_1)\le L(f, P)\le U(f, P)\le U(f, P_2)$$

이다. 따라서

$$\begin{aligned} U(f, P) - L(f, P) &\le U(f, P_2) - L(f, P_1) \\ &< \left(\int_a^b f + \frac{\epsilon}{2}\right) - \left(\int_a^b f - \frac{\epsilon}{2}\right) = \epsilon \end{aligned}$$

이다. 즉, $U(f, P) - L(f, P) < \epsilon$이 성립한다.

역으로, 임의의 $\epsilon > 0$에 대하여

$$U(f, P) - L(f, P) < \epsilon$$

인 $[a, b]$의 분할 P가 존재한다고 가정하자. 정의 6.2와 정리 6.5에 의하여

$$L(f, P) \le \underline{\int_a^b} f \le \overline{\int_a^b} f \le U(f, P)$$

이다. 따라서

$$0 \le \overline{\int_a^b} f - \underline{\int_a^b} f \le U(f, P) - L(f, P) < \epsilon$$

이다. $\epsilon > 0$은 임의의 실수이므로 $\overline{\int_a^b} f = \underline{\int_a^b} f$이다. 따라서 함수 f는 $[a, b]$에서 적분가능하다. ■

> [정리 6.8] 함수 $f : [a, b] \to \mathbb{R}$가 연속이면 f는 $[a, b]$에서 적분가능하다.

증명 함수 f가 폐구간 $[a, b]$에서 연속이므로 f는 $[a, b]$에서 균등연속이다. 따라서 임의의 $\epsilon > 0$에 대하여

$$|x - y| < \delta,\ x,\ y \in [a, b] \ \Rightarrow\ |f(x) - f(y)| < \frac{\epsilon}{b-a}$$

인 $\delta > 0$가 존재한다. $P = \{x_0, x_1, x_2, \cdots, x_n\}$을 $\|P\| < \delta$인 $[a, b]$의 분할이라고 하자. $\Delta x_i < \delta\ (i = 1, 2, \cdots, n)$이므로 모든 $x, y \in [x_{i-1}, x_i]$에 대하여

$$|f(x) - f(y)| < \frac{\epsilon}{b-a}$$

이다. 따라서 $i = 1, 2, \cdots, n$에 대하여 $M_i - m_i < \frac{\epsilon}{b-a}$이다. 그러므로

$$\begin{aligned} U(f, P) - L(f, P) &= \sum_{i=1}^{n}(M_i - m_i)\Delta x_i \\ &< \frac{\epsilon}{b-a}\sum_{i=1}^{n}\Delta x_i \\ &= \frac{\epsilon}{b-a}(b-a) = \epsilon \end{aligned}$$

이다. 정리 6.7에 의하여 f는 $[a, b]$에서 적분가능하다. ■

[정리 6.9] $f : [a, b] \to \mathbb{R}$가 단조함수이면 f는 $[a, b]$에서 적분가능하다.

증명 $f : [a, b] \to \mathbb{R}$ 가 단조증가함수라고 가정하자. $f : [a, b] \to \mathbb{R}$ 가 단조감소함수인 경우도 같은 방법으로 증명할 수 있다. 임의의 $\epsilon > 0$에 대하여

$$\frac{(b-a)[f(b) - f(a)]}{n} < \epsilon$$

인 충분히 큰 자연수 n을 택하여 $[a, b]$를 n등분한 분할을 $P_n = \{x_0, x_1, x_2, \cdots, x_n\}$이라고 하자. 그러면 f는 단조증가함수이므로 $i = 1, 2, \cdots, n$에 대하여

$$M_i = f(x_i), \quad m_i = f(x_{i-1})$$

이다. 따라서

$$\begin{aligned} U(f, P_n) - L(f, P_n) &= \sum_{i=1}^{n}(M_i - m_i)\Delta x_i \\ &= \sum_{i=1}^{n}[f(x_i) - f(x_{i-1})]\Delta x_i \\ &= \frac{b-a}{n}\sum_{i=1}^{n}[f(x_i) - f(x_{i-1})] \\ &= \frac{(b-a)[f(b) - f(a)]}{n} < \epsilon \end{aligned}$$

이다. 정리 6.7에 의하여 f는 $[a, b]$에서 적분가능하다. ■

【예제 6.3】 함수 $f : [0, 1] \to \mathbb{R}$ 가

$$f(x) = \begin{cases} \dfrac{\sin x}{x}, & x \neq 0 \\ 1, & x = 0 \end{cases}$$

로 정의되었을 때 $[0, 1]$에서 함수 f의 적분가능성을 조사하여라.

풀이 $\dfrac{\sin x}{x}$는 $x \neq 0$일 때 연속이고

$$\lim_{x \to 0} \frac{\sin x}{x} = 1 = f(0)$$

이므로 함수 f는 $[0, 1]$에서 연속이다. 따라서 정리 6.8에 의하여 함수 f는 $[0, 1]$에서 적분가능하다.

【예제 6.4】 함수 $f : [0, 3] \to \mathbb{R}$, $f(x) = [\![x]\!]$ 의 적분가능성을 조사하여라.

풀이 함수 $f(x) = [\![x]\!]$ 는 $[0, 3]$에서 단조증가함수이므로 정리 6.9에 의하여 함수 f는 $[0, 3]$에서 적분가능하다.

[정리 6.10] 함수 $f : [a, b] \to \mathbb{R}$ 와 $g : [a, b] \to \mathbb{R}$ 가 $[a, b]$에서 적분가능하면 $f + g$도 $[a, b]$에서 적분가능하고 다음이 성립한다.

$$\int_a^b (f+g) = \int_a^b f + \int_a^b g$$

증명 함수 f와 g가 $[a, b]$에서 적분가능하므로

$$\overline{\int_a^b} f = \underline{\int_a^b} f = \int_a^b f, \quad \overline{\int_a^b} g = \underline{\int_a^b} g = \int_a^b g$$

이다. $[a, b]$의 임의의 분할 $P = \{x_0, x_1, x_2, \cdots, x_n\}$에 대하여

$$M_i(f+g) \le M_i(f)+M_i(g)\ (i=1,\ 2,\ \cdots,\ n)$$

이므로

$$U(f+g,\ P) \le U(f,\ P)+U(g,\ P)$$

이다. 따라서

$$\begin{aligned}\overline{\int_a^b}(f+g) &= \inf\{\,U(f+g,\ P)\mid P\text{는 } [a,b]\text{의 분할}\}\\ &\le \inf\{\,U(f,\ P)+U(g,\ P)\mid P\text{는 } [a,b]\text{의 분할}\}\\ &= \inf\{\,U(f,\ P)\mid P\text{는 } [a,b]\text{의 분할}\}+\inf\{\,U(g,\ P)\mid P\text{는 } [a,b]\text{의 분할}\}\\ &= \overline{\int_a^b} f+\overline{\int_a^b} g\\ &= \int_a^b f+\int_a^b g\end{aligned}$$

이다. 같은 방법으로

$$\underline{\int_a^b}(f+g) \ge \int_a^b f+\int_a^b g$$

임을 보일 수 있다. 따라서

$$\overline{\int_a^b}(f+g) \le \int_a^b f+\int_a^b g \le \underline{\int_a^b}(f+g)$$

이다. 또한, 정리 6.5에 의하여

$$\underline{\int_a^b}(f+g) \le \overline{\int_a^b}(f+g)$$

이므로

$$\overline{\int_a^b}(f+g) = \int_a^b f+\int_a^b g = \underline{\int_a^b}(f+g)$$

이다. 따라서 $f+g$는 $[a, b]$에서 적분가능하고

$$\int_a^b (f+g) = \int_a^b f + \int_a^b g$$

가 성립한다. ■

> [정리 6.11] 함수 $f : [a, b] \to \mathbb{R}$가 $[a, b]$에서 적분가능하면, 임의의 실수 k에 대하여 kf도 $[a, b]$에서 적분가능하고 다음이 성립한다.
>
> $$\int_a^b kf = k\int_a^b f$$

증명 $k=0$이면 정리는 명백히 성립한다.
우선 $k>0$라고 하자. 함수 f가 $[a, b]$에서 적분가능하므로

$$\overline{\int_a^b} f = \underline{\int_a^b} f = \int_a^b f$$

이다. $[a, b]$의 임의의 분할 $P = \{x_0, x_1, x_2, \cdots, x_n\}$에 대하여

$$M_i(kf) = kM_i(f) \ (i = 1, 2, \cdots, n)$$

이므로

$$U(kf, P) = kU(f, P)$$

이다. 따라서

$$\begin{aligned}\overline{\int_a^b} kf &= \inf\{U(kf, P) \mid P\text{는 } [a, b]\text{의 분할}\} \\ &= \inf\{kU(f, P) \mid P\text{는 } [a, b]\text{의 분할}\} \\ &= k\inf\{U(f, P) \mid P\text{는 } [a, b]\text{의 분할}\} \\ &= k\overline{\int_a^b} f \\ &= k\int_a^b f\end{aligned}$$

이다. 같은 방법으로

$$\underline{\int_a^b} kf = k\underline{\int_a^b} f = k\int_a^b f$$

임을 보일 수 있다. 따라서

$$\overline{\int_a^b} kf = \underline{\int_a^b} kf = k\int_a^b f$$

이다. 그러므로 kf는 $[a, b]$에서 적분가능하고

$$\int_a^b kf = k\int_a^b f$$

가 성립한다.

$k < 0$라고 하자. $[a, b]$의 임의의 분할 $P = \{x_0, x_1, x_2, \cdots, x_n\}$에 대하여

$$M_i(kf) = km_i(f)\ (i = 1, 2, \cdots, n)$$

이므로

$$U(kf, P) = kL(f, P)$$

이다. 따라서

$$\begin{aligned}\overline{\int_a^b} kf &= \inf\{U(kf, P) \mid P\text{는 } [a, b]\text{의 분할}\}\\ &= \inf\{kL(f, P) \mid P\text{는 } [a, b]\text{의 분할}\}\\ &= k\ \sup\{L(f, P) \mid P\text{는 } [a, b]\text{의 분할}\}\\ &= k\underline{\int_a^b} f\\ &= k\int_a^b f\end{aligned}$$

이다. 같은 방법으로

$$\underline{\int_a^b} kf = k\overline{\int_a^b} f = k\int_a^b f$$

임을 보일 수 있다. 따라서

$$\overline{\int_a^b} kf = \underline{\int_a^b} kf = k\int_a^b f$$

이다. 그러므로 kf는 $[a, b]$에서 적분가능하고

$$\int_a^b kf = k\int_a^b f$$

가 성립한다. ■

> [정리 6.12] 함수 $f : [a, b] \to \mathbb{R}$가 $[a, b]$에서 적분가능하고 모든 $x \in [a, b]$에 대하여 $f(x) \geq 0$이면, $\int_a^b f \geq 0$이다.

증명 함수 f가 $[a, b]$에서 적분가능하므로

$$\overline{\int_a^b} f = \underline{\int_a^b} f = \int_a^b f$$

이다. $[a, b]$의 임의의 분할 $P = \{x_0, x_1, x_2, \cdots, x_n\}$에 대하여

$$M_i \geq 0 \ (i = 1, 2, \cdots, n)$$

이므로 $U(f, P) \geq 0$이다. 따라서

$$\int_a^b f = \overline{\int_a^b} f = \inf\{U(f, P) \mid P\text{는 } [a, b]\text{의 분할}\} \geq 0$$

이 성립한다. 즉, $\int_a^b f \geq 0$이 성립한다. ■

[따름정리 6.13] 함수 $f : [a, b] \to \mathbb{R}$ 와 $g : [a, b] \to \mathbb{R}$ 가 $[a, b]$에서 적분가능하고 모든 $x \in [a, b]$에 대하여 $f(x) \geq g(x)$이면, $\int_a^b f \geq \int_a^b g$이다.

증명 모든 $x \in [a, b]$에 대하여 $f(x) \geq g(x)$이므로 $f(x) - g(x) \geq 0$이다. 따라서 정리 6.10, 정리 6.11, 정리 6.12에 의하여

$$\int_a^b f - \int_a^b g = \int_a^b (f - g) \geq 0$$

이다. 따라서 $\int_a^b f \geq \int_a^b g$이다. ■

함수 $f : [a, b] \to \mathbb{R}$ 에 대하여 두 함수 $f^+ : [a, b] \to \mathbb{R}$ 와 $f^- : [a, b] \to \mathbb{R}$ 를 각각

$$f^+(x) = \begin{cases} f(x), & f(x) \geq 0 \\ 0, & f(x) < 0 \end{cases}, \quad f^-(x) = \begin{cases} -f(x), & f(x) \leq 0 \\ 0, & f(x) > 0 \end{cases}$$

으로 정의한다. 정의에 의하여 f^+와 f^-는 모두 음이 아닌 함수이고

$$f = f^+ - f^-, \quad |f| = f^+ + f^-$$

임을 알 수 있다.

[정리 6.14] 함수 $f : [a, b] \to \mathbb{R}$ 가 $[a, b]$에서 적분가능하면 f^+와 f^-도 $[a, b]$에서 적분가능하다.

증명 $[a, b]$의 임의의 분할 $P = \{x_0, x_1, x_2, \cdots, x_n\}$에 대하여

$$M_i^+ = \sup\{f^+(x) \mid x \in [x_{i-1}, x_i]\}$$
$$m_i^+ = \inf\{f^+(x) \mid x \in [x_{i-1}, x_i]\} \ (i = 1, 2, \cdots, n)$$

으로 정의하자. 우선, $i = 1, 2, \cdots, n$에 대하여

$$M_i - m_i \geq M_i^+ - m_i^+$$

임을 보이자.

(i) $m_i \geq 0$이면, $[x_{i-1}, x_i]$에서 $f(x) \geq 0$이므로 $f^+(x) = f(x)$이다. 따라서

$$M_i^+ = M_i, \quad m_i^+ = m_i$$

이므로

$$M_i - m_i = M_i^+ - m_i^+$$

이다.

(ii) $M_i \leq 0$이면, $[x_{i-1}, x_i]$에서 $f(x) \leq 0$이므로 $f^+(x) = 0$이다. 따라서

$$M_i^+ = m_i^+ = 0$$

이므로

$$M_i - m_i \geq 0 = M_i^+ - m_i^+$$

이다.

(iii) $m_i < 0 < M_i$이면, 모든 $x \in [a, b]$에 대하여 $f^+(x) \geq 0$이므로 $m_i^+ \geq 0$이다. 따라서 $m_i^+ > m_i$이다. 또한 $M_i^+ = M_i$이다. 따라서

$$M_i - m_i \geq M_i^+ - m_i^+$$

이다. 그러므로 (i), (ii), (iii)에 의하여

$$M_i - m_i \geq M_i^+ - m_i^+ \ (i = 1, 2, \cdots, n)$$

가 성립한다.

위의 결과를 이용하여, 우선 f^+가 $[a, b]$에서 적분가능함을 보이자. f가 $[a, b]$에서 적분가능하므로 정리 6.7에 의하여 임의의 $\epsilon > 0$에 대하여

$$U(f, P) - L(f, P) < \epsilon$$

인 $[a, b]$의 분할 P가 존재한다. 따라서

$$\begin{aligned} U(f^+, P) - L(f^+, P) &= \sum_{i=1}^{n}(M_i^+ - m_i^+)\Delta x_i \\ &\le \sum_{i=1}^{n}(M_i - m_i)\Delta x_i \\ &= U(f, P) - L(f, P) < \epsilon \end{aligned}$$

이다. 따라서 정리 6.7에 의하여 f^+도 $[a, b]$에서 적분가능하다. 한편, $f^- = f^+ - f$이므로 정리 6.10, 정리 6.11에 의하여 f^-도 $[a, b]$에서 적분가능하다. ■

[정리 6.15] 함수 $f : [a, b] \to \mathbb{R}$가 $[a, b]$에서 적분가능하면 $|f|$도 $[a, b]$에서 적분가능하고 다음이 성립한다.

$$\left|\int_a^b f\right| \le \int_a^b |f|$$

증명 함수 f가 $[a, b]$에서 적분가능하므로 정리 6.10, 정리 6.14에 의하여 $|f| = f^+ + f^-$도 $[a, b]$에서 적분가능하다. 또한, f^+와 f^-가 $[a, b]$에서 음이 아니므로

$$\int_a^b f^+ \ge 0, \quad \int_a^b f^- \ge 0$$

이다. 따라서 삼각부등식에 의하여

$$\begin{aligned} \left|\int_a^b f\right| &= \left|\int_a^b f^+ - \int_a^b f^-\right| \\ &\le \left|\int_a^b f^+\right| + \left|\int_a^b f^-\right| \\ &= \int_a^b f^+ + \int_a^b f^- \\ &= \int_a^b (f^+ + f^-) \\ &= \int_a^b |f| \end{aligned}$$

가 성립한다. ■

[정리 6.16] 임의의 점 $c\in(a,b)$에 대하여 함수 $f:[a,b]\to\mathbb{R}$가 $[a,c]$와 $[c,b]$에서 적분가능하면 f는 $[a,b]$에서 적분가능하고 다음이 성립한다.

$$\int_a^b f = \int_a^c f + \int_c^b f$$

증명 함수 f가 $[a,c]$와 $[c,b]$에서 적분가능하므로 정리 6.7에 의하여 임의의 $\epsilon>0$에 대하여

$$U(f,P_1)-L(f,P_1)<\frac{\epsilon}{2}$$
$$U(f,P_2)-L(f,P_2)<\frac{\epsilon}{2}$$

인 $[a,c]$의 분할 P_1과 $[c,b]$의 분할 P_2가 존재한다. $P=P_1\cup P_2$라고 두면 P는 $[a,b]$의 분할이고

$$\begin{aligned}U(f,P)-L(f,P)&=[U(f,P_1)+U(f,P_2)]-[L(f,P_1)+L(f,P_2)]\\&<\frac{\epsilon}{2}+\frac{\epsilon}{2}=\epsilon\end{aligned}$$

이다. 따라서 정리 6.7에 의하여 f는 $[a,b]$에서 적분가능하다. 한편, 정의 6.2, 정의 6.6에 의하여

$$L(f,P_1)\le\int_a^c f\le U(f,P_1)$$
$$L(f,P_2)\le\int_c^b f\le U(f,P_2)$$
$$L(f,P)\le\int_a^b f\le U(f,P)$$

이다. 따라서

$$L(f,P)=L(f,P_1)+L(f,P_2)\le\int_a^c f+\int_c^b f\le U(f,P_1)+U(f,P_2)=U(f,P)$$

이다. 그러므로

$$\left|\int_a^b f - \left(\int_a^c f + \int_c^b f\right)\right| \le U(f, P) - L(f, P) < \epsilon$$

이다. $\epsilon > 0$은 임의의 실수이므로

$$\int_a^b f = \int_a^c f + \int_c^b f$$

가 성립한다. ■

> [정리 6.17] 함수 $f : [a, b] \to \mathbb{R}$가 $[a, b]$에서 적분가능하면, 임의의 점 $c \in (a, b)$에 대하여 f는 $[a, c]$와 $[c, b]$에서 적분가능하고 다음이 성립한다.
>
> $$\int_a^b f = \int_a^c f + \int_c^b f$$

증명 함수 f가 $[a, b]$에서 적분가능하므로 정리 6.7에 의하여 임의의 $\epsilon > 0$에 대하여

$$U(f, P) - L(f, P) < \epsilon$$

인 $[a, b]$의 분할 P가 존재한다. $P_1 = P \cup \{c\}$라고 두면, P_1도 $[a, b]$의 분할이고 P의 세분할이므로 보조정리 6.3에 의하여

$$U(f, P_1) - L(f, P_1) \le U(f, P) - L(f, P) < \epsilon$$

이다. $P_2 = P_1 \cap [a, c]$라고 두면, P_2는 $[a, c]$의 분할이고

$$U(f, P_2) - L(f, P_2) \le U(f, P_1) - L(f, P_1) < \epsilon$$

이다. 따라서 정리 6.7에 의하여 f는 $[a, c]$에서 적분가능하다. 같은 방법으로 f는 $[c, b]$에서 적분가능함을 보일 수 있다. 한편, f가 $[a, c]$와 $[c, b]$에서 적분가능하므로 정리 6.16에 의하여

$$\int_a^b f = \int_a^c f + \int_c^b f$$

가 성립한다. ■

[정리 6.18] 함수 $f:[a, b]\to\mathbb{R}$가 $[a, b]$에서 적분가능하고 함수 $\varphi:[c, d]\to\mathbb{R}$가 $[c, d]$에서 연속이고 $f([a, b])\subseteq[c, d]$이면 합성함수 $\varphi\circ f$는 $[a, b]$에서 적분가능하다.

증명 $\epsilon>0$을 임의의 실수라고 하자. $K=\sup\{|\varphi(t)|\mid t\in[c, d]\}$이고 $\epsilon'=\epsilon/(b-a+2K)$으로 두면 φ가 $[c, d]$에서 균등연속이므로

$$|s-t|<\delta,\quad s, t\in[c, d]\ \Rightarrow\ |\varphi(s)-\varphi(t)|<\epsilon'$$

인 $\delta>0(\delta<\epsilon')$가 존재한다. f가 $[a, b]$에서 적분가능하므로 정리 6.7에 의하여

$$U(f, P)-L(f, P)<\delta^2$$

인 $[a, b]$의 분할 $P=\{x_0, x_1, x_2, \cdots, x_n\}$이 존재한다. $i=1, 2, \cdots, n$에 대하여

$$\begin{aligned}M_i&=\sup\{f(x)\mid x\in[x_{i-1}, x_i]\}\\m_i&=\inf\{f(x)\mid x\in[x_{i-1}, x_i]\}\\M_i^*&=\sup\{(\varphi\circ f)(x)\mid x\in[x_{i-1}, x_i]\}\\m_i^*&=\inf\{(\varphi\circ f)(x)\mid x\in[x_{i-1}, x_i]\}\end{aligned}$$

라고 두고

$$A=\{i\mid M_i-m_i<\delta\},\quad B=\{i\mid M_i-m_i\geq\delta\}$$

로 두자. $i\in A$이면

$$\begin{aligned}x, y\in[x_{i-1}, x_i]\ &\Rightarrow\ |f(x)-f(y)|\leq M_i-m_i<\delta\\&\Rightarrow\ |(\varphi\circ f)(x)-(\varphi\circ f)(y)|<\epsilon'\end{aligned}$$

이다. 따라서

$$M_i^*-m_i^*=\sup\{(\varphi\circ f)(x)-(\varphi\circ f)(y)\mid x, y\in[x_{i-1}, x_i]\}\leq\epsilon'$$

이다. 그러므로

$$\begin{aligned}\sum_{i\in A}(M_i^* - m_i^*)\Delta x_i &\le \epsilon' \sum_{i\in A}\Delta x_i \\ &\le \epsilon' \sum_{i=1}^{n}\Delta x_i \\ &= \epsilon'(b-a)\end{aligned}$$

이다. 한편, $i \in B$이면 $M_i - m_i \ge \delta$이므로

$$\begin{aligned}\sum_{i\in B}\Delta x_i &\le \frac{1}{\delta}\sum_{i\in B}(M_i - m_i)\Delta x_i \\ &\le \frac{1}{\delta}[U(f,\ P) - L(f,\ P)] < \delta < \epsilon'\end{aligned}$$

이다. 또한, $i = 1,\ 2,\ \cdots,\ n$에 대하여 $M_i^* - m_i^* \le 2K$이므로

$$\sum_{i\in B}(M_i^* - m_i^*)\Delta x_i \le 2K\sum_{i\in B}\Delta x_i < 2K\epsilon'$$

이다. 따라서

$$\begin{aligned}U(\varphi\circ f,\ P) - L(\varphi\circ f,\ P) &= \sum_{i\in A}(M_i^* - m_i^*)\Delta x_i + \sum_{i\in B}(M_i^* - m_i^*)\Delta x_i \\ &< \epsilon'(b-a) + 2K\epsilon' = \epsilon\end{aligned}$$

이다. 그러므로 정리 6.7에 의하여 $\varphi\circ f$는 $[a,\ b]$에서 적분가능하다. ■

> [정리 6.19] 함수 $f : [a,\ b] \to \mathbb{R}$와 $g : [a,\ b] \to \mathbb{R}$가 $[a,\ b]$에서 적분가능하면 f와 g의 곱함수 fg도 $[a,\ b]$에서 적분가능하다.

증명 $\varphi : \mathbb{R} \to \mathbb{R}$, $\varphi(x) = x^2$으로 두면 φ는 $\mathbb{R}$에서 연속이므로 정리 6.18에 의하여 $f^2 = \varphi\circ f$, $g^2 = \varphi\circ g$는 $[a,\ b]$에서 적분가능하다. 또한, 정리 6.10에 의하여 $f+g$가 $[a,\ b]$에서 적분가능하므로 $(f+g)^2$도 $[a,\ b]$에서 적분가능하다.

$$fg = \frac{1}{2}[(f+g)^2 - f^2 - g^2]$$

이므로, 정리 6.10, 정리 6.11에 의하여 fg도 $[a,\ b]$에서 적분가능하다. ■

연습문제 6.2

1. 다음 함수의 $[0,\ 1]$에서 적분가능성을 조사하여라.

(i) $f(x) = x [\![3x]\!]$

(ii) $f(x) = \begin{cases} \dfrac{1}{x - \frac{1}{3}}, & x \neq \dfrac{1}{3} \\ 0, & x = \dfrac{1}{3} \end{cases}$

(iii) $f(x) = \begin{cases} x\sin\dfrac{1}{x}, & x \neq 0 \\ 0, & x = 0 \end{cases}$

(iv) $f(x) = \begin{cases} 0, & x \in \mathbb{Q} \\ \sin\dfrac{1}{x}, & x \in \mathbb{R} - \mathbb{Q} \end{cases}$

2. 함수 $f : [-a,\ a] \to \mathbb{R}$가 $[-a,\ a]$에서 적분가능하다고 하자. (단, $a > 0$)

(i) f가 우함수이면 $\displaystyle\int_{-a}^{a} f = 2\int_{0}^{a} f$ 임을 증명하여라.

(ii) f가 기함수이면 $\displaystyle\int_{-a}^{a} f = 0$임을 증명하여라.

3. 함수 $f : [a,\ b] \to \mathbb{R}$가 $[a,\ b]$에서 적분가능하고 함수 $g : [a,\ b] \to \mathbb{R}$는 유한 개의 $x \in [a,\ b]$를 제외하고 $g(x) = f(x)$이면 g도 $[a,\ b]$에서 적분가능하고 $\displaystyle\int_a^b f = \int_a^b g$ 임을 증명하여라.

4. 유계함수 $f : [a,\ b] \to \mathbb{R}$가 $[a,\ b]$에서 단지 유한 개의 불연속점을 가지면 f는 $[a,\ b]$에서 적분가능함을 증명하여라.

5. 함수 $f(x)=\begin{cases}\cos\dfrac{1}{x}, & x\neq 0\\ 0, & x=0\end{cases}$의 $[-1,\ 1]$에서 적분가능성을 조사하여라.

6. $f:[a,\ b]\to\mathbb{R}$가 $[a,\ b]$에서 단조증가함수라고 하자. 임의의 자연수 n에 대하여 P_n을 $[a,\ b]$의 n등분할이라고 하면 $\displaystyle\int_a^b f=\lim_{n\to\infty}U(f,\ P_n)$임을 증명하여라.

7. $f:[a,\ b]\to\mathbb{R}$가 유계함수라고 하자. $\displaystyle\lim_{n\to\infty}[U(f,\ P_n)-L(f,\ P_n)]=0$을 만족하는 $[a,\ b]$의 분할들의 수열 $\{P_n\}$이 존재하면 함수 f는 $[a,\ b]$에서 적분가능하고 $\displaystyle\int_a^b f=\lim_{n\to\infty}U(f,\ P_n)=\lim_{n\to\infty}L(f,\ P_n)$임을 증명하여라.

8. 함수 $f:[a,\ b]\to\mathbb{R}$와 $g:[a,\ b]\to\mathbb{R}$가 $[a,\ b]$에서 적분가능하고 모든 $x\in[a,\ b]$에 대하여 $|g(x)|\geq c$를 만족하는 $c>0$가 존재하면 $\dfrac{f}{g}$도 $[a,\ b]$에서 적분가능함을 증명하여라.

9. $f:[a,\ b]\to\mathbb{R}$가 유계함수라고 하자. 임의의 $c\in(a,\ b)$에 대하여 f가 $[c,\ b]$에서 적분가능하면 f는 $[a,\ b]$에서 적분가능하고 $\displaystyle\int_a^b f=\lim_{c\to a^+}\int_c^b f$가 성립함을 증명하여라.

10. 함수 $f:[a,\ b]\to\mathbb{R}$와 $g:[a,\ b]\to\mathbb{R}$가 $[a,\ b]$에서 연속이고 $\displaystyle\int_a^b f=\int_a^b g$이면 $f(c)=g(c)$인 $c\in[a,b]$가 존재함을 증명하여라.

11. $f:[a,\ b]\to\mathbb{R}$, $g:[a,\ b]\to\mathbb{R}$, $h:[a,\ b]\to\mathbb{R}$가 모든 $x\in[a,b]$에 대하여 $f(x)\leq g(x)\leq h(x)$를 만족하는 유계함수라고 하자. f와 h가 $[a,\ b]$에서 적분가능하고 $\displaystyle\int_a^b f=\int_a^b h$이면 g도 $[a,\ b]$에서 적분가능하고 $\displaystyle\int_a^b g=\int_a^b f=\int_a^b h$임을 증명하여라.

12. 함수 $f:[a, b]\to\mathbb{R}$와 $g:[a, b]\to\mathbb{R}$가 $[a, b]$에서 적분가능하면 $\max(f, g)$와 $\min(f, g)$도 $[a, b]$에서 적분가능함을 증명하여라.

13. 함수 f와 도함수 f'이 $[0, 1]$에서 적분가능하면 다음이 성립함을 증명하여라.

$$\left|f\left(\frac{1}{2}\right)\right| \leq \int_0^1 |f| + \frac{1}{2}\int_0^1 |f'|$$

14. $f:[a, b]\to\mathbb{R}$가 연속함수이고 임의의 적분가능한 함수 $g:[a, b]\to\mathbb{R}$에 대하여 $\int_a^b fg = 0$이면 모든 $x\in[a, b]$에 대하여 $f(x)=0$임을 증명하여라.

15. 함수 f가 $[a, b]$에서 연속이고 모든 $x\in[a, b]$에 대하여 $f(x)\geq 0$라고 하자. $\int_a^b f = 0$이면 모든 $x\in[a, b]$에 대하여 $f(x)=0$임을 증명하여라.

6.3 미적분학의 기본정리

이 절에서는 유계함수에 대한 Riemann 적분을 정의를 이용하지 않고 쉽게 계산할 수 있는 미적분학의 기본정리를 다룬다.

[정리 6.20] 함수 $f:[a, b]\to\mathbb{R}$가 $[a, b]$에서 적분가능하다고 하자. 함수 $F:[a, b]\to\mathbb{R}$를

$$F(x)=\int_a^x f(t)dt$$

로 정의하면, 함수 F는 다음 성질을 가진다.

(i) F는 $[a, b]$에서 균등연속이다.

(ii) f가 $c\in[a, b]$에서 연속이면 F는 c에서 미분가능하고 $F'(c)=f(c)$이다.

증명 (i) 함수 f가 $[a, b]$에서 적분가능하므로 f는 $[a, b]$에서 유계이다. 따라서 모든 $x\in[a, b]$에 대하여 $|f(x)|\le M$인 $M>0$이 존재한다. 임의의 $\epsilon>0$에 대하여 $\delta=\dfrac{\epsilon}{M}$으로 택하자. $|x-y|<\delta,\ x, y\in[a, b]$이면

$$\begin{aligned}|F(x)-F(y)|&=\left|\int_a^x f(t)dt-\int_a^y f(t)dt\right|\\&=\left|\int_y^x f(t)dt\right|\\&\le\int_y^x|f(t)|dt\\&\le M|x-y|\\&<M\delta=\epsilon\end{aligned}$$

이 성립한다. 따라서 F는 $[a, b]$에서 균등연속이다.

(ii) f가 $c\in[a, b]$에서 연속이므로 임의의 $\epsilon>0$에 대하여

$$|x-c|<\delta,\ x\in[a, b]\ \Rightarrow\ |f(x)-f(c)|<\epsilon$$

인 $\delta>0$가 존재한다. 따라서 $c<x<c+\delta,\ x\in[a, b]$이면

$$\begin{aligned}\left|\frac{F(x)-F(c)}{x-c}-f(c)\right| &= \left|\frac{1}{x-c}\left[\int_a^x f(t)dt-\int_a^c f(t)dt\right]-f(c)\right| \\ &= \left|\frac{1}{x-c}\int_c^x f(t)dt-\frac{1}{x-c}\int_c^x f(c)dt\right| \\ &= \left|\frac{1}{x-c}\int_c^x [f(t)-f(c)]dt\right| \\ &\le \frac{1}{x-c}\int_c^x |f(t)-f(c)|dt \\ &< \frac{1}{x-c}\int_c^x \epsilon\, dt \\ &= \frac{1}{x-c}\epsilon(x-c)=\epsilon\end{aligned}$$

이다. 같은 방법으로 $c-\delta<x<c$, $x\in[a,\ b]$이면

$$\left|\frac{F(x)-F(c)}{x-c}-f(c)\right|<\epsilon$$

이다. 따라서

$$F'(c)=\lim_{x\to c}\frac{F(x)-F(c)}{x-c}=f(c)$$

이다. ■

> [정리 6.21] 함수 $f:[a,\ b]\to\mathbb{R}$가 $[a,\ b]$에서 연속이고 함수 $F:[a,\ b]\to\mathbb{R}$가 모든 $x\in[a,\ b]$에 대하여 $F'(x)=f(x)$이면 다음이 성립한다.
>
> $$\int_a^b f=F(b)-F(a)$$

증명 함수 $G:[a,\ b]\to\mathbb{R}$를 $G(x)=\int_a^x f(t)dt$로 정의하면, 정리 6.20에 의하여 G는 $[a,\ b]$에서 미분가능하고 모든 $x\in[a,\ b]$에 대하여 $G'(x)=f(x)$이다. 모든 $x\in[a,\ b]$에 대하여 $F'(x)=G'(x)$이므로 $F(x)=G(x)+C$이다 (단, C는 상수). $G(a)=0$이므로 $C=F(a)$이다. 따라서

$$\int_a^b f=G(b)=F(b)-C=F(b)-F(a)$$

이다. ■

다음의 정리는 정리 6.21의 확장이다.

[정리 6.22] (미적분학의 기본정리) 함수 $f:[a, b]\to\mathbb{R}$가 $[a, b]$에서 적분가능하고 함수 $F:[a, b]\to\mathbb{R}$가 모든 $x\in[a, b]$에 대하여 $F'(x)=f(x)$이면 다음이 성립한다.

$$\int_a^b f = F(b) - F(a)$$

증명 $P=\{x_0, x_1, x_2, \cdots, x_n\}$을 $[a, b]$의 임의의 분할이라고 하자. $i=1, 2, \cdots, n$에 대하여 각 소구간 $[x_{i-1}, x_i]$에서 함수 F에 평균값의 정리를 적용하면

$$F(x_i) - F(x_{i-1}) = f(t_i)(x_i - x_{i-1})$$

인 $t_i\in(x_{i-1}, x_i)$가 존재한다. 따라서

$$\sum_{i=1}^{n} f(t_i)(x_i - x_{i-1}) = \sum_{i=1}^{n}[F(x_i) - F(x_{i-1})] = F(b) - F(a)$$

이다. 한편, $i=1, 2, \cdots, n$에 대하여 $m_i\le f(t_i)\le M_i$이므로

$$L(f, P) = \sum_{i=1}^{n} m_i\Delta x_i \le F(b) - F(a) \le \sum_{i=1}^{n} M_i\Delta x_i = U(f, P)$$

이다. P가 $[a, b]$의 임의의 분할이므로

$$\underline{\int_a^b} f \le F(b) - F(a) \le \overline{\int_a^b} f$$

이다. f가 $[a, b]$에서 적분가능하므로

$$\underline{\int_a^b} f = \overline{\int_a^b} f = \int_a^b f$$

이다. 따라서

$$\int_a^b f = F(b) - F(a)$$

가 성립한다. ■

【예제 6.5】 $\int_a^b x^n\,dx$를 구하여라. (단, $a,\ b \in \mathbb{R},\ a < b,\ n \in \mathbb{N}$)

풀이 $f(x) = x^n,\ x \in \mathbb{R}$ 로 두면 f 는 $[a,\ b]$에서 연속이므로 정리 6.8에 의하여 f 는 $[a, b]$에서 적분가능하다. $F(x) = \dfrac{x^{n+1}}{n+1},\ x \in \mathbb{R}$ 로 두면 $F'(x) = f(x)$, $x \in [a,\ b]$이다. 정리 6.22에 의하여

$$\int_a^b x^n\,dx = \frac{b^{n+1}}{n+1} - \frac{a^{n+1}}{n+1} = \frac{1}{n+1}(b^{n+1} - a^{n+1})$$

이다.

[정리 6.23] (적분에 관한 평균값 정리) 함수 $f : [a,\ b] \to \mathbb{R}$ 가 $[a,\ b]$에서 연속이면

$$\int_a^b f = f(c)(b-a)$$

를 만족하는 점 $c \in [a,\ b]$가 존재한다.

증명 f 가 $[a,\ b]$에서 연속이므로 최대·최소값 정리에 의하여 $f(x_1) = m,\ f(x_2) = M$ 인 점 $x_1,\ x_2 \in [a,\ b]$가 존재한다. 여기서 $M = \sup\{f(x) \mid a \le x \le b\},\ m = \inf\{f(x) \mid a \le x \le b\}$ 이다. 모든 $x \in [a,\ b]$에 대하여 $m \le f(x) \le M$이므로 따름정리 6.13에 의하여

$$m(b-a) \le \int_a^b f \le M(b-a)$$

이다. 따라서

$$m \le \frac{1}{b-a}\int_a^b f \le M$$

이다. f가 $[a, b]$에서 연속이므로 중간값 정리에 의하여

$$f(c) = \frac{1}{b-a}\int_a^b f$$

인 점 c가 x_1과 x_2 사이에 존재한다. 즉,

$$\int_a^b f = f(c)(b-a)$$

인 점 $c \in [a, b]$가 존재한다. ■

미적분학의 기본정리를 이용하여 부분적분법과 치환적분법을 얻을 수 있다.

[정리 6.24] (부분적분법) 함수 $f : [a, b] \to \mathbb{R}$와 $g : [a, b] \to \mathbb{R}$가 $[a, b]$에서 미분가능하고 f'과 g'이 $[a, b]$에서 적분가능하면 다음이 성립한다.

$$\int_a^b fg' = [f(b)g(b) - f(a)g(a)] - \int_a^b f'g$$

증명 $h = fg$로 두면 가정에 의하여 $h' = f'g + fg'$이 적분가능하다. 따라서 미적분학의 기본정리에 의하여

$$\int_a^b (f'g + fg') = \int_a^b h' = h(b) - h(a) = f(b)g(b) - f(a)g(a)$$

이다. 따라서

$$\int_a^b fg' = [f(b)g(b) - f(a)g(a)] - \int_a^b f'g$$

이다. ■

【예제 6.6】 $\int_1^e x \ln x \, dx$를 구하여라.

풀이 $f(x) = \ln x,\ g'(x) = x,\ x > 0$로 두면 $f'(x) = \frac{1}{x},\ \ g(x) = \frac{1}{2}x^2$이다. 부분적분법에 의하여

$$\begin{aligned}\int_1^e x \ln x\, dx &= \left(\frac{1}{2}e^2 \ln e - \frac{1}{2}\ln 1\right) - \int_1^e \frac{1}{x} \cdot \frac{1}{2}x^2\, dx \\ &= \frac{1}{2}e^2 - \int_1^e \frac{x}{2}\, dx \\ &= \frac{1}{2}e^2 - \left(\frac{1}{4}e^2 - \frac{1}{4}\right) \\ &= \frac{1}{4}(e^2 + 1)\end{aligned}$$

이다.

[정리 6.25] (치환적분법) 함수 $g : [a,\ b] \to \mathbb{R}$가 $[a,\ b]$에서 연속인 도함수를 가지고 함수 f가 $g([a,\ b])$에서 연속이면 다음이 성립한다.

$$\int_a^b f(g(t))g'(t)\,dt = \int_{g(a)}^{g(b)} f(x)\,dx$$

증명 g가 $[a,\ b]$에서 연속이므로 따름정리 4.12에 의하여 $g([a,\ b])$는 $g(a),\ g(b)$를 포함하는 폐구간이다. $F(x) = \int_{g(a)}^{x} f(t)\,dt,\ \ x \in g([a,\ b])$로 두면 f가 $g([a,\ b])$에서 연속이므로 정리 6.20에 의하여 $F'(x) = f(x)$이다. 한편, $G(t) = (F \circ g)(t)$, $t \in [a,\ b]$로 두면 합성함수의 미분법에 의하여

$$G'(t) = F'(g(t))g'(t) = f(g(t))g'(t)$$

이다. 따라서 정리 6.22에 의하여

$$\begin{aligned}\int_a^b f(g(t))g'(t)\,dt &= \int_a^b G'(t)\,dt \\ &= G(b) - G(a) \\ &= F(g(b)) - F(g(a)) \\ &= \int_{g(a)}^{g(b)} f(x)\,dx\end{aligned}$$

가 성립한다. ■

【예제 6.7】 $\int_0^2 xe^{x^2}\,dx$를 구하여라.

풀이 $f(x) = e^x$, $g(x) = x^2$, $x \in \mathbb{R}$로 두면 $g'(x) = 2x$, $x \in \mathbb{R}$이다. 치환적분법에 의하여

$$\int_0^2 xe^{x^2}\,dx = \frac{1}{2}\int_0^4 e^u\,du = \frac{1}{2}(e^4 - 1)$$

이다.

$f : [a, b] \to \mathbb{R}$가 유계함수이고 $P = \{x_0, x_1, x_2, \cdots, x_n\}$이 $[a, b]$의 임의의 분할이고 $\xi_i \in [x_{i-1}, x_i]$ $(i = 1, 2, \cdots, n)$일 때

$$S(f, P, \xi) = \sum_{i=1}^{n} f(\xi_i)\Delta x_i$$

를 분할 P와 $\{\xi_i\}$에 관한 함수 f의 Riemann합(Riemann sum)이라고 한다.

정의에 의하여 $[a, b]$의 임의의 분할 P와 임의의 점 $\xi_i \in [x_{i-1}, x_i]$ $(i = 1, 2, \cdots, n)$에 대하여

$$L(f, P) \le S(f, P, \xi) \le U(f, P)$$

임을 알 수 있다.

[정의 6.26] $f : [a, b] \to \mathbb{R}$가 유계함수라 하자. 임의의 $\epsilon > 0$에 대하여 $\delta > 0$가 존재하여 P가 $\|P\| < \delta$인 $[a, b]$의 임의의 분할이면 임의의 $\{\xi_i\}$에 대하여

$$|S(f, P, \xi) - I| < \epsilon$$

을 만족할 때 $\lim_{\|P\| \to 0} S(f, P, \xi) = I$라고 한다.

[정리 6.27] $f:[a,b]\to\mathbb{R}$가 유계함수라 하자. 그러면 다음이 성립한다.

(i) $\lim_{\|P\|\to 0} S(f, P, \xi) = I$이면, 함수 f는 $[a, b]$에서 적분가능하고 $\int_a^b f = I$ 이다.

(ii) 함수 f가 $[a, b]$에서 적분가능하면, $\lim_{\|P\|\to 0} S(f, P, \xi)$가 존재하고 $\lim_{\|P\|\to 0} S(f, P, \xi) = \int_a^b f$이다.

증명 (i) $\lim_{\|P\|\to 0} S(f, P, \xi) = I$라고 가정하고 $\epsilon > 0$을 임의의 실수라고 하자. 그러면 $\delta > 0$가 존재하여 P가 $\|P\| < \delta$인 $[a, b]$의 임의의 분할이면 임의의 $\{\xi_i\}$에 대하여 $|S(f, P, \xi) - I| < \frac{\epsilon}{2}$이다. $P = \{x_0, x_1, x_2, \cdots, x_n\}$을 $\|P\| < \delta$인 $[a, b]$의 한 분할이라고 하자. $M_i = \sup\{f(x) \mid x \in [x_{i-1}, x_i]\}$ $(i = 1, 2, \cdots, n)$이므로

$$f(\hat{\xi}_i) > M_i - \frac{\epsilon}{2(b-a)} \, (i = 1, 2, \cdots, n)$$

을 만족하는 $\hat{\xi}_i \in [x_{i-1}, x_i] (i = 1, 2, \cdots, n)$이 존재한다. $m_i = \inf\{f(x) \mid x \in [x_{i-1}, x_i]\} \, (i = 1, 2, \cdots, n)$이므로

$$f(\tilde{\xi}_i) < m_i + \frac{\epsilon}{2(b-a)} \, (i = 1, 2, \cdots, n)$$

을 만족하는 $\tilde{\xi}_i \in [x_{i-1}, x_i] \, (i = 1, 2, \cdots, n)$가 존재한다. 따라서

$$S(f, P, \hat{\xi}) = \sum_{i=1}^{n} f(\hat{\xi}_i)\Delta x_i > \sum_{i=1}^{n} \left[M_i - \frac{\epsilon}{2(b-a)}\right]\Delta x_i = U(f, P) - \frac{\epsilon}{2}$$

$$S(f, P, \tilde{\xi}) = \sum_{i=1}^{n} f(\tilde{\xi}_i)\Delta x_i < \sum_{i=1}^{n} \left[m_i + \frac{\epsilon}{2(b-a)}\right]\Delta x_i = L(f, P) + \frac{\epsilon}{2}$$

이다. 그러므로

$$\overline{\int_a^b} f \le U(f,\ P) < S(f,\ P,\ \hat{\xi}\,) + \frac{\epsilon}{2} < \left(I + \frac{\epsilon}{2}\right) + \frac{\epsilon}{2} = I + \epsilon$$

$$\underline{\int_a^b} f \ge L(f,\ P) > S(f,\ P,\ \tilde{\xi}\,) - \frac{\epsilon}{2} > \left(I - \frac{\epsilon}{2}\right) - \frac{\epsilon}{2} = I - \epsilon$$

이다. $\epsilon > 0$은 임의의 실수이므로 $\overline{\int_a^b} f \le I$ 이고 $\underline{\int_a^b} f \ge I$ 이다. 즉, $\overline{\int_a^b} f \le I \le \underline{\int_a^b} f$ 이다. $\overline{\int_a^b} f = \underline{\int_a^b} f = I$ 이므로 f 는 $[a,\ b]$에서 적분가능하고 $\int_a^b f = I$ 이다.

(ii) 함수 f가 $[a,\ b]$에서 적분가능하다고 가정하고 $\epsilon > 0$을 임의의 실수라고 하자. f가 $[a,\ b]$에서 유계이므로, 모든 $x \in [a,\ b]$에 대하여 $|f(x)| \le M$인 $M > 0$이 존재한다. 상적분과 하적분의 정의에 의하여

$$\underline{\int_a^b} f - \frac{\epsilon}{3} < L(f,\ P_1), \quad U(f,\ P_2) < \overline{\int_a^b} f + \frac{\epsilon}{3}$$

인 $[a,\ b]$의 분할 P_1, P_2가 존재한다. 함수 f가 $[a,\ b]$에서 적분가능하므로

$$\underline{\int_a^b} f = \overline{\int_a^b} f = \int_a^b f$$

이다. 따라서

$$\int_a^b f - \frac{\epsilon}{3} < L(f,\ P_1), \quad U(f,\ P_2) < \int_a^b f + \frac{\epsilon}{3}$$

이다. $P^* = P_1 \cup P_2$로 두면 보조정리 6.3에 의하여

$$L(f,\ P_1) \le L(f,\ P^*) \le U(f,\ P^*) \le U(f,\ P_2)$$

이다. 따라서

$$\int_a^b f - \frac{\epsilon}{3} < L(f,\ P^*) \le U(f,\ P^*) < \int_a^b f + \frac{\epsilon}{3}$$

이다. $P^* = \{x_0, x_1, x_2, \cdots, x_N\}$으로 두고 $\delta = \dfrac{\epsilon}{3MN}$으로 두자. $P = \{y_0, y_1, y_2, \cdots, y_n\}$을 $\|P\| < \delta$인 $[a, b]$의 임의의 분할이라고 하자. $M_i = \sup\{f(x) \mid x \in [x_{i-1}, x_i]\}\ (i = 1, 2, \cdots, N)$으로 두자. 점 $x_i \in P^*\ (i \neq 0, N)$를 포함하는 분할 P의 임의의 소구간 $[y_{k-1}, y_k]$는 기껏해야 $N-1$개이다. $\{x_j, x_{j+1}, \cdots, x_{j+m}\} \subseteq [y_{k-1}, y_k]$라고 하자. $x_j \neq y_{k-1}$이면 $M_k^1 = \sup\{f(x) \mid x \in [y_{k-1}, x_j]\}$로 두고, $x_{j+m} \neq y_k$이면 $M_k^2 = \sup\{f(x) \mid x \in [x_{j+m}, y_k]\}$로 두자. 모든 $s, t \in [y_{k-1}, y_k]$에 대하여 $|f(s) - f(t)| \leq 2M$이므로 임의의 $\xi_k \in [y_{k-1}, y_k]$에 대하여

$$f(\xi_k) \leq 2M + M_{j+s},\ s = 1, 2, \cdots, m$$
$$f(\xi_k) \leq 2M + M_k^i,\ i = 1, 2$$

이다. 따라서

$$\begin{aligned} f(\xi_k)\Delta y_k &= f(\xi_k)(x_j - y_{k-1}) + \sum_{s=1}^{m} f(\xi_k)\Delta x_{j+s} + f(\xi_k)(y_k - x_{j+m}) \\ &\leq 2M\Delta y_k + M_k^1(x_j - y_{k-1}) + \sum_{s=1}^{m} M_{j+s}\Delta x_{j+s} + M_k^2(y_k - x_{j+m}) \\ &< 2M\delta + U(f, P_k) \end{aligned}$$

이다. 여기서 $P_k = \{y_{k-1}, x_j, x_{j+1}, \cdots, x_{j+m}, y_k\}$는 $[y_{k-1}, y_k]$의 분할이다. 구간 $[y_{k-1}, y_k]$가 점 $x_i \in P^*\ (i \neq 0, N)$를 포함하지 않으면 $P_k = \{y_{k-1}, y_k\}$로 두고 $P' = \cup P_k$로 두자. P'은 $[a, b]$의 분할이고 또한 P^*의 세분할이다. 점 $x_i \in P^*\ (i \neq 0, N)$를 포함하는 분할 P의 임의의 소구간 $[y_{k-1}, y_k]$는 기껏해야 $N-1$ 개이므로

$$\begin{aligned} S(f, P, \xi) &= \sum_{k=1}^{n} f(\xi_k)\Delta y_k < 2M(N-1)\delta + \sum_{k=1}^{n} U(f, P_k) \\ &< \frac{2}{3}\epsilon + U(f, P) < \frac{2}{3}\epsilon + U(f, P^*) < \int_a^b f + \epsilon \end{aligned}$$

이다. 비슷한 방법으로

$$S(f, P, \xi) > \int_a^b f - \epsilon$$

임을 보일 수 있다. 따라서

$$\left| S(f,\ P,\ \xi) - \int_a^b f \right| < \epsilon$$

이다. 그러므로 $\lim_{\|P\| \to 0} S(f,\ P,\ \xi) = \int_a^b f$ 이다. ■

【예제 6.8】 $f(x) = x^2$이고 $b > 0$일 때 정리 6.27을 이용하여 $\int_0^b f$를 구하여라.

(풀이) 함수 f는 $[0,\ b]$에서 연속이므로 f는 $[0,\ b]$에서 적분가능하다. $P = \{x_0,\ x_1,\ x_2,\ \cdots,\ x_n\}$을 구간 $[0,\ b]$의 임의의 분할이라고 하고 $\xi_i = \sqrt{\frac{1}{3}(x_i^2 + x_i x_{i-1} + x_{i-1}^2)}$ $(i = 1,\ 2,\ \cdots,\ n)$으로 두면

$$0 \le x_{i-1} < \xi_i = \sqrt{\frac{1}{3}(x_i^2 + x_i x_{i-1} + x_{i-1}^2)} < x_i \quad (i = 1,\ 2,\ \cdots,\ n)$$

이다. 즉, $\xi_i \in [x_{i-1},\ x_i]$ $(i = 1,\ 2,\ \cdots,\ n)$이다.

$$\begin{aligned} S(f,\ P,\ \xi) &= \sum_{i=1}^{n} f(\xi_i)\Delta x_i = \sum_{i=1}^{n} \frac{1}{3}(x_i^2 + x_i x_{i-1} + x_{i-1}^2)(x_i - x_{i-1}) \\ &= \frac{1}{3}\sum_{i=1}^{n}(x_i^3 - x_{i-1}^3) = \frac{1}{3}(x_n^3 - x_0^3) = \frac{1}{3}b^3 \end{aligned}$$

이다. 정리 6.27(ii)에 의하여 $\int_a^b f = \lim_{\|P\| \to 0} S(f,\ P,\ \xi) = \frac{1}{3}b^3$이다.

연습문제 6.3

1. $f:\mathbb{R}\to\mathbb{R}$가 연속함수이고 $a\in\mathbb{R}$일 때 $\displaystyle\lim_{x\to a}\frac{x}{x-a}\int_a^x f(t)\,dt$를 구하여라.

2. (적분에 관한 일반화된 평균값 정리) 함수 $f:[a,\,b]\to\mathbb{R}$와 $g:[a,\,b]\to\mathbb{R}$가 $[a,\,b]$에서 연속이고 모든 $x\in[a,\,b]$에 대하여 $g(x)\ge 0$이면

$$\int_a^b f(x)g(x)\,dx = f(c)\int_a^b g(x)\,dx$$

를 만족하는 점 $c\in(a,\,b)$가 존재함을 증명하여라.

3. 함수 f가 $[0,\,1]$에서 연속일 때 $\displaystyle\int_{-1}^{1} xf(x^2)\,dx$를 구하여라.

4. 함수 f가 $[0,\,1]$에 적분가능하면 다음이 성립함을 증명하여라.

$$\lim_{n\to\infty}\frac{1}{n}\sum_{k=1}^{n} f\left(\frac{k}{n}\right) = \int_0^1 f(x)\,dx$$

5. 적분을 이용하여 $\displaystyle\lim_{n\to\infty}\sum_{k=1}^{n}\frac{n}{k^2+n^2}$을 구하여라.

6. 다음 적분을 계산하여라.

(i) $\displaystyle\int_{-1}^{3}\frac{|x|}{[\![\,2x-5\,]\!]}\,dx$

(ii) $\displaystyle\int_0^1 x\sqrt{1-x^2}\,dx$

(iii) $\displaystyle\int_0^1 x\tan^{-1}x\,dx$

7. 함수 $f:[a,\ b]\to\mathbb{R}$가 $[a,\ b]$에서 연속이고 $M=\max\{|f(x)|\mid x\in[a,\ b]\}$으로 두면 $\lim_{n\to\infty}\left(\int_a^b |f(x)|^n\,dx\right)^{\frac{1}{n}}=M$임을 증명하여라.

8. 함수 $f:[a,\ b]\to\mathbb{R}$가 $[a,\ b]$에서 연속이고 함수 $u:[c,\ d]\to[a,\ b]$와 $v:[c,\ d]\to[a,\ b]$가 $[c,\ d]$에서 미분가능할 때 각 $x\in[c,\ d]$에 대하여 $F(x)=\int_{u(x)}^{v(x)} f(t)dt$로 정의하면 $F'(x)=f(v(x))v'(x)-f(u(x))u'(x)$임을 증명하여라.

9. $F(x)$가 다음과 같이 정의되었을 때 $F'(x)$를 구하여라.

(i) $F(x)=\int_{x^2}^{x^3+2}\sqrt{1+t^2}\,dt$

(ii) $F(x)=\int_{x^2}^{\sin x}\cos t\,dt$

10. 다음 극한을 구하여라.

(i) $\lim_{x\to 0}\dfrac{\int_1^{x+1} e^{t^2}\,dt}{x}$

(ii) $\lim_{x\to 0}\dfrac{\int_0^{x}\sin t^3\,dt}{x^4}$

11. 함수 $f:[a,\ b]\to\mathbb{R}$가 $[a,\ b]$에서 연속이고 모든 $x\in[a,\ b]$에 대하여 $|f(x)|\le M\int_a^x |f(t)|\,dt$를 만족하는 $M>0$이 존재하면 모든 $x\in[a,\ b]$에 대하여 $f(x)=0$임을 증명하여라.

12. 함수 $f:[0,\ 1]\to\mathbb{R}$가 $[0,\ 1]$에서 연속이면 $\lim_{n\to\infty}\int_0^1 f(x^n)\,dx = f(0)$임을 증명하여라.

13. (적분에 관한 Cauchy-Schwarz 부등식) 함수 $f:[a,\ b]\to\mathbb{R}$와 $g:[a,\ b]\to\mathbb{R}$가 $[a,\ b]$에서 적분가능하면 다음이 성립함을 증명하여라.

$$\left\{\int_a^b f(x)g(x)\,dx\right\}^2 \le \left[\int_a^b \{f(x)\}^2\,dx\right]\left[\int_a^b \{g(x)\}^2\,dx\right]$$

6.4 이상적분

앞 절에서 유계인 폐구간에서 유계함수에 대한 Riemann 적분을 다루었다. 이 절에서는 유계인 폐구간이 아니거나 유계함수가 아닌 경우에 적분을 다룬다.

[정의 6.28] (제1종 이상적분) 함수 $f:[a,\infty)\to\mathbb{R}$가 임의의 $b\in(a,\infty)$에 대하여 $[a,b]$에서 적분가능하면 $[a,\infty)$에서 f의 **이상적분**(improper integral)을

$$\int_a^{\infty} f = \lim_{b\to\infty}\int_a^b f$$

로 정의한다.

함수 $f:(-\infty,b]\to\mathbb{R}$가 임의의 $a\in(-\infty,b)$에 대하여 $[a,b]$에서 적분가능하면 $(-\infty,b]$에서 f의 이상적분을

$$\int_{-\infty}^{b} f = \lim_{a\to-\infty}\int_a^b f$$

로 정의한다.

함수 $f:(-\infty,\infty)\to\mathbb{R}$가 임의의 $a, b\in(-\infty,\infty)$ $(a<b)$에 대하여 $[a,b]$에서 적분가능하면 $(-\infty,\infty)$에서 f의 이상적분을

$$\int_{-\infty}^{\infty} f = \lim_{\substack{a\to-\infty\\ b\to\infty}}\int_a^b f$$

로 정의한다.

위의 이상적분의 정의에서 우변의 극한이 존재하면 이상적분은 **수렴한다**(converge)고 하고 그렇지 않으면 이상적분은 **발산한다**(diverge)고 한다.

【예제 6.9】 (i) $\displaystyle\int_2^\infty \frac{1}{x^2}\,dx = \lim_{b\to\infty}\int_2^b \frac{1}{x^2}\,dx = \lim_{b\to\infty}\left(\frac{1}{2}-\frac{1}{b}\right) = \frac{1}{2}$

(ii) $\displaystyle\int_{-\infty}^0 e^x\,dx = \lim_{a\to-\infty}\int_a^0 e^x\,dx = \lim_{a\to-\infty}(1-e^a) = 1$

(iii) $$\int_{-\infty}^\infty \frac{1}{1+x^2}\,dx = \lim_{\substack{a\to-\infty\\ b\to\infty}}\int_a^b \frac{1}{1+x^2}\,dx = \lim_{\substack{a\to-\infty\\ b\to\infty}}(\tan^{-1}b-\tan^{-1}a) = \frac{\pi}{2}-\left(-\frac{\pi}{2}\right) = \pi$$

[정의 6.29] (제2종 이상적분) 함수 $f:(a,\,b]\to\mathbb{R}$ 가 임의의 $c\in(a,\,b)$에 대하여 $[c,\,b]$에서 적분가능하면 $(a,\,b]$에서 f의 이상적분(improper integral)을

$$\int_a^b f = \lim_{c\to a^+}\int_c^b f$$

로 정의한다.

함수 $f:[a,\,b)\to\mathbb{R}$ 가 임의의 $c\in(a,\,b)$에 대하여 $[a,\,c]$에서 적분가능하면 $[a,\,b)$에서 f의 이상적분을

$$\int_a^b f = \lim_{c\to b^-}\int_a^c f$$

로 정의한다.

함수 $f:[a,\,c)\cup(c,\,b]\to\mathbb{R}$ 가 임의의 $d\in(a,\,c)$와 $e\in(c,\,b)$에 대하여 $[a,\,d]$와 $[e,\,b]$에서 적분가능하면 $[a,\,c)\cup(c,\,b]$에서 f의 이상적분을

$$\int_a^b f = \lim_{d\to c^-}\int_a^d f + \lim_{e\to c^+}\int_e^b f$$

로 정의한다.

위의 이상적분의 정의에서 우변의 극한이 존재하면 이상적분은 **수렴한다**(converge)고 하고 그렇지 않으면 이상적분은 **발산한다**(diverge)고 한다.

【예제 6.10】 (i) $\displaystyle\int_0^1 \frac{1}{\sqrt{x}}\,dx = \lim_{c\to 0^+}\int_c^1 \frac{1}{\sqrt{x}}\,dx = \lim_{c\to 0^+} 2(1-\sqrt{c}) = 2$

(ii)
$$\begin{aligned}\int_{-1}^1 \frac{1}{x^2}\,dx &= \int_{-1}^0 \frac{1}{x^2}\,dx + \int_0^1 \frac{1}{x^2}\,dx \\ &= \lim_{d\to 0^-}\int_{-1}^d \frac{1}{x^2}\,dx + \lim_{c\to 0^+}\int_c^1 \frac{1}{x^2}\,dx \\ &= \lim_{d\to 0^-}\left(-\frac{1}{d}-1\right) + \lim_{c\to 0^+}\left(-1+\frac{1}{e}\right) \\ &= \infty\end{aligned}$$

[정리 6.30] **(비교판정법)** 함수 $f:[a,\ \infty)\to\mathbb{R}$와 $g:[a,\ \infty)\to\mathbb{R}$가 임의의 $b\in(a,\ \infty)$에 대하여 $[a,\ b]$에서 적분가능하고 모든 $x\in[a,\ \infty)$에 대하여 $0\le f(x)\le g(x)$라고 하자. 이상적분 $\int_a^\infty g$가 수렴하면 이상적분 $\int_a^\infty f$도 수렴하고 $\int_a^\infty f \le \int_a^\infty g$이다.

증명 임의의 $b\in(a,\ \infty)$에 대하여

$$F(b)=\int_a^b f,\quad G(b)=\int_a^b g$$

로 정의하자. $\int_a^\infty g$가 수렴하므로 $\lim\limits_{b\to\infty} G(b)$가 존재하고, 모든 $x\in[a,\ \infty)$에 대하여 $0\le f(x)\le g(x)$이므로 따름정리 6.13에 의하여 $0\le F(b)\le G(b) \le \lim\limits_{b\to\infty} G(b)$이다. 모든 $x\in[a,\ \infty)$에 대하여 $0\le f(x)$이므로 함수 F는 위로 유계인 증가함수이다. 따라서 $\lim\limits_{b\to\infty} F(b)$가 존재한다. 그러므로 이상적분 $\int_a^\infty f$도 수렴하고 $\int_a^\infty f = \lim\limits_{b\to\infty} F(b) \le \lim\limits_{b\to\infty} G(b) = \int_a^\infty g$이다. ■

연습문제 6.4

1. 다음 이상적분을 계산하여라.

(i) $\displaystyle\int_2^{\infty} \frac{1}{x(\ln x)^2}\, dx$

(ii) $\displaystyle\int_0^{\frac{\pi}{2}} \frac{\cos x}{\sqrt{\sin x}}\, dx$

(iii) $\displaystyle\int_0^{2} \frac{1}{\sqrt{4-x^2}}\, dx$

(iv) $\displaystyle\int_0^{1} \ln x\, dx$

2. 이상적분 $\displaystyle\int_1^{\infty} \frac{1}{x^p}\, dx$는 $p>1$일 때 수렴하고 $p \le 1$일 때 발산함을 보여라.

3. 이상적분 $\displaystyle\int_1^{\infty} \frac{\sin^2 x}{x^2}\, dx$가 수렴함을 보여라.

4. 함수 $f:[a,\ \infty) \to \mathbb{R}$가 임의의 $b \in (a,\ \infty)$에 대하여 $[a,\ b]$에서 적분가능하고 이상적분 $\displaystyle\int_a^{\infty} |g(x)|\, dx$가 수렴하면 $\displaystyle\int_a^{\infty} |f(x)g(x)|\, dx$도 수렴함을 증명하여라.

5. 이상적분 $\displaystyle\int_0^{\infty} f$가 수렴하고 $\displaystyle\lim_{x\to\infty} f(x) = L$이 존재하면 $L=0$임을 증명하여라.

6. 이상적분 $\displaystyle\int_0^{\infty} f$가 수렴하지만 $\displaystyle\lim_{x\to\infty} f(x)$이 존재하지 않는 예를 들어라.

7. 이상적분 $\displaystyle\int_1^{\infty} |f(x)|\, dx$가 수렴하면 $\displaystyle\lim_{n\to\infty} \int_1^{\infty} f(x^n)\, dx = 0$임을 증명하여라.

6.5 Riemann-Stieltjes 적분

이 절에서는 Riemann 적분의 일반화된 개념인 Riemann-Stieltjes 적분을 정의하고 그 적분의 성질을 다룬다.

[정의 6.31] $f:[a, b]\to\mathbb{R}$가 유계함수이고 $\alpha:[a, b]\to\mathbb{R}$가 단조증가함수라고 하자. $[a, b]$의 임의의 분할 $P=\{x_0, x_1, x_2, \cdots, x_n\}$에 대하여 분할 P와 α에 관한 f의 Riemann-Stieltjes 상합(upper Riemann-Stieltjes sum) $U(f, \alpha, P)$와 Riemann-Stieltjes 하합(lower Riemann-Stieltjes sum) $L(f, \alpha, P)$를 다음과 같이 정의한다.

$$U(f, \alpha, P)=\sum_{i=1}^{n} M_i\,\Delta\alpha_i$$

$$L(f, \alpha, P)=\sum_{i=1}^{n} m_i\,\Delta\alpha_i$$

여기서 $M_i=\sup\{f(x)\mid x\in[x_{i-1}, x_i]\}$, $m_i=\inf\{f(x)\mid x\in[x_{i-1}, x_i]\}$, $\Delta\alpha_i=\alpha(x_i)-\alpha(x_{i-1})$, $(i=1, 2, \cdots, n)$이다.

$$\overline{\int_a^b} f\,d\alpha=\inf\{U(f, \alpha, P)\mid P\text{는 } [a, b]\text{의 분할}\}$$

$$\underline{\int_a^b} f\,d\alpha=\sup\{L(f, \alpha, P)\mid P\text{는 } [a, b]\text{의 분할}\}$$

를 각각 $[a, b]$에서 α에 관한 f의 Riemann-Stieltjes 상적분(upper Riemann-Stieltjes integral), Riemann-Stieltjes 하적분(lower Riemann-Stieltjes integral)이라고 한다.

위의 정의에서 $f:[a, b]\to\mathbb{R}$가 유계함수이고 $\alpha:[a, b]\to\mathbb{R}$가 단조증가함수일 때 $[a, b]$의 임의의 분할 P에 대하여

$$L(f,\ \alpha,\ P) \le U(f,\ \alpha,\ P)$$

가 성립함을 알 수 있다. 또한, Riemann 적분에서와 같은 방법으로, Q가 $[a,\ b]$의 분할 P의 세분할이면

$$L(f,\ \alpha,\ P) \le L(f,\ \alpha,\ Q) \le U(f,\ \alpha,\ Q) \le U(f,\ \alpha,\ P)$$

이고

$$\underline{\int_a^b} f\,d\alpha \le \overline{\int_a^b} f\,d\alpha$$

임을 알 수 있다.

[정의 6.32] $f:[a,\ b]\to\mathbb{R}$가 유계함수이고 $\alpha:[a,\ b]\to\mathbb{R}$가 단조증가함수라고 하자.

$$\underline{\int_a^b} f\,d\alpha = \overline{\int_a^b} f\,d\alpha$$

이면 함수 f는 $[a,\ b]$에서 α에 관하여 Riemann–Stieltjes 적분가능하다고 하며, 그 공통값을 $[a,\ b]$에서 α에 관한 f의 Riemann–Stieltjes 적분(Riemann-Stieltjes integral)이라고 하고

$$\int_a^b f(x)\,d\alpha(x) \text{ 또는 } \int_a^b f\,d\alpha$$

로 나타낸다.

위의 정의에서 $\alpha:[a,\ b]\to\mathbb{R}$, $\alpha(x)=x$일 때 $[a,\ b]$에서 α에 관한 f의 Riemann-Stieltjes 적분은 $[a,\ b]$에서 f의 Riemann 적분과 일치한다.

【예제 6.11】 $f : [a,\ b] \to \mathbb{R}$가 유계함수이고 $\alpha : [a,\ b] \to \mathbb{R}$, $\alpha(x) = c\,(c \in \mathbb{R})$라고 하자. $[a,\ b]$의 임의의 분할 $P = \{x_0,\ x_1,\ x_2,\ \cdots,\ x_n\}$에 대하여 $\Delta\alpha_i = \alpha(x_i) - \alpha(x_{i-1}) = 0\ (i = 1,\ 2,\ \cdots,\ n)$이므로 $U(f,\ \alpha,\ P) = L(f,\ \alpha,\ P) = 0$이다. 따라서

$$\underline{\int_a^b} f\,d\alpha = \overline{\int_a^b} f\,d\alpha = 0$$

이다. 그러므로 f는 $[a,\ b]$에서 α에 관하여 Riemann-Stieltjes 적분가능하고 $\int_a^b f\,d\alpha = 0$이다.

【예제 6.12】 $f : [a,\ b] \to \mathbb{R}$, $f(x) = c(c \in \mathbb{R})$이고 $\alpha : [a,\ b] \to \mathbb{R}$가 단조증가함수라 하자. $[a,\ b]$의 임의의 분할 $P = \{x_0,\ x_1,\ x_2,\ \cdots,\ x_n\}$에 대하여 $M_i = m_i = c\ (i = 1,\ 2,\ \cdots,\ n)$이므로

$$U(f,\ \alpha,\ P) = \sum_{i=1}^{n} M_i\,\Delta\alpha_i = c\sum_{i=1}^{n} \Delta\alpha_i = c[\alpha(b) - \alpha(a)]$$

$$L(f,\ \alpha,\ P) = \sum_{i=1}^{n} m_i\,\Delta\alpha_i = c\sum_{i=1}^{n} \Delta\alpha_i = c[\alpha(b) - \alpha(a)]$$

이다. 따라서 $\underline{\int_a^b} f\,d\alpha = \overline{\int_a^b} f\,d\alpha = c[\alpha(b) - \alpha(a)]$ 이다. 그러므로 f는 $[a,\ b]$에서 α에 관하여 Riemann-Stieltjes 적분가능하고 $\int_a^b f\,d\alpha = c[\alpha(b) - \alpha(a)]$이다.

【예제 6.13】 $f : [a,\ b] \to \mathbb{R}$가 $c \in (a,\ b]$에서 연속인 유계함수이고 $\alpha : [a,\ b] \to \mathbb{R}$, $\alpha(x) = \begin{cases} k_1, & a \le x < c \\ k_2, & c \le x \le b \end{cases}$ (단, $k_1 < k_2$)라고 하자. 함수 f는 $[a,\ b]$에서 α에 관하여 Riemann-Stieltjes 적분가능하고 $\int_a^b f\,d\alpha = f(c)(k_2 - k_1)$임을 보여라.

풀이 $\epsilon > 0$을 임의의 실수라고 하자. f가 c에서 연속이므로

$$|x - c| < \delta, \quad x \in [a, b] \quad \Rightarrow \quad |f(x) - f(c)| < \frac{\epsilon}{k_2 - k_1}$$

$$\text{즉, } f(c) - \frac{\epsilon}{k_2 - k_1} < f(x) < f(c) + \frac{\epsilon}{k_2 - k_1}$$

을 만족하는 $\delta > 0$가 존재한다. $P = \{x_0, x_1, x_2, \cdots, x_n\}$을 $\| P \| < \delta$인 $[a, b]$의 임의의 분할이라고 하자. $c \in (a, b]$이므로 $x_{j-1} < c \leq x_j$인 자연수 $j(1 \leq j \leq n)$가 존재한다. 따라서

$$f(c) - \frac{\epsilon}{k_2 - k_1} \leq m_j \leq M_j \leq f(c) + \frac{\epsilon}{k_2 - k_1}$$

이고 $\Delta\alpha_j = \alpha(x_j) - \alpha(x_{j-1}) = k_2 - k_1$, $\Delta\alpha_i = 0\ (i \neq j)$이다. 따라서

$$U(f, \alpha, P) = \sum_{i=1}^{n} M_i \Delta\alpha_i = M_j \Delta\alpha_j = M_j(k_2 - k_1)$$

$$L(f, \alpha, P) = \sum_{i=1}^{n} m_i \Delta\alpha_i = m_j \Delta\alpha_j = m_j(k_2 - k_1)$$

이다. 그러므로

$$f(c)(k_2 - k_1) - \epsilon \leq L(f, \alpha, P) \leq U(f, \alpha, P) \leq f(c)(k_2 - k_1) + \epsilon$$

이다. 따라서

$$f(c)(k_2 - k_1) - \epsilon \leq \underline{\int_a^b} f\, d\alpha \leq \overline{\int_a^b} f\, d\alpha \leq f(c)(k_2 - k_1) + \epsilon$$

이다. $\epsilon > 0$은 임의의 실수이므로 $\underline{\int_a^b} f\, d\alpha = \overline{\int_a^b} f\, d\alpha = f(c)(k_2 - k_1)$이다. 그러므로 f는 $[a, b]$에서 α에 관하여 Riemann-Stieltjes 적분가능하고 $\int_a^b f\, d\alpha = f(c)(k_2 - k_1)$이다.

다음 두 정리는 정리 6.7, 정리 6.8과 같은 방법으로 증명할 수 있다.

[정리 6.33] $f:[a, b]\rightarrow\mathbb{R}$ 가 유계함수이고 $\alpha:[a, b]\rightarrow\mathbb{R}$ 가 단조증가함수라 하자. 함수 f가 $[a, b]$에서 α에 관하여 Riemann-Stieltjes 적분가능할 필요충분조건은 임의의 $\epsilon>0$에 대하여

$$U(f, \alpha, P)-L(f, \alpha, P)<\epsilon$$

인 $[a, b]$의 분할 P가 존재하는 것이다.

[정리 6.34] $f:[a, b]\rightarrow\mathbb{R}$ 가 연속함수이고 $\alpha:[a, b]\rightarrow\mathbb{R}$ 가 단조증가함수이면 f는 $[a, b]$에서 α에 관하여 Riemann-Stieltjes 적분가능하다.

[정리 6.35] $f:[a, b]\rightarrow\mathbb{R}$ 가 단조함수이고 $\alpha:[a, b]\rightarrow\mathbb{R}$ 가 연속인 단조증가함수이면 f는 $[a, b]$에서 α에 관하여 Riemann-Stieltjes 적분가능하다.

증명 $f:[a, b]\rightarrow\mathbb{R}$ 가 단조증가함수라고 가정하자. $f:[a, b]\rightarrow\mathbb{R}$ 가 단조감소함수인 경우도 같은 방법으로 증명할 수 있다. $\epsilon>0$을 임의의 실수라고 하자. 한편

$$\frac{1}{n}[\alpha(b)-\alpha(a)][f(b)-f(a)]<\epsilon$$

을 만족하는 자연수 n을 택하자. $\alpha:[a, b]\rightarrow\mathbb{R}$ 가 연속함수이므로 중간값 정리에 의하여

$$\Delta\alpha_i=\alpha(x_i)-\alpha(x_{i-1})=\frac{1}{n}[\alpha(b)-\alpha(a)]\ (i=1, 2, \cdots, n)$$

을 만족하는 $[a, b]$의 분할 $P=\{x_0, x_1, x_2, \cdots, x_n\}$이 존재한다. $f:[a, b]\rightarrow\mathbb{R}$ 가 단조증가함수이므로, 모든 $i=1, 2, \cdots, n$에 대하여 $M_i=f(x_i)$, $m_i=f(x_{i-1})$이다. 따라서

$$\begin{aligned} U(f,\ \alpha,\ P) - L(f,\ \alpha,\ P) &= \sum_{i=1}^{n} [f(x_i) - f(x_{i-1})] \Delta\alpha_i \\ &= \frac{1}{n}[\alpha(b) - \alpha(a)] \sum_{i=1}^{n} [f(x_i) - f(x_{i-1})] \\ &= \frac{1}{n}[\alpha(b) - \alpha(a)][f(b) - f(a)] \\ &< \epsilon \end{aligned}$$

이다. 정리 6.33에 의하여 f는 $[a,\ b]$에서 α에 관하여 Riemann-Stieltjes 적분가능하다. ■

다음 정리는 정리 6.10, 정리 6.11, 따름정리 6.13, 정리 6.15와 같은 방법으로 증명할 수 있다.

[정리 6.36] $\alpha : [a,\ b] \to \mathbb{R}$가 단조증가함수라고 하자. 함수 $f : [a,\ b] \to \mathbb{R}$와 $g : [a,\ b] \to \mathbb{R}$가 $[a,\ b]$에서 α에 관하여 Riemann-Stieltjes 적분가능하고 k가 임의의 실수이면

(i) $f+g$도 $[a,\ b]$에서 α에 관하여 Riemann-Stieltjes 적분가능하고 $\int_a^b (f+g)d\alpha = \int_a^b f\,d\alpha + \int_a^b g\,d\alpha$이다.

(ii) kf도 $[a,\ b]$에서 α에 관하여 Riemann-Stieltjes 적분가능하고 $\int_a^b kf\,d\alpha = k\int_a^b f\,d\alpha$이다.

(iii) 모든 $x \in [a,\ b]$에 대하여 $f(x) \le g(x)$이면 $\int_a^b f\,d\alpha \le \int_a^b g\,d\alpha$이다.

(iv) $|f|$도 $[a,\ b]$에서 α에 관하여 Riemann-Stieltjes 적분가능하고 $\left|\int_a^b f\,d\alpha\right| \le \int_a^b |f|\,d\alpha$이다.

다음 두 정리는 정리 6.16, 정리 6.17과 같은 방법으로 증명할 수 있다.

[정리 6.37] $\alpha : [a, b] \to \mathbb{R}$가 단조증가함수라고 하자. 임의의 점 $c \in (a, b)$에 대하여 함수 $f : [a, b] \to \mathbb{R}$가 $[a, c]$와 $[c, b]$에서 α에 관하여 Riemann-Stieltjes 적분가능하면, f는 $[a, b]$에서 α에 관하여 Riemann-Stieltjes 적분가능하고 다음이 성립한다.

$$\int_a^b f\,d\alpha = \int_a^c f\,d\alpha + \int_c^b f\,d\alpha$$

[정리 6.38] $\alpha : [a, b] \to \mathbb{R}$가 단조증가함수라고 하자. 함수 $f : [a, b] \to \mathbb{R}$가 $[a, b]$에서 α에 관하여 Riemann-Stieltjes 적분가능하면, 임의의 점 $c \in (a, b)$에 대하여 f는 $[a, c]$와 $[c, b]$에서 α에 관하여 Riemann-Stieltjes 적분가능하고 다음이 성립한다.

$$\int_a^b f\,d\alpha = \int_a^c f\,d\alpha + \int_c^b f\,d\alpha$$

다음 정리는 정리 6.23과 같은 방법으로 증명할 수 있다.

[정리 6.39] (적분에 관한 평균값 정리) $f : [a, b] \to \mathbb{R}$가 $[a, b]$에서 연속함수이고 $\alpha : [a, b] \to \mathbb{R}$가 단조증가함수이면

$$\int_a^b f\,d\alpha = f(c)[\alpha(b) - \alpha(a)]$$

를 만족하는 점 $c \in [a, b]$가 존재한다.

[정리 6.40] $\alpha_1 : [a, b] \to \mathbb{R}$과 $\alpha_2 : [a, b] \to \mathbb{R}$가 단조증가함수라고 하자. 함수 $f : [a, b] \to \mathbb{R}$가 $[a, b]$에서 α_1과 α_2에 관하여 Riemann-Stieltjes 적분가능하고 $c > 0$이면

(i) f는 $[a, b]$에서 $c\alpha_1$에 관하여 Riemann-Stieltjes 적분가능하고 $\int_a^b f\,d(c\alpha_1) = c\int_a^b f\,d\alpha_1$이다.

(ii) f는 $[a, b]$에서 $\alpha_1 + \alpha_2$에 관하여 Riemann-Stieltjes 적분가능하고 $\int_a^b f\,d(\alpha_1 + \alpha_2) = \int_a^b f\,d\alpha_1 + \int_a^b f\,d\alpha_2$이다.

증명 (i) $[a, b]$의 임의의 분할 P에 대하여 $U(f, c\alpha_1, P) = cU(f, \alpha_1, P)$, $L(f, c\alpha_1, P) = cL(f, \alpha_1, P)$이다. $c > 0$이므로

$$\overline{\int_a^b} f\,d(c\alpha_1) = c\overline{\int_a^b} f\,d\alpha_1, \quad \underline{\int_a^b} f\,d(c\alpha_1) = c\underline{\int_a^b} f\,d\alpha_1$$

이다. f가 $[a, b]$에서 α_1에 관하여 Riemann-Stieltjes 적분가능하므로

$$\overline{\int_a^b} f\,d(c\alpha_1) = \underline{\int_a^b} f\,d(c\alpha_1) = c\int_a^b f\,d\alpha_1$$

이다. 따라서 f는 $[a, b]$에서 $c\alpha_1$에 관하여 Riemann-Stieltjes 적분가능하고 $\int_a^b f\,d(c\alpha_1) = c\int_a^b f\,d\alpha_1$이다.

(ii) $[a, b]$의 임의의 분할 P에 대하여 $U(f, \alpha_1 + \alpha_2, P) = U(f, \alpha_1, P) + U(f, \alpha_2, P)$, $L(f, \alpha_1 + \alpha_2, P) = L(f, \alpha_1, P) + L(f, \alpha_2, P)$이다. $\epsilon > 0$을 임의의 실수라고 하자. f가 $[a, b]$에서 α_1과 α_2에 관하여 Riemann-Stieltjes 적분가능하므로 정리 6.33에 의하여

$$U(f, \alpha_1, P_1) - L(f, \alpha_1, P_1) < \frac{\epsilon}{2}, \quad U(f, \alpha_2, P_2) - L(f, \alpha_2, P_2) < \frac{\epsilon}{2}$$

인 $[a, b]$의 분할 P_1과 P_2가 존재한다. $P = P_1 \cup P_2$라고 두면 P는 분할 P_1과 P_2의 세분할이므로

$$L(f, \alpha_1, P_1) \le L(f, \alpha_1, P) \le U(f, \alpha_1, P) \le U(f, \alpha_1, P_1)$$
$$L(f, \alpha_2, P_2) \le L(f, \alpha_2, P) \le U(f, \alpha_2, P) \le U(f, \alpha_2, P_2)$$

이다. 따라서

$$U(f, \alpha_1, P) - L(f, \alpha_1, P) < \frac{\epsilon}{2}, \quad U(f, \alpha_2, P) - L(f, \alpha_2, P) < \frac{\epsilon}{2}$$

이다. 따라서

$$\begin{aligned} U(f, \alpha_1 + \alpha_2, P) - L(f, \alpha_1 + \alpha_2, P) &= [U(f, \alpha_1, P) - L(f, \alpha_1, P)] \\ &+ [U(f, \alpha_2, P) - L(f, \alpha_2, P)] < \frac{\epsilon}{2} + \frac{\epsilon}{2} = \epsilon \end{aligned}$$

이다. 정리 6.33에 의하여 f는 $[a, b]$에서 $\alpha_1 + \alpha_2$에 관하여 Riemann -Stieltjes 적분가능하다. 한편,

$$\begin{aligned} \int_a^b f\,d(\alpha_1 + \alpha_2) &\le U(f, \alpha_1 + \alpha_2, P) \\ &< L(f, \alpha_1 + \alpha_2, P) + \epsilon \\ &= L(f, \alpha_1, P) + L(f, \alpha_2, P) + \epsilon \\ &\le \int_a^b f\,d\alpha_1 + \int_a^b f\,d\alpha_2 + \epsilon \end{aligned}$$

이다. 같은 방법으로

$$\int_a^b f\,d(\alpha_1 + \alpha_2) > \int_a^b f\,d\alpha_1 + \int_a^b f\,d\alpha_2 - \epsilon$$

이다. $\epsilon > 0$은 임의의 실수이므로 $\int_a^b f\,d(\alpha_1 + \alpha_2) = \int_a^b f\,d\alpha_1 + \int_a^b f\,d\alpha_2$ 이다. ■

[정리 6.41] $\alpha : [a, b] \to \mathbb{R}$가 $[a, b]$에서 단조증가인 미분가능한 함수라고 하자. 함수 $f : [a, b] \to \mathbb{R}$와 $\alpha' : [a, b] \to \mathbb{R}$이 $[a, b]$에서 Riemann 적분가능하면 f는 $[a, b]$에서 α에 관하여 Riemann-Stieltjes 적분가능하고 $\int_a^b f\,d\alpha = \int_a^b f\alpha'$이다.

증명 f와 α'이 $[a, b]$에서 Riemann 적분가능하므로 정리 6.19에 의하여 $f\alpha'$도 $[a, b]$에서 Riemann 적분가능하다. $\epsilon > 0$을 임의의 실수라고 하자. α'이 $[a, b]$에서 Riemann 적분가능하므로 정리 6.7에 의하여 $U(\alpha', P) - L(\alpha', P) < \epsilon$인 $[a, b]$의 분할 P가 존재한다. $Q = \{x_0, x_1, x_2, \cdots, x_n\}$을 분할 P의 임의의 세분할이라고 하자. $i = 1, 2, \cdots, n$에 대하여 $M_i = \sup\{f(x) \mid x \in [x_{i-1}, x_i]\}$라고 두면 $f(s_i) > M_i - \dfrac{\epsilon}{\alpha(b) - \alpha(a)}$을 만족하는 $s_i \in [x_{i-1}, x_i]$가 존재한다. 따라서

$$U(f, \alpha, Q) = \sum_{i=1}^{n} M_i \Delta\alpha_i < \sum_{i=1}^{n} f(s_i)\Delta\alpha_i + \epsilon \tag{1}$$

이다. 평균값 정리에 의하여 $i = 1, 2, \cdots, n$에 대하여 $\Delta\alpha_i = \alpha(x_i) - \alpha(x_{i-1}) = \alpha'(t_i)\Delta x_i$를 만족하는 $t_i \in [x_{i-1}, x_i]$가 존재한다. 따라서

$$\sum_{i=1}^{n} f(s_i)\Delta\alpha_i = \sum_{i=1}^{n} f(s_i)\alpha'(t_i)\Delta x_i \tag{2}$$

이다. $M = \sup\{|f(x)| : x \in [a, b]\}$로 두고 $i = 1, 2, \cdots, n$에 대하여 $M_i^* = \sup\{\alpha'(x) \mid x \in [x_{i-1}, x_i]\}$, $m_i^* = \inf\{\alpha'(x) \mid x \in [x_{i-1}, x_i]\}$로 두면 $|\alpha'(s_i) - \alpha'(t_i)| < M_i^* - m_i^*$ $(i = 1, 2, \cdots, n)$이다. 따라서

$$\begin{aligned}
\left| \sum_{i=1}^{n} f(s_i)\alpha'(t_i)\Delta x_i - \sum_{i=1}^{n} f(s_i)\alpha'(s_i)\Delta x_i \right| &\le \sum_{i=1}^{n} |f(s_i)||\alpha'(t_i) - \alpha'(s_i)|\Delta x_i \\
&\le M\sum_{i=1}^{n} (M_i^* - m_i^*)\Delta x_i \\
&= M[U(\alpha', Q) - L(\alpha', Q)] \\
&\le M[U(\alpha', P) - L(\alpha', P)] \\
&< M\epsilon
\end{aligned}$$

이다. 따라서

$$\sum_{i=1}^{n} f(s_i)\alpha'(t_i)\Delta x_i < \sum_{i=1}^{n} f(s_i)\alpha'(s_i)\Delta x_i + M\epsilon \le U(f\alpha',\ Q) + M\epsilon \tag{3}$$

이다. (1),(2),(3)으로 부터

$$U(f,\ \alpha,\ Q) < U(f\alpha',\ Q) + (M+1)\epsilon \tag{4}$$

이다. $f\alpha'$이 $[a,\ b]$에서 Riemann 적분가능하므로

$$U(f\alpha',\ Q) < \int_a^b f\alpha' + \epsilon \tag{5}$$

인 분할 P의 세분할 Q가 존재한다. (4),(5)로부터

$$\overline{\int_a^b} f\,d\alpha < \int_a^b f\alpha' + (M+2)\epsilon$$

이다. $\epsilon > 0$이 임의의 실수이므로 $\overline{\int_a^b} f\,d\alpha \le \int_a^b f\alpha'$이다. Riemann-Stieltjes 하합에 비슷한 방법을 적용하면 $\underline{\int_a^b} f\,d\alpha \ge \int_a^b f\alpha'$을 얻는다. 따라서 f는 $[a,\ b]$에서 α에 관하여 Riemann-Stieltjes 적분가능하고 $\int_a^b f\,d\alpha = \int_a^b f\alpha'$이다. ■

【예제 6.14】 $\int_0^3 e^x\,d(x+[x])$를 구하여라.

풀이 정리 6.38, 정리 6.40, 예제 6.13에 의하여

$$\begin{aligned}
\int_0^3 e^x\,d(x + [\![x]\!]) &= \int_0^3 e^x\,dx + \int_0^3 e^x\,d[\![x]\!] \\
&= [e^x]_0^3 + \int_0^1 e^x d[\![x]\!] + \int_1^2 e^x d[\![x]\!] + \int_2^3 e^x d[\![x]\!] \\
&= (e^3 - 1) + e + e^2 + e^3 \\
&= 2e^3 + e^2 + e - 1
\end{aligned}$$

【예제 6.15】 $\int_0^2 x\, de^{3x}$를 구하여라.

풀이 정리 6.41에 의하여

$$\begin{aligned}\int_0^2 x\, de^{3x} &= 3\int_0^2 xe^{3x}\, dx \\ &= 3\left[\frac{1}{3}xe^{3x}\right]_0^2 - 3\int_0^2 \frac{1}{3}e^{3x}\, dx \\ &= 2e^6 - \left[\frac{1}{3}e^{3x}\right]_0^2 \\ &= \frac{5}{3}e^6 + \frac{1}{3}\end{aligned}$$

[정의 6.42] $f:[a,\ b]\to\mathbb{R}$가 유계함수이고 $\alpha:[a,\ b]\to\mathbb{R}$가 단조증가함수라고 하자. $[a,\ b]$의 임의의 분할 $P=\{x_0,\ x_1,\ x_2,\ \cdots,\ x_n\}$에 대하여 $\xi_i\in[x_{i-1},\ x_i]$ $(i=1,\ 2,\ \cdots,\ n)$를 택하자. 분할 P와 $\{\xi_i\}$에 대하여 α에 관한 f의 Riemann-Stieltjes 합(Riemann-Stieltjes sum) $S(f,\ \alpha,\ P,\ \xi)$를 다음과 같이 정의한다.

$$S(f,\ \alpha,\ P,\ \xi)=\sum_{i=1}^{n} f(\xi_i)\,\Delta\alpha_i$$

정의에 의하여 다음이 성립한다.

$$L(f,\ \alpha,\ P)\le S(f,\ \alpha,\ P,\ \xi)\le U(f,\ \alpha,\ P)$$

[정의 6.43] $f:[a,\ b]\to\mathbb{R}$가 유계함수이고 $\alpha:[a,\ b]\to\mathbb{R}$가 단조증가함수라고 하자. 임의의 $\epsilon>0$에 대하여 $\delta>0$가 존재하여 P가 $\|P\|<\delta$인 $[a,\ b]$의 임의의 분할이면 임의의 $\{\xi_i\}$에 대하여

$$|S(f,\ \alpha,\ P,\ \xi)-I|<\epsilon$$

을 만족할 때 $\lim_{\|P\|\to 0} S(f,\ \alpha,\ P,\ \xi)=I$라고 한다.

다음 정리의 증명은 너무 복잡하여 증명을 생략한다.

[정리 6.44] $f:[a, b]\to\mathbb{R}$가 유계함수이고 $\alpha:[a, b]\to\mathbb{R}$가 단조증가함수라고 하자. 그러면 다음이 성립한다.

(i) 함수 f가 $[a, b]$에서 α에 관하여 Riemann-Stieltjes 적분가능하면, $\lim_{\|P\|\to 0} S(f, \alpha, P, \xi)$가 존재하고 $\lim_{\|P\|\to 0} S(f, \alpha, P, \xi)=\int_a^b f\,d\alpha$이다.

(ii) $\lim_{\|P\|\to 0} S(f, \alpha, P, \xi)=I$이면, 함수 f는 $[a, b]$에서 α에 관하여 Riemann-Stieltjes 적분가능하고 $\int_a^b f\,d\alpha=I$이다.

연습문제 6.5

1. 함수 $f:[a,\ b]\to\mathbb{R}$가 $f(x)=\begin{cases}1, & x\in\mathbb{Q}\cap[a,\ b]\\ 0, & x\in(\mathbb{R}-\mathbb{Q})\cap[a,\ b]\end{cases}$로 정의되고 $\alpha:[a,\ b]\to\mathbb{R}$가 상수함수가 아닌 단조증가함수일 때 $[a,\ b]$에서 함수 f의 α에 관한 Riemann–Stieltjes 적분가능성을 조사하여라.

2. $\alpha(x)=\begin{cases}x^2, & 0\le x<3\\ x+8, & x\ge 3\end{cases}$일 때 $\int_0^5 x^3\,d\alpha(x)$를 구하여라.

3. $\int_0^{10}(x^2-5)\,d[\![x]\!]$를 구하여라.

4. $\int_1^3(x-[\![x]\!])d(x^3+e^x)$를 구하여라.

5. $\alpha:[a,\ b]\to\mathbb{R}$가 단조증가함수라고 하자. 함수 $f:[a,\ b]\to\mathbb{R}$와 $g:[a,\ b]\to\mathbb{R}$가 $[a,\ b]$에서 α에 관하여 Riemann–Stieltjes 적분가능하면 fg도 $[a,\ b]$에서 α에 관하여 Riemann–Stieltjes 적분가능함을 증명하여라.

6. 함수 $g:[a,\ b]\to\mathbb{R}$가 $[a,\ b]$에서 연속이고 모든 $x\in[a,\ b]$에 대하여 $g(x)\ge 0$라고 하고 $\alpha:[a,\ b]\to\mathbb{R}$가 단조증가함수라고 하고 함수 $\beta:[a,\ b]\to\mathbb{R}$를 $\beta(x)=\int_a^x g\,d\alpha$로 정의하자. 함수 $f:[a,\ b]\to\mathbb{R}$가 $[a,\ b]$에서 연속이면 $\int_a^b f\,d\beta=\int_a^b fg\,d\alpha$임을 증명하여라.

7. 정리 6.39를 증명하여라.

7

무한급수

7.1 무한급수

수열 $\{a_n\}_{n=1}^{\infty}$에 대하여

$$\sum_{n=1}^{\infty} a_n = a_1 + a_2 + a_3 + \cdots + a_n + \cdots$$

을 무한급수(infinite series) 또는 급수(series)라고 한다. 또한

$$S_n = \sum_{k=1}^{n} a_k = a_1 + a_2 + a_3 + \cdots + a_n$$

을 n번째 부분합(partial sum)이라고 한다.

[정의 7.1] 급수 $\sum_{n=1}^{\infty} a_n$에 대하여 부분합의 수열 $\{S_n\}_{n=1}^{\infty}$이 유한한 값 S로 수렴하면 급수 $\sum_{n=1}^{\infty} a_n$은 수렴한다(converge)고 하고 $\sum_{n=1}^{\infty} a_n = S$로 나타낸다. 여기

서 S를 급수의 합(sum of the series)이라고 한다. 또한 부분합의 수열 $\{S_n\}_{n=1}^{\infty}$이 발산하면 급수 $\sum_{n=1}^{\infty} a_n$은 발산한다(diverge)고 한다.

【예제 7.1】 급수 $\sum_{n=1}^{\infty} \frac{1}{n(n+1)}$의 수렴, 발산을 조사하여라.

풀이 부분분수 $\frac{1}{k(k+1)} = \frac{1}{k} - \frac{1}{k+1}$을 이용하여 부분합 S_n을 구하면

$$\begin{aligned} S_n &= \sum_{k=1}^{n} \frac{1}{k(k+1)} = \sum_{k=1}^{n} \left(\frac{1}{k} - \frac{1}{k+1} \right) \\ &= \left(1 - \frac{1}{2}\right) + \left(\frac{1}{2} - \frac{1}{3}\right) + \left(\frac{1}{3} - \frac{1}{4}\right) + \cdots + \left(\frac{1}{n} - \frac{1}{n+1}\right) \\ &= 1 - \frac{1}{n+1} \end{aligned}$$

이므로

$$\lim_{n \to \infty} S_n = \lim_{n \to \infty} \left(1 - \frac{1}{n+1}\right) = 1$$

이다. 따라서 주어진 급수는 수렴하고

$$\sum_{n=1}^{\infty} \frac{1}{n(n+1)} = 1$$

이다.

【예제 7.2】 기하급수 $\sum_{n=0}^{\infty} ar^n \, (a \neq 0)$의 수렴, 발산을 조사하여라.

풀이 기하급수의 n번째 부분합은

$$S_n = a + ar + ar^2 + \cdots + ar^{n-1} \tag{1}$$

이고 식 (1)의 양변에 r을 곱하면

$$rS_n = ar + ar^2 + ar^3 + \cdots + ar^n \tag{2}$$

이 된다.

$r = 1$이면 $S_n = na$이고 $\lim_{n \to \infty} S_n = \pm\infty$이므로 주어진 기하급수는 발산한다.

$r \neq 1$이면 식 (1)과 (2)로부터

$$S_n = \frac{a(1-r^n)}{1-r}$$

을 얻는다.

$|r| < 1$이면 $\lim_{n \to \infty} r^n = 0$이므로

$$\lim_{n \to \infty} S_n = \lim_{n \to \infty} \frac{a(1-r^n)}{1-r} = \frac{a}{1-r}$$

가 된다.

$r \leq -1$이거나 $r > 1$이면 수열 $\{r^n\}_{n=1}^{\infty}$이 발산하므로 $\lim_{n \to \infty} S_n$이 존재하지 않는다.

따라서 $|r| < 1$이면 기하급수 $\sum_{n=0}^{\infty} ar^n$은 수렴하며 급수의 합은 $\frac{a}{1-r}$이고, $|r| \geq 1$이면 기하급수 $\sum_{n=0}^{\infty} ar^n$은 발산한다.

【예제 7.3】 조화급수 $\sum_{n=1}^{\infty} \frac{1}{n}$은 발산함을 보여라.

풀이 임의의 자연수 n에 대하여

$$\begin{aligned}
S_{2^n} &= 1 + \frac{1}{2} + \left(\frac{1}{3} + \frac{1}{4}\right) + \left(\frac{1}{5} + \frac{1}{6} + \frac{1}{7} + \frac{1}{8}\right) + \cdots + \left(\frac{1}{2^{n-1}+1} + \frac{1}{2^{n-1}+2} + \cdots + \frac{1}{2^n}\right) \\
&> 1 + \frac{1}{2} + \left(\frac{1}{4} + \frac{1}{4}\right) + \left(\frac{1}{8} + \frac{1}{8} + \frac{1}{8} + \frac{1}{8}\right) + \cdots + \left(\frac{1}{2^n} + \frac{1}{2^n} + \cdots + \frac{1}{2^n}\right) \\
&= 1 + \frac{1}{2} + \frac{1}{2} + \frac{1}{2} + \cdots + \frac{1}{2} \\
&= 1 + \frac{n}{2}
\end{aligned}$$

이다. $\lim_{n \to \infty} S_{2^n} = \infty$이므로 부분합의 수열 $\{S_n\}$은 발산한다. 따라서 조화급수 $\sum_{n=1}^{\infty} \frac{1}{n}$은 발산한다.

> [정리 7.2] 급수 $\sum_{n=1}^{\infty} a_n$이 수렴하면 $\lim_{n \to \infty} a_n = 0$이다.

증명 $\sum_{n=1}^{\infty} a_n$이 S로 수렴한다고 하자. $S_n = \sum_{k=1}^{n} a_k$라고 두면 $\lim_{n \to \infty} S_n = S$이다. $n \geq 2$에 대하여 $a_n = S_n - S_{n-1}$이므로

$$\lim_{n \to \infty} a_n = \lim_{n \to \infty} (S_n - S_{n-1}) = \lim_{n \to \infty} S_n - \lim_{n \to \infty} S_{n-1} = S - S = 0$$

이다. ■

예제 7.3에서 $\lim_{n \to \infty} \frac{1}{n} = 0$이지만 $\sum_{n=1}^{\infty} \frac{1}{n}$은 발산한다. 따라서 정리 7.2의 역은 성립하지 않는다. 한편, 정리 7.2의 대우로 다음 따름정리를 얻을 수 있다.

> [따름정리 7.3] $\lim_{n \to \infty} a_n$이 존재하지 않거나 $\lim_{n \to \infty} a_n \neq 0$이면 $\sum_{n=1}^{\infty} a_n$은 발산한다.

【예제 7.4】 급수 $\sum_{n=1}^{\infty} \frac{n}{2n-1}$에서 $\lim_{n \to \infty} \frac{n}{2n-1} = \frac{1}{2} \neq 0$이므로 따름정리 7.3에 의하여 $\sum_{n=1}^{\infty} \frac{n}{2n-1}$은 발산한다.

[정리 7.4] 급수 $\sum_{n=1}^{\infty} a_n$과 $\sum_{n=1}^{\infty} b_n$이 수렴하면 $\sum_{n=1}^{\infty}(a_n+b_n)$과 $\sum_{n=1}^{\infty} ca_n$도 수렴하고

(i) $\sum_{n=1}^{\infty}(a_n+b_n)=\sum_{n=1}^{\infty}a_n+\sum_{n=1}^{\infty}b_n$

(ii) $\sum_{n=1}^{\infty}ca_n=c\sum_{n=1}^{\infty}a_n$

이 성립한다. 여기서 c는 상수이다.

증명 $S_n=\sum_{k=1}^{n}a_k$, $S=\sum_{n=1}^{\infty}a_n$, $T_n=\sum_{k=1}^{n}b_k$, $T=\sum_{n=1}^{\infty}b_n$, $U_n=\sum_{k=1}^{n}(a_k+b_k)$라고 두면

$$\begin{aligned}\lim_{n\to\infty}U_n &= \lim_{n\to\infty}\sum_{k=1}^{n}(a_k+b_k)=\lim_{n\to\infty}\left(\sum_{k=1}^{n}a_k+\sum_{k=1}^{n}b_k\right)\\ &=\lim_{n\to\infty}(S_n+T_n)=\lim_{n\to\infty}S_n+\lim_{n\to\infty}T_n=S+T\end{aligned}$$

를 얻는다. 따라서 $\sum_{n=1}^{\infty}(a_n+b_n)$은 수렴하고

$$\sum_{n=1}^{\infty}(a_n+b_n)=S+T=\sum_{n=1}^{\infty}a_n+\sum_{n=1}^{\infty}b_n$$

이다. 같은 방법으로 $\sum_{n=1}^{\infty}ca_n$도 수렴하고 $\sum_{n=1}^{\infty}ca_n=c\sum_{n=1}^{\infty}a_n$이 성립한다. ■

[정리 7.5] (Cauchy 판정법) 급수 $\sum_{n=1}^{\infty}a_n$이 수렴할 필요충분조건은 임의의 $\epsilon>0$에 대하여

$$m>n\geq N \Rightarrow \left|\sum_{k=n+1}^{m}a_k\right|<\epsilon$$

을 만족하는 자연수 N이 존재하는 것이다.

증명 급수 $\sum_{n=1}^{\infty} a_n$이 수렴할 필요충분조건은 부분합의 수열 $\{S_n\}_{n=1}^{\infty}$이 수렴하는 것이다. 정리 2.19와 정리 2.21에 의하여 수열 $\{S_n\}_{n=1}^{\infty}$이 수렴할 필요충분조건은 $\{S_n\}_{n=1}^{\infty}$이 Cauchy수열인 것이다. 즉, 임의의 $\epsilon > 0$에 대하여

$$m > n \geq N \Rightarrow |S_m - S_n| < \epsilon$$

을 만족하는 자연수 N이 존재하는 것이다. $S_m - S_n = \sum_{k=n+1}^{m} a_k$이므로, 급수 $\sum_{n=1}^{\infty} a_n$이 수렴할 필요충분조건은 임의의 $\epsilon > 0$에 대하여

$$m > n \geq N \Rightarrow \left| \sum_{k=n+1}^{m} a_k \right| < \epsilon$$

을 만족하는 자연수 N이 존재하는 것이다. ■

연습문제 7.1

1. 다음 급수의 수렴, 발산을 조사하고 수렴하면 그 합을 구하여라.

(i) $\displaystyle\sum_{n=3}^{\infty}\left(\frac{2}{3}\right)^n$

(ii) $\displaystyle\sum_{n=1}^{\infty}\frac{3n}{n+1}$

(iii) $\displaystyle\sum_{n=1}^{\infty}\left\{\frac{1}{n(n+1)}+\left(\frac{5}{6}\right)^n\right\}$

2. 다음 순환소수를 분수로 나타내어라.

(1) $0.\overline{12}=0.1212\cdots$ (2) $0.3\overline{52}=0.35252\cdots$

3. 급수 $\displaystyle\sum_{n=1}^{\infty}(x^n-x^{n-1})(x^n+x^{n-1})$이 수렴하는 모든 $x\in\mathbb{R}$를 구하고 이 때 그 합을 구하여라.

4. (i) 급수 $\displaystyle\sum_{n=1}^{\infty}a_n$이 수렴하면 부분합의 수열 $\{S_n\}_{n=1}^{\infty}$이 유계임을 보여라.

(ii) (i)의 역은 성립하지 않음을 보여라.

5. 모든 자연수 n에 대하여 $a_n=\sqrt{n+1}-\sqrt{n}$이라고 할 때, $\displaystyle\lim_{n\to\infty}a_n=0$이지만 급수 $\displaystyle\sum_{n=1}^{\infty}a_n$은 발산함을 보여라.

6. 급수 $\displaystyle\sum_{n=1}^{\infty}a_n$이 수렴하고 $b_n=\dfrac{a_1+2a_2+\cdots+na_n}{n(n+1)}$ $(n=1,\ 2,\ 3,\ \cdots)$으로 정의하면 급수 $\displaystyle\sum_{n=1}^{\infty}b_n$은 수렴하고 $\displaystyle\sum_{n=1}^{\infty}b_n=\sum_{n=1}^{\infty}a_n$임을 보여라.

7.2 급수의 수렴, 발산

급수 $\sum_{n=1}^{\infty} a_n$에서 $a_n > 0\,(n = 1,\ 2,\ 3,\ \cdots)$일 때 $\sum_{n=1}^{\infty} a_n$을 양항급수(series of positive terms)라고 한다. 양항급수는 수렴하거나 양의 무한대로 발산한다.

> [정리 7.6] (적분판정법) 함수 $f(x)$가 구간 $[1,\ \infty)$에서 양의 감소함수이고 $f(n) = a_n\,(n = 1,\ 2,\ 3,\ \cdots)$이라고 하자. 그러면 급수 $\sum_{n=1}^{\infty} a_n$이 수렴할 필요충분조건은 $\int_1^{\infty} f(x)dx$가 수렴하는 것이다.

증명 $\int_1^{\infty} f(x)\,dx$가 수렴한다고 가정하자.

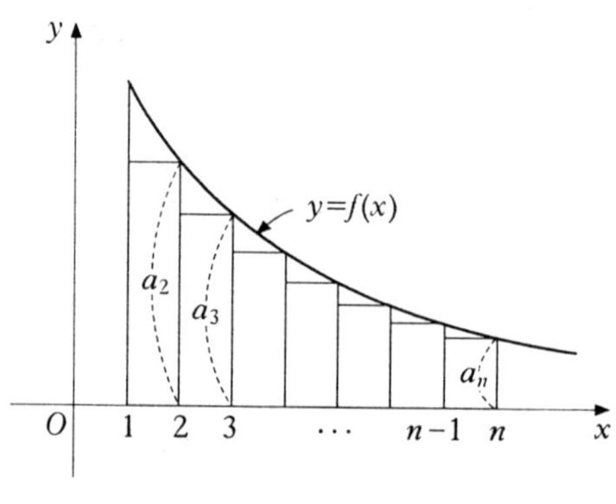

[그림 7.1]

그림 7.1에서 $(n-1)$개의 직사각형의 넓이의 합은 $x = 1$에서 $x = n$까지의 곡선 아래영역의 넓이보다 작거나 같다. 즉,

$$a_2 + a_3 + \cdots + a_n \le \int_1^{n} f(x)\,dx$$

이다. $[1,\ \infty)$에서 $f(x) \ge 0$이므로

$$S_n = a_1 + \sum_{k=2}^{n} a_k \le a_1 + \int_1^{n} f(x)\,dx \le a_1 + \int_1^{\infty} f(x)\,dx$$

이다. $\int_1^\infty f(x)dx$가 수렴하므로 $\{S_n\}$은 위로 유계인 단조증가수열이다. 따라서 정리 2.10에 의하여 수열 $\{S_n\}$은 수렴한다. 즉, 급수 $\sum_{n=1}^\infty a_n$은 수렴한다.

역으로, 급수 $\sum_{n=1}^\infty a_n$이 수렴한다고 가정하자.

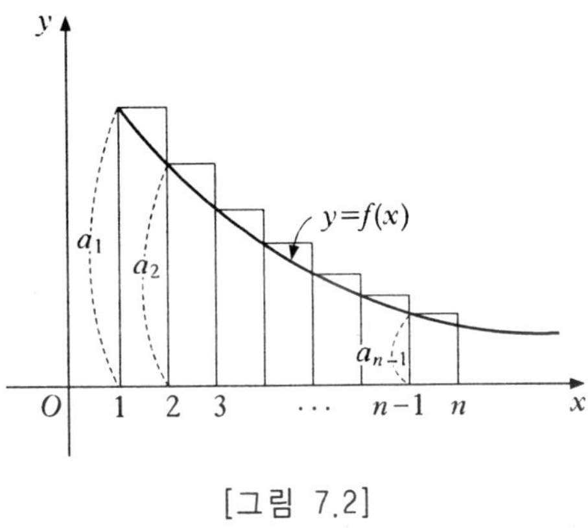

[그림 7.2]

그림 7.2에서 $(n-1)$개의 직사각형의 넓이의 합은 $x=1$에서 $x=n$까지의 곡선 아래영역의 넓이보다 크거나 같다. 즉,

$$a_1 + a_2 + \cdots + a_{n-1} \geq \int_1^n f(x)\,dx$$

이다. $a_n > 0 \ (n = 1, 2, 3, \cdots)$이므로

$$\int_1^n f(x)\,dx \leq a_1 + a_2 + \cdots + a_{n-1} \leq S_n \leq \sum_{n=1}^\infty a_n \ (n = 1, 2, 3, \cdots)$$

이다. 따라서

$$\int_1^\infty f(x)dx = \lim_{n\to\infty} \int_1^n f(x)\,dx \leq \sum_{n=1}^\infty a_n$$

이다. $\sum_{n=1}^\infty a_n$이 수렴하므로 $\int_1^\infty f(x)\,dx$도 수렴한다. ■

【예제 7.5】 p-급수 $\sum_{n=1}^{\infty}\frac{1}{n^p}$ $(p>0)$의 수렴, 발산을 조사하여라.

풀이 $f(x)=\frac{1}{x^p}$로 두면 $f(x)$는 $[1, \infty)$에서 양의 감소함수이다.

$p=1$이면

$$\begin{aligned}\int_1^{\infty} f(x)\,dx &= \int_1^{\infty}\frac{1}{x}\,dx = \lim_{b\to\infty}\int_1^b \frac{1}{x}dx \\ &= \lim_{b\to\infty}(\ln b - \ln 1) = \infty\end{aligned}$$

이므로 적분판정법에 의하여 $\sum_{n=1}^{\infty}\frac{1}{n}$은 발산한다.

$p\neq 1$이면

$$\begin{aligned}\int_1^{\infty} f(x)\,dx &= \int_1^{\infty}\frac{1}{x^p}dx = \lim_{b\to\infty}\int_1^b \frac{1}{x^p}dx \\ &= \lim_{b\to\infty}\left[\frac{1}{1-p}x^{1-p}\right]_1^b = \frac{1}{1-p}\lim_{b\to\infty}(b^{1-p}-1)\end{aligned}$$

이므로

$$\int_1^{\infty} f(x)\,dx = \begin{cases}\dfrac{1}{p-1}, & p>1 \\ \infty, & 0<p<1\end{cases}$$

이다. 따라서 적분판정법에 의하여 $p>1$이면 $\sum_{n=1}^{\infty}\frac{1}{n^p}$은 수렴하고 $0<p<1$이면 $\sum_{n=1}^{\infty}\frac{1}{n^p}$은 발산한다.

그러므로 $\sum_{n=1}^{\infty}\frac{1}{n^p}$은 $p>1$이면 수렴하고 $0<p\leq 1$이면 발산한다.

【예제 7.6】 예제 7.5에 의하여 $\sum_{n=1}^{\infty}\frac{1}{n^2}$은 $p=2$인 p-급수이므로 수렴하고, $\sum_{n=1}^{\infty}\frac{1}{\sqrt{n}}$은 $p=\frac{1}{2}$인 p-급수이므로 발산한다.

【예제 7.7】 급수 $\sum_{n=1}^{\infty}\frac{n}{n^2+1}$의 수렴, 발산을 판정하여라.

풀이 $f(x)=\frac{x}{x^2+1}$로 두면 $f(x)$는 $[1,\ \infty)$에서 양의 감소함수이다.

$$\int_1^{\infty} f(x)dx = \int_1^{\infty}\frac{x}{x^2+1}dx = \lim_{b\to\infty}\int_1^{b}\frac{x}{x^2+1}dx$$
$$= \lim_{b\to\infty}\frac{1}{2}\ln(b^2+1)-\frac{1}{2}\ln 2 = \infty$$

이므로, 적분판정법에 의하여 주어진 급수는 발산한다.

【예제 7.8】 급수 $\sum_{n=1}^{\infty}\frac{1}{n^2+1}$의 수렴, 발산을 판정하여라.

풀이 $f(x)=\frac{1}{1+x^2}$로 두면 $f(x)$는 $[1,\ \infty)$에서 양의 감소함수이다.

$$\int_1^{\infty} f(x)dx = \int_1^{\infty}\frac{1}{1+x^2}dx = \lim_{b\to\infty}\int_1^{b}\frac{1}{1+x^2}dx$$
$$= \lim_{b\to\infty}\tan^{-1}b-\tan^{-1}1 = \frac{\pi}{2}-\frac{\pi}{4} = \frac{\pi}{4}$$

이므로, 적분판정법에 의하여 주어진 급수는 수렴한다.

[정리 7.7] (비교판정법) 두 양항급수 $\sum_{n=1}^{\infty}a_n$과 $\sum_{n=1}^{\infty}b_n$에서 $a_n \le b_n\ (n=1,\ 2,\ 3,\ \cdots)$ 이라고 하자.

(i) $\sum_{n=1}^{\infty}b_n$이 수렴하면 $\sum_{n=1}^{\infty}a_n$도 수렴한다.

(ii) $\sum_{n=1}^{\infty}a_n$이 발산하면 $\sum_{n=1}^{\infty}b_n$도 발산한다.

증명 $S_n = \sum_{k=1}^{n} a_k$, $T_n = \sum_{k=1}^{n} b_k$로 두면 $\{S_n\}$과 $\{T_n\}$은 단조증가수열이다. 그리고 $a_n \le b_n\ (n = 1, 2, 3, \cdots)$이므로

$$S_n \le T_n\ (n = 1, 2, 3, \cdots)$$

이다.

(i) $\sum_{n=1}^{\infty} b_n$이 T로 수렴하면

$$S_n \le T_n \le \lim_{n \to \infty} T_n = T(n = 1, 2, 3, \cdots)$$

이다. $\{S_n\}$은 위로 유계인 단조증가수열이므로, 정리 2.10에 의하여 수열 $\{S_n\}$은 수렴한다. 즉, $\sum_{n=1}^{\infty} a_n$은 수렴한다.

(ii) $\sum_{n=1}^{\infty} b_n$이 수렴한다고 가정하면 (i)에 의해서 $\sum_{n=1}^{\infty} a_n$은 수렴한다. 이것은 $\sum_{n=1}^{\infty} a_n$이 발산한다는 가정에 모순이다. ■

【예제 7.9】 급수 $\sum_{n=1}^{\infty} \frac{1}{n^3+2n}$의 수렴, 발산을 판정하여라.

풀이

$$\frac{1}{n^3+2n} < \frac{1}{n^3}\ (n = 1, 2, 3, \cdots)$$

이고 $\sum_{n=1}^{\infty} \frac{1}{n^3}$은 $p=3$인 $p-$급수이므로 수렴한다. 따라서 비교판정법에 의하여 $\sum_{n=1}^{\infty} \frac{1}{n^3+2n}$도 수렴한다.

【예제 7.10】 급수 $\sum_{n=1}^{\infty} \frac{n+1}{n(n+2)}$의 수렴, 발산을 판정하여라.

풀이

$$\frac{n+1}{n(n+2)} = \frac{n+1}{n}\frac{1}{n+2} > \frac{1}{n+2}\ (n = 1,\ 2,\ 3,\ \cdots)$$

이고 $\sum_{n=1}^{\infty}\frac{1}{n+2}$은 발산한다. 따라서 비교판정법에 의하여 $\sum_{n=1}^{\infty}\frac{n+1}{n(n+2)}$도 발산한다.

[정리 7.8] (비판정법) 양항급수 $\sum_{n=1}^{\infty}a_n$에서 $\lim_{n\to\infty}\frac{a_{n+1}}{a_n} = L$일 때

(i) $L<1$이면 $\sum_{n=1}^{\infty}a_n$은 수렴한다.

(ii) $L>1$이면 $\sum_{n=1}^{\infty}a_n$은 발산한다.

(iii) $L=1$이면 이 방법으로는 주어진 급수의 수렴, 발산을 판정할 수 없다.

증명 (i) $L<1$이면 $L<r<1$인 r을 택할 수 있다. 그러면

$$\lim_{n\to\infty}\frac{a_{n+1}}{a_n} = L < r$$

이므로 충분히 큰 자연수 N이 존재해서

$$n \geq N \quad \Rightarrow \quad \frac{a_{n+1}}{a_n} < r$$

을 만족한다. 즉,

$$n \geq N \quad \Rightarrow \quad a_{n+1} < ra_n \tag{3}$$

이 성립한다. 식 (3)에 $n = N,\ N+1,\ N+2,\ \cdots$를 대입하면

$$a_{N+1} < r\,a_N$$
$$a_{N+2} < r\,a_{N+1} < r^2\,a_N$$
$$a_{N+3} < r\,a_{N+2} < r^3\,a_N$$

이고, 일반적으로

$$a_{N+k} < r^k a_N \ (k = 1,\ 2,\ 3,\ \cdots)$$

이다. 급수 $\sum_{k=1}^{\infty} a_N r^k$은 $0 < r < 1$인 기하급수이므로 수렴한다. 따라서 비교판정법에 의하여 $\sum_{k=1}^{\infty} a_{N+k} = \sum_{n=N+1}^{\infty} a_n$도 수렴한다. 따라서 $\sum_{n=1}^{\infty} a_n$은 수렴한다.

(ii) $L > 1$이면

$$\lim_{n\to\infty} \frac{a_{n+1}}{a_n} = L > 1$$

이므로 충분히 큰 자연수 N이 존재해서

$$n \geq N \quad \Rightarrow \quad \frac{a_{n+1}}{a_n} > 1$$

을 만족한다. 즉,

$$n \geq N \quad \Rightarrow \quad a_{n+1} > a_n$$

이 성립한다. 이 경우 $\lim_{n\to\infty} a_n \neq 0$이므로 $\sum_{n=1}^{\infty} a_n$은 발산한다.

(iii) 두 급수 $\sum_{n=1}^{\infty} \frac{1}{n}$과 $\sum_{n=1}^{\infty} \frac{1}{n^2}$에서 두 경우 모두 $L = \lim_{n\to\infty} \frac{a_{n+1}}{a_n} = 1$이지만 $\sum_{n=1}^{\infty} \frac{1}{n}$은 발산하고 $\sum_{n=1}^{\infty} \frac{1}{n^2}$은 수렴한다. 따라서 $L = 1$이면 비판정법으로는 주어진 급수의 수렴, 발산을 판정할 수 없다. ■

【예제 7.11】 급수 $\sum_{n=1}^{\infty} \frac{3^n}{n!}$의 수렴, 발산을 판정하여라.

풀이 $a_n = \frac{3^n}{n!}$으로 두면

$$\lim_{n\to\infty}\frac{a_{n+1}}{a_n} = \lim_{n\to\infty}\frac{3^{n+1}/(n+1)!}{3^n/n!} = \lim_{n\to\infty}\frac{3}{n+1} = 0 < 1$$

이므로 비판정법에 의하여 주어진 급수는 수렴한다.

【예제 7.12】 급수 $\displaystyle\sum_{n=1}^{\infty}\frac{n^n}{n!}$ 의 수렴, 발산을 판정하여라.

풀이 $a_n = \dfrac{n^n}{n!}$ 으로 두면

$$\lim_{n\to\infty}\frac{a_{n+1}}{a_n} = \lim_{n\to\infty}\frac{(n+1)^{n+1}/(n+1)!}{n^n/n!} = \lim_{n\to\infty}\frac{(n+1)^{n+1}}{(n+1)n^n} = \lim_{n\to\infty}\left(\frac{n+1}{n}\right)^n = \lim_{n\to\infty}\left(1+\frac{1}{n}\right)^n = e > 1$$

이므로 비판정법에 의하여 주어진 급수는 발산한다.

【예제 7.13】 급수 $\displaystyle\sum_{n=1}^{\infty}\frac{n+2}{n(n+1)}$ 의 수렴, 발산을 판정하여라.

풀이 $a_n = \dfrac{n+2}{n(n+1)}$ 로 두면

$$\lim_{n\to\infty}\frac{a_{n+1}}{a_n} = \lim_{n\to\infty}\frac{\dfrac{(n+3)}{(n+1)(n+2)}}{\dfrac{(n+2)}{n(n+1)}} = \lim_{n\to\infty}\frac{n(n+3)}{(n+2)^2} = 1$$

이므로 비판정법으로는 주어진 급수의 수렴, 발산을 판정할 수 없고, 비교판정법을 이용하면 주어진 급수는 발산함을 알 수 있다.

[정리 7.9] (근판정법) 양항급수 $\sum_{n=1}^{\infty} a_n$에서 $\limsup \sqrt[n]{a_n} = \alpha$ 일 때

(i) $\alpha < 1$이면 $\sum_{n=1}^{\infty} a_n$은 수렴한다.

(ii) $\alpha > 1$이면 $\sum_{n=1}^{\infty} a_n$은 발산한다.

(iii) $\alpha = 1$이면 이 방법으로는 주어진 급수의 수렴, 발산을 판정할 수 없다.

증명 (i) $\alpha < 1$이면 $\alpha < r < 1$인 r을 택할 수 있다. 정리 2.25에 의하여

$$n \geq N \Rightarrow \sqrt[n]{a_n} < r$$

을 만족하는 자연수 N이 존재한다. 따라서

$$n \geq N \Rightarrow a_n < r^n$$

이다. $\sum_{n=1}^{\infty} r^n$이 수렴하므로, 비교판정법에 의하여 $\sum_{n=1}^{\infty} a_n$은 수렴한다.

(ii) $\alpha > 1$이면 정리 2.25에 의하여 무한히 많은 자연수 n에 대하여

$$\sqrt[n]{a_n} > 1 \quad \text{즉,} \quad a_n > 1$$

이다. 즉, $\lim_{n \to \infty} a_n \neq 0$이므로 $\sum_{n=1}^{\infty} a_n$은 발산한다.

(iii) 두 급수 $\sum_{n=1}^{\infty} \frac{1}{n}$과 $\sum_{n=1}^{\infty} \frac{1}{n^2}$에서 $\lim_{n \to \infty} \sqrt[n]{n} = 1$(예제 2.4)이므로 $\limsup \sqrt[n]{\frac{1}{n}}$ $= \limsup \sqrt[n]{\frac{1}{n^2}} = 1$이지만 $\sum_{n=1}^{\infty} \frac{1}{n}$은 발산하고 $\sum_{n=1}^{\infty} \frac{1}{n^2}$은 수렴한다. 따라서 $\alpha = 1$이면 근판정법으로는 주어진 급수의 수렴, 발산을 판정할 수 없다.

■

【예제 7.14】 급수 $\sum_{n=2}^{\infty} \frac{1}{(\ln n)^n}$의 수렴, 발산을 판정하여라.

풀이 $a_n = \frac{1}{(\ln n)^n}$로 두면

$$\lim_{n \to \infty} \sqrt[n]{a_n} = \lim_{n \to \infty} \left\{ \frac{1}{(\ln n)^n} \right\}^{1/n} = \lim_{n \to \infty} \frac{1}{\ln n} = 0 < 1$$

이므로 근판정법에 의하여 주어진 급수는 수렴한다.

【예제 7.15】 급수 $\sum_{n=1}^{\infty} \frac{n^n}{3^{2n+1}}$의 수렴, 발산을 판정하여라.

풀이 $a_n = \frac{n^n}{3^{2n+1}}$으로 두면

$$\lim_{n \to \infty} \sqrt[n]{a_n} = \lim_{n \to \infty} \left(\frac{n^n}{3^{2n+1}} \right)^{1/n} = \lim_{n \to \infty} \frac{n}{3^{2+\frac{1}{n}}} = \infty$$

이므로 근판정법에 의하여 주어진 급수는 발산한다.

연습문제 7.2

1. 다음 급수의 수렴, 발산을 판정하여라.

(i) $\displaystyle\sum_{n=1}^{\infty}\frac{\ln n}{n^2}$

(ii) $\displaystyle\sum_{n=1}^{\infty}\frac{1}{n\ln(n+5)}$

(iii) $\displaystyle\sum_{n=1}^{\infty}\frac{1}{\sqrt{n^2+4}}$

(iv) $\displaystyle\sum_{n=1}^{\infty}\frac{e^n}{1+e^{2n}}$

(v) $\displaystyle\sum_{n=2}^{\infty}\frac{\ln n}{3n^3-1}$

(vi) $\displaystyle\sum_{n=1}^{\infty}\frac{1+\sin n}{n^2}$

(vii) $\displaystyle\sum_{n=1}^{\infty}\frac{n!}{1\cdot 3\cdot 5\cdots(2n-1)}$

(viii) $\displaystyle\sum_{n=2}^{\infty}\frac{n}{(\ln n)^n}$

(ix) $\displaystyle\sum_{n=1}^{\infty}\left(\frac{2n+1}{3n+4}\right)^n$

(x) $\displaystyle\sum_{n=1}^{\infty}(\sqrt[n]{n}-1)^n$

2. 급수 $\displaystyle\sum_{n=1}^{\infty}\frac{n}{\sqrt{9n^4-2n^2+3n}}$의 수렴, 발산을 판정하여라.

3. 급수 $\displaystyle\frac{1}{1^2}+\frac{1}{2^3}+\frac{1}{3^2}+\frac{1}{4^3}+\cdots$의 수렴, 발산을 판정하여라.

4. (극한비교판정법) 두 양항급수 $\sum_{n=1}^{\infty} a_n$과 $\sum_{n=1}^{\infty} b_n$에서 $\lim_{n\to\infty} \frac{a_n}{b_n} = A \neq 0$이 존재하면, $\sum_{n=1}^{\infty} a_n$이 수렴할 필요충분조건은 $\sum_{n=1}^{\infty} b_n$이 수렴하는 것임을 증명하여라.

5. 급수 $\sum_{n=1}^{\infty} a_n$이 수렴하고 $\{b_n\}$이 유계인 단조수열이면 급수 $\sum_{n=1}^{\infty} a_n b_n$이 수렴함을 증명하여라.

6. 급수 $\sum_{n=1}^{\infty} a_n$이 수렴하면 $\lim_{n\to\infty} \frac{1}{n} \sum_{k=1}^{n} k\, a_k = 0$임을 증명하여라.

7. 급수 $\sum_{n=1}^{\infty} \sin^3 \frac{1}{n}$의 수렴, 발산을 판정하여라.

8. $\sum_{n=1}^{\infty} a_n$이 양항급수이고 임의의 자연수 n에 대하여 $\sigma_n = \frac{a_1 + a_2 + a_3 + \cdots + a_n}{n}$ 일 때 급수 $\sum_{n=1}^{\infty} \sigma_n$은 발산함을 보여라.

9. $0 < a < 1$일 때 급수 $a^2 + a + a^4 + a^3 + \cdots + a^{2n} + a^{2n-1} + \cdots$의 수렴, 발산을 판정하여라.

7.3 절대수렴과 조건수렴

이 절에서는 항의 부호가 양 또는 음인 일반적인 급수의 수렴, 발산을 다룬다.

[정의 7.10] 급수 $\sum_{n=1}^{\infty}|a_n|$이 수렴할 때 급수 $\sum_{n=1}^{\infty}a_n$은 **절대수렴**(absolute convergence)한다고 하고, 급수 $\sum_{n=1}^{\infty}a_n$은 수렴하나 급수 $\sum_{n=1}^{\infty}|a_n|$은 발산할 때 급수 $\sum_{n=1}^{\infty}a_n$은 **조건수렴**(conditional convergence)한다고 한다.

[정리 7.11] 급수 $\sum_{n=1}^{\infty}|a_n|$이 수렴하면 급수 $\sum_{n=1}^{\infty}a_n$도 수렴한다. 즉, 절대수렴급수는 수렴급수이다.

증명 $a_n \le |a_n|$이므로 $0 \le a_n + |a_n| \le 2|a_n|$이다. $\sum_{n=1}^{\infty}|a_n|$이 수렴하므로 정리 7.4에 의하여 $\sum_{n=1}^{\infty}2|a_n|$도 수렴한다. 따라서 비교판정법에 의하여 $\sum_{n=1}^{\infty}(a_n + |a_n|)$도 수렴한다. $a_n = (a_n + |a_n|) - |a_n|$이므로 정리 7.4에 의하여

$$\sum_{n=1}^{\infty}a_n = \sum_{n=1}^{\infty}(a_n + |a_n| - |a_n|) = \sum_{n=1}^{\infty}(a_n + |a_n|) - \sum_{n=1}^{\infty}|a_n|$$

도 수렴한다. ■

【예제 7.16】 (i) $\sum_{n=1}^{\infty}\left|\frac{(-1)^{n+1}}{n^2}\right| = \sum_{n=1}^{\infty}\frac{1}{n^2}$이 수렴하므로 $\sum_{n=1}^{\infty}\frac{(-1)^{n+1}}{n^2}$은 절대수렴한다.

(ii) $\sum_{n=1}^{\infty}\left|\frac{(-1)^{n+1}}{\sqrt{n}}\right| = \sum_{n=1}^{\infty}\frac{1}{\sqrt{n}}$이 발산하므로 $\sum_{n=1}^{\infty}\frac{(-1)^{n+1}}{\sqrt{n}}$은 절대수렴이 아니다.

항의 부호가 교대로 양, 음으로 된 급수를 **교대급수**(alternating series)라고 한다.

[정리 7.12] (교대급수판정법) 교대급수 $\sum_{n=1}^{\infty}(-1)^{n+1}a_n = a_1 - a_2 + a_3 - a_4 + \cdots$ $(a_n \geq 0,\ \ n = 1, 2, 3, \cdots)$은

$$a_1 \geq a_2 \geq a_3 \geq \cdots \text{ 이고 } \lim_{n\to\infty} a_n = 0$$

이면 수렴한다.

증명 임의의 자연수 m에 대하여 $a_{2m} \leq a_{2m-1}$이므로

$$S_{2m} = S_{2m-2} + (a_{2m-1} - a_{2m}) \geq S_{2m-2}$$

이고, 또한

$$S_{2m} = a_1 - (a_2 - a_3) - (a_4 - a_5) - \cdots - (a_{2m-2} - a_{2m-1}) - a_{2m} \leq a_1$$

이다. 즉, $\{S_{2m}\}$은 위로 유계인 단조증가수열이다. 따라서 정리 2.10에 의하여 수열 $\{S_{2m}\}$은 수렴한다. $\lim_{m\to\infty} S_{2m} = S$라 두면 $S_{2m+1} = S_{2m} + a_{2m+1}$이고 $\lim_{n\to\infty} a_n = 0$이므로

$$\lim_{m\to\infty} S_{2m+1} = \lim_{m\to\infty} S_{2m} + \lim_{m\to\infty} a_{2m+1} = S + 0 = S$$

이다. 따라서 $\lim_{n\to\infty} S_n = S$이므로 주어진 급수는 수렴한다. ■

【예제 7.17】 교대급수 $\sum_{n=1}^{\infty}(-1)^{n+1}\frac{1}{n}$에서

$$1 > \frac{1}{2} > \frac{1}{3} > \cdots \text{ 이고 } \lim_{n\to\infty}\frac{1}{n} = 0$$

이므로 교대급수판정법에 의하여 주어진 급수는 수렴한다. 그러나 $\sum_{n=1}^{\infty}\left|(-1)^{n+1}\frac{1}{n}\right| = \sum_{n=1}^{\infty}\frac{1}{n}$은 발산하므로 주어진 급수는 조건수렴한다.

【예제 7.18】 급수 $\sum_{n=1}^{\infty}\frac{\sin n}{n^2}$의 절대수렴, 조건수렴을 판정하여라.

풀이 임의의 자연수 n에 대하여

$$\left|\frac{\sin n}{n^2}\right| = \frac{|\sin n|}{n^2} \le \frac{1}{n^2}$$

이고, 급수 $\sum_{n=1}^{\infty}\frac{1}{n^2}$이 수렴하므로 비교판정법에 의하여 급수 $\sum_{n=1}^{\infty}\left|\frac{\sin n}{n^2}\right|$은 수렴한다. 따라서 급수 $\sum_{n=1}^{\infty}\frac{\sin n}{n^2}$은 절대수렴한다.

[정의 7.13] 모든 자연수 n에 대하여 $a_n' = a_{f(n)}$을 만족하는 전단사함수 $f : \mathbb{N} \to \mathbb{N}$이 존재할 때 급수 $\sum_{n=1}^{\infty} a_n'$을 급수 $\sum_{n=1}^{\infty} a_n$의 재배열(rearrangement)이라고 한다.

【예제 7.19】 교대급수 $\sum_{n=1}^{\infty}(-1)^{n+1}\frac{1}{n}$을 생각하자. 예제 7.17에서 급수 $\sum_{n=1}^{\infty}(-1)^{n+1}\frac{1}{n}$은 조건수렴한다.

$$\sum_{n=1}^{\infty}(-1)^{n+1}\frac{1}{n} = 1-\frac{1}{2}+\frac{1}{3}-\frac{1}{4}+\frac{1}{5}-\frac{1}{6}+\frac{1}{7}-\frac{1}{8}+\cdots = S \qquad (1)$$

로 두자. 모든 자연수 n에 대하여 $S_{2n} \ge \frac{1}{2}$이므로 $S \ge \frac{1}{2}$이다.

$$\sum_{n=1}^{\infty}(-1)^{n+1}\frac{1}{2n} = \frac{1}{2}-\frac{1}{4}+\frac{1}{6}-\frac{1}{8}+\frac{1}{10}-\frac{1}{12}+\frac{1}{14}-\frac{1}{16}+\cdots = \frac{S}{2}$$

이므로

$$0+\frac{1}{2}+0-\frac{1}{4}+0+\frac{1}{6}+0-\frac{1}{8}+\cdots=\frac{S}{2} \tag{2}$$

이다. 급수 (1)과 (2)를 항별로 더하면

$$1+0+\frac{1}{3}-\frac{1}{2}+\frac{1}{5}+0+\frac{1}{7}-\frac{1}{4}+\cdots=\frac{3S}{2}$$

이다. 따라서

$$1+\frac{1}{3}-\frac{1}{2}+\frac{1}{5}+\frac{1}{7}-\frac{1}{4}+\frac{1}{9}+\frac{1}{11}-\frac{1}{6}+\cdots=\frac{3S}{2} \tag{3}$$

이다. 위의 결과에서 급수 (3)은 급수 (1)의 재배열이지만 $S \neq 0$이므로 그 합은 서로 다름을 알 수 있다.

[정리 7.14] 급수 $\sum_{n=1}^{\infty} a_n$이 절대수렴하면 $\sum_{n=1}^{\infty} a_n$의 임의의 재배열급수도 절대 수렴하고 그 합이 같다.

증명 $\sum_{n=1}^{\infty} a_n{}'$을 $\sum_{n=1}^{\infty} a_n$의 임의의 재배열급수라고 하고 $\sum_{n=1}^{\infty} a_n = S$라고 하자. 그러면 모든 자연수 n에 대하여 $a_n{}' = a_{f(n)}$을 만족하는 전단사함수 $f : \mathbb{N} \to \mathbb{N}$이 존재한다. $\epsilon > 0$을 임의의 실수라고 하자. $\sum_{n=1}^{\infty} a_n$이 절대수렴하므로 정리 7.5에 의하여 $\sum_{k=N_0+1}^{\infty} |a_k| < \frac{\epsilon}{2}$을 만족하는 자연수 N_0가 존재한다. 한편,

$$\{1,\ 2,\ 3,\ \cdots,\ N_0\} \subseteq \{f(1),\ f(2),\ f(3),\ \cdots,\ f(N)\}$$

을 만족하는 자연수 N를 택하자. $n \geq N$이면

$$\{a_1,\ a_2,\ a_3,\ \cdots,\ a_{N_0}\} \subseteq \{a_1{}',\ a_2{}',\ a_3{}',\ \cdots,\ a_n{}'\}$$

이다. 따라서 $n \geq N$이면

$$0 \leq \sum_{k=1}^{n} |a_k{}'| - \sum_{k=1}^{N_0} |a_k| \leq \sum_{k=N_0+1}^{\infty} |a_k| < \frac{\epsilon}{2}$$

$$\left| \sum_{k=1}^{n} a_k{}' - \sum_{k=1}^{N_0} a_k \right| \leq \sum_{k=N_0+1}^{\infty} |a_k| < \frac{\epsilon}{2}$$

이다. 따라서 $m > n \geq N$이면

$$\begin{aligned}
\sum_{k=n+1}^{m} |a_k{}'| &= \sum_{k=1}^{m} |a_k{}'| - \sum_{k=1}^{n} |a_k{}'| \\
&= \left(\sum_{k=1}^{m} |a_k{}'| - \sum_{k=1}^{N_0} |a_k| \right) - \left(\sum_{k=1}^{n} |a_k{}'| - \sum_{k=1}^{N_0} |a_k| \right) \\
&\leq \left(\sum_{k=1}^{m} |a_k{}'| - \sum_{k=1}^{N_0} |a_k| \right) + \left(\sum_{k=1}^{n} |a_k{}'| - \sum_{k=1}^{N_0} |a_k| \right) \\
&< \frac{\epsilon}{2} + \frac{\epsilon}{2} = \epsilon
\end{aligned}$$

이다. 정리 7.5에 의하여 $\sum_{n=1}^{\infty} |a_n{}'|$이 수렴한다. 즉, $\sum_{n=1}^{\infty} a_n{}'$이 절대수렴한다.

한편, $n \geq N$이면

$$\begin{aligned}
\left| \sum_{k=1}^{n} a_k{}' - S \right| &\leq \left| \sum_{k=1}^{n} a_k{}' - \sum_{k=1}^{N_0} a_k \right| + \left| \sum_{k=1}^{N_0} a_k - S \right| \\
&= \left| \sum_{k=1}^{n} a_k{}' - \sum_{k=1}^{N_0} a_k \right| + \left| \sum_{k=N_0+1}^{\infty} a_k \right| \\
&< \frac{\epsilon}{2} + \sum_{k=N_0+1}^{\infty} |a_k| \\
&< \frac{\epsilon}{2} + \frac{\epsilon}{2} = \epsilon
\end{aligned}$$

이다. 따라서 $\sum_{n=1}^{\infty} a_n{}' = S$이다. ■

연습문제 7.3

1. 다음 급수의 절대수렴, 조건수렴, 발산을 판정하여라.

(i) $\displaystyle\sum_{n=2}^{\infty}\frac{(-1)^n}{\ln n}$

(ii) $\displaystyle\sum_{n=1}^{\infty}\frac{(-1)^{n-1}}{\sqrt{2n-1}}$

(iii) $\displaystyle\sum_{n=1}^{\infty}\frac{\cos n}{n^3}$

(iv) $\displaystyle\sum_{n=0}^{\infty}\frac{(-1)^n n!}{e^n}$

(v) $\displaystyle\sum_{n=1}^{\infty}\frac{(-1)^n n2^n}{3^n}$

(vi) $\displaystyle\sum_{n=1}^{\infty}(-1)^{n+1}\left(\frac{2n}{3n+1}\right)^n$

(vii) $\displaystyle\sum_{n=1}^{\infty}\frac{\cos(n\pi/3)}{n!}$

(viii) $\displaystyle\sum_{n=1}^{\infty}\frac{(-1)^n n^n}{3^{2n+1}}$

(xi) $\displaystyle\sum_{n=1}^{\infty}\left(\frac{1-3n}{3+5n}\right)^n$

(x) $\displaystyle\sum_{n=1}^{\infty}\frac{(-1)^{n-1}n!}{1\cdot3\cdot5\cdot\cdots\cdot(2n-1)}$

2. 급수 $1-\frac{1}{2}-\frac{1}{3}+\frac{1}{4}+\frac{1}{5}-\frac{1}{6}-\frac{1}{7}+\cdots$의 절대수렴, 조건수렴, 발산을 판정하여라.

3. $\lim_{n\to\infty} a_n = 0$일 때, 급수 $\sum_{n=1}^{\infty}\sin|a_n|$이 수렴할 필요충분조건은 $\sum_{n=1}^{\infty}|a_n|$이 수렴하는 것임을 증명하여라.

4. 급수 $\sum_{n=1}^{\infty} a_n$의 임의의 재배열급수가 수렴하면 급수 $\sum_{n=1}^{\infty} a_n$은 절대수렴함을 증명하여라.

5. 급수 $1+\frac{1}{2}-\frac{1}{3}+\frac{1}{4}+\frac{1}{5}-\frac{1}{6}+\cdots$의 절대수렴, 조건수렴, 발산을 판정하여라.

6. 급수 $\sum_{n=1}^{\infty} a_n$이 수렴하고 급수 $\sum_{n=1}^{\infty} b_n$이 절대수렴하면 급수 $\sum_{n=1}^{\infty} a_n b_n$은 절대수렴함을 증명하여라.

7. 급수 $\sum_{n=1}^{\infty} a_n^2$과 $\sum_{n=1}^{\infty} b_n^2$이 수렴하면 급수 $\sum_{n=1}^{\infty} a_n b_n$이 절대수렴함을 증명하여라.

8

함수열과 함수급수

8.1 점별수렴과 균등수렴

앞에서 실수에서의 수열과 급수의 수렴과 발산에 대하여 다루었다. 이 절에서는 함수열과 함수급수의 점별수렴과 균등수렴을 다룬다.

[정의 8.1] $\{f_n\}$을 구간 I에서 정의된 함수열이라고 하고 f를 구간 I에서 정의된 함수라고 하자. 각 $x_0 \in I$에 대하여 실수에서의 수열 $\{f_n(x_0)\}$가 실수 $f(x_0)$로 수렴할 때, 함수열 $\{f_n\}$은 구간 I에서 함수 f로 **점별수렴한다**(converge pointwise)고 한다.

함수열 $\{f_n\}$이 구간 I에서 함수 f로 점별수렴할 필요충분조건은 각 $x_0 \in I$와 임의의 $\epsilon > 0$에 대하여 자연수 $N(\epsilon, x_0)$가 존재하여

$$n \geq N(\epsilon, x_0) \Rightarrow |f_n(x_0) - f(x_0)| < \epsilon$$

을 만족하는 것이다.

【예제 8.1】 $f_n(x) = x^n$, $x \in (0, 1)(n = 1, 2, 3, \cdots)$일 때 함수열 $\{f_n\}$은 구간 $(0, 1)$에서 영함수 $f = 0$으로 점별수렴함을 보여라.

풀이 임의의 $x_0 \in (0, 1)$과 $\epsilon > 0$에 대하여 $N > \dfrac{\ln \epsilon}{\ln x_0}$인 자연수 N을 택하면 $x_0^N < \epsilon$이다. 따라서

$$n \geq N \Rightarrow |f_n(x_0) - f(x_0)| = |x_0^n - 0| = x_0^n \leq x_0^N < \epsilon$$

이다. 그러므로 함수열 $\{f_n\}$은 구간 $(0, 1)$에서 영함수 $f = 0$으로 점별수렴한다.

[정의 8.2] $\{f_n\}$을 구간 I에서 정의된 함수열이라고 하고 f를 구간 I에서 정의된 함수라고 하자. 임의의 $\epsilon > 0$에 대하여 자연수 $N(\epsilon)$이 존재하여 $n \geq N(\epsilon)$이면 모든 $x \in I$에 대하여

$$|f_n(x) - f(x)| < \epsilon$$

을 만족할 때, 함수열 $\{f_n\}$은 구간 I에서 함수 f로 **균등수렴한다**(converge uniformly)고 한다.

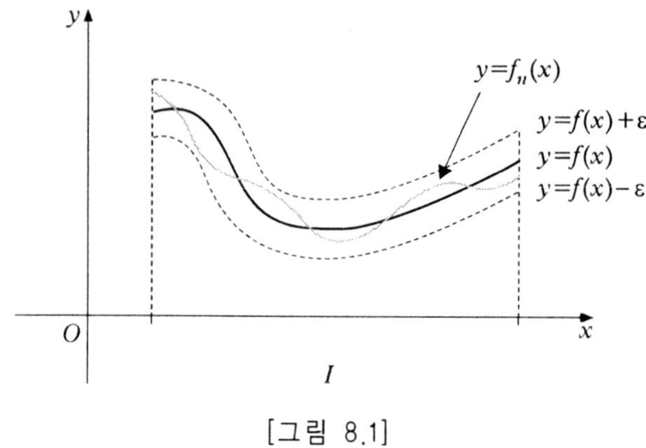

[그림 8.1]

균등수렴하는 함수열은 점별수렴한다. 그러나 그 역은 성립하지 않는다.

【예제 8.2】 $f_n(x) = x^n$, $x \in (0, 1)\ (n = 1, 2, 3, \cdots)$로 두면 예제 8.1에서 함수열 $\{f_n\}$은 구간 $(0, 1)$에서 $f = 0$으로 점별수렴한다. $\epsilon = \frac{1}{2}$에 대하여 $\frac{1}{\sqrt[n]{2}} \le x < 1$이면 $|f_n(x) - f(x)| = x^n \ge \frac{1}{2} = \epsilon$이다. 따라서 함수열 $\{f_n\}$은 구간 $(0, 1)$에서 $f = 0$으로 균등수렴하지 않는다.

함수열 $\{f_n\}$은 구간 I에서 함수 f로 점별수렴한다고 하고 임의의 자연수 n에 대하여 $A_n = \sup_{x \in I} |f_n(x) - f(x)|$로 두자. 그러면 함수열 $\{f_n\}$이 구간 I에서 함수 f로 균등수렴할 필요충분조건은 $\lim_{n \to \infty} A_n = 0$이다.(연습문제 8.1.2)

【예제 8.3】 $f_n(x) = \frac{x}{1 + nx^2}$, $x \in \mathbb{R}\ (n = 1, 2, 3, \cdots)$라고 하자. 그러면 함수열 $\{f_n\}$은 $\mathbb{R}$에서 $f = 0$으로 점별수렴함을 알 수 있다. $f_n'(x) = \frac{1 + nx^2 - x(2nx)}{(1 + nx^2)^2} = 0$으로부터 $x = \pm\frac{1}{\sqrt{n}}$을 얻는다. 함수 $f_n(x)$는 $x = \frac{1}{\sqrt{n}}$에서 최대값을 가지고 $x = -\frac{1}{\sqrt{n}}$에서 최소값을 가진다. $f_n(\pm\frac{1}{\sqrt{n}}) = \pm\frac{1}{2\sqrt{n}}$이므로

$$A_n = \sup_{x \in \mathbb{R}} |f_n(x) - f(x)| = \frac{1}{2\sqrt{n}}$$

이다. 따라서 $\lim_{n \to \infty} A_n = \lim_{n \to \infty} \frac{1}{2\sqrt{n}} = 0$이므로 함수열 $\{f_n\}$은 $\mathbb{R}$에서 $f = 0$으로 균등수렴한다.

[정리 8.3] 함수열 $\{f_n\}$이 구간 I에서 균등수렴할 필요충분조건은 임의의 $\epsilon > 0$에 대하여 자연수 N이 존재하여 $m, n \ge N$이면 모든 $x \in I$에 대하여

$$|f_n(x) - f_m(x)| < \epsilon$$

을 만족하는 것이다.

증명 함수열 $\{f_n\}$이 구간 I에서 함수 f로 균등수렴한다고 하자. 그러면 임의의 $\epsilon > 0$에 대하여 자연수 N이 존재하여 $n \geq N$이면 모든 $x \in I$에 대하여

$$|f_n(x) - f(x)| < \frac{\epsilon}{2}$$

을 만족한다. 따라서 $m, n \geq N$이면 모든 $x \in I$에 대하여

$$\begin{aligned}|f_n(x) - f_m(x)| &\leq |f_n(x) - f(x)| + |f(x) - f_m(x)| \\ &< \frac{\epsilon}{2} + \frac{\epsilon}{2} = \epsilon\end{aligned}$$

을 만족한다.

역으로, 임의의 $\epsilon > 0$에 대하여 자연수 N이 존재하여 $m, n \geq N$이면 모든 $x \in I$에 대하여 $|f_n(x) - f_m(x)| < \epsilon$라고 가정하자. 그러면 각 $x_0 \in I$에 대하여 $\{f_n(x_0)\}$은 Cauchy수열이므로 수렴한다. $f(x_0) = \lim_{n \to \infty} f_n(x_0)$으로 두자. 그러면 함수열$\{f_n\}$은 구간 I에서 함수 f로 점별수렴한다. 이제 함수열$\{f_n\}$이 구간 I에서 함수 f로 균등수렴함을 보이자. $\epsilon > 0$을 임의의 실수라고 하자. 가정에 의하여, 자연수 N이 존재하여 $m, n \geq N$이면 모든 $x \in I$에 대하여

$$|f_n(x) - f_m(x)| < \frac{\epsilon}{2}$$

을 만족한다. 함수열 $\{f_n\}$은 구간 I에서 함수 f로 점별수렴하므로, 각 $x \in I$에 대하여 $|f_{m_x}(x) - f(x)| < \frac{\epsilon}{2}$인 자연수 $m_x \geq N$가 존재한다. 따라서 $n \geq N$이면 모든 $x \in I$에 대하여

$$\begin{aligned}|f_n(x) - f(x)| &\leq |f_n(x) - f_{m_x}(x)| + |f_{m_x}(x) - f(x)| \\ &< \frac{\epsilon}{2} + \frac{\epsilon}{2} = \epsilon\end{aligned}$$

이다. 그러므로 함수열 $\{f_n\}$은 구간 I에서 함수 f로 균등수렴한다. ■

[정의 8.4] $\{f_k\}$를 구간 I에서 정의된 함수열이라고 하고 함수 S를 구간 I에서 정의된 함수라고 하고 $S_n = \sum_{k=1}^{n} f_k (n = 1, 2, 3, \cdots)$라고 두자. 부분합의 함수열 $\{S_n\}$이 구간 I에서 함수 S로 점별수렴할 때, 함수급수 $\sum_{k=1}^{\infty} f_k$는 구간 I에서 함수 S로 **점별수렴한다**(converge pointwise)고 한다.

부분합의 함수열 $\{S_n\}$이 구간 I에서 함수 S로 균등수렴할 때, 함수급수 $\sum_{k=1}^{\infty} f_k$는 구간 I에서 함수 S로 **균등수렴한다**(converge uniformly)고 한다.

[정리 8.5] (Weierstrass M-판정법) $\{f_k\}$를 구간 I에서 정의된 함수열이라고 하자. 양수들의 수열$\{M_k\}$가 존재하여 모든 $x \in I$와 모든 자연수 k에 대하여 $|f_k(x)| \le M_k$이고 $\sum_{k=1}^{\infty} M_k$가 수렴하면, 함수급수 $\sum_{k=1}^{\infty} f_k$는 구간 I에서 균등수렴한다.

증명 $\epsilon > 0$을 임의의 실수라고 하자. $S_n = \sum_{k=1}^{n} f_k (n = 1, 2, 3, \cdots)$로 두자. $\sum_{k=1}^{\infty} M_k$가 수렴하므로, 정리 7.5에 의하여 자연수 N이 존재하여 $n > m \ge N$이면 $\sum_{k=m+1}^{n} M_k < \epsilon$이다. 따라서 $n > m \ge N$이면 모든 $x \in I$에 대하여

$$\begin{aligned} |S_n(x) - S_m(x)| &= \left| \sum_{k=1}^{n} f_k(x) - \sum_{k=1}^{m} f_k(x) \right| \\ &= \left| \sum_{k=m+1}^{n} f_k(x) \right| \\ &\le \sum_{k=m+1}^{n} |f_k(x)| \\ &\le \sum_{k=m+1}^{n} M_k < \epsilon \end{aligned}$$

이다. 정리 8.3에 의하여, 함수열 $\{S_n\}$은 구간 I에서 균등수렴한다. 따라서 함수급수 $\sum_{k=1}^{\infty} f_k$는 구간 I에서 균등수렴한다. ■

【예제 8.4】 함수급수 $\sum_{k=1}^{\infty} \frac{\sin kx}{k^3}$가 $\mathbb{R}$에서 균등수렴함을 보여라.

풀이 모든 $x \in \mathbb{R}$와 모든 자연수 k에 대하여 $\left| \frac{\sin kx}{k^3} \right| \le \frac{1}{k^3}$이고 $\sum_{k=1}^{\infty} \frac{1}{k^3}$이 수렴하므로, Weierstrass M-판정법에 의하여 $\sum_{k=1}^{\infty} \frac{\sin kx}{k^3}$는 $\mathbb{R}$에서 균등수렴한다.

연습문제 8.1

1. 다음 함수열의 주어진 구간에서 점별수렴과 균등수렴을 조사하여라.

(i) $f_n(x) = \dfrac{x^{2n}}{1+x^{2n}}, \quad x \in [-1, 1]$

(ii) $f_n(x) = \dfrac{1+2\cos^2 nx}{\sqrt{n}}, \quad x \in \mathbb{R}$

(iii) $f_n(x) = \dfrac{1}{x} + nxe^{-nx}, \quad x \in (0, 1]$

(iv) $f_n(x) = \dfrac{n+\cos x}{2n+\sin^2 x}, \quad x \in \mathbb{R}$

(v) $f_n(x) = \begin{cases} n^2x, & 0 \le x < \dfrac{1}{n} \\ 2n - n^2x, & \dfrac{1}{n} \le x < \dfrac{2}{n} \\ 0, & \dfrac{2}{n} \le x \le 1 \end{cases} \quad (n = 2, 3, 4, \cdots)$

(vi) $f_n(x) = |x|^{1+\frac{1}{n}}, \quad x \in [-1, 1]$

2. 함수열 $\{f_n\}$은 구간 I에서 함수 f로 점별수렴한다고 하고, 임의의 자연수 n에 대하여 $A_n = \sup_{x \in I} |f_n(x) - f(x)|$로 두자. 그러면 함수열 $\{f_n\}$이 구간 I에서 함수 f로 균등수렴할 필요충분조건은 $\lim\limits_{n \to \infty} A_n = 0$임을 증명하여라.

3. 함수열 $\{f_n\}$과 $\{g_n\}$이 구간 I에서 각각 함수 f와 g로 균등수렴하고 α가 실수이면 함수열 $\{f_n + g_n\}$과 $\{\alpha f_n\}$도 구간 I에서 각각 함수 $f+g$와 αf로 균등수렴함을 증명하여라.

4. 함수열 $\{f_n\}$과 $\{g_n\}$이 구간 I에서 각각 함수 f와 g로 균등수렴하고 함수 f와 g가 구간 I에서 유계이면 함수열 $\{f_n g_n\}$도 구간 I에서 함수 fg로 균등수렴함을 증명하여라.

5. 다음 함수급수의 주어진 구간에서 균등수렴을 조사하여라.

(i) $\displaystyle\sum_{k=0}^{\infty}\left\{\frac{1}{kx+3}-\frac{1}{(k+1)x+3}\right\},\ x\in[0,\ 1]$

(ii) $\displaystyle\sum_{k=1}^{\infty}\frac{(-1)^k}{k^2+x^2},\ x\in\mathbb{R}$

(iii) $\displaystyle\sum_{k=1}^{\infty}\frac{\cos kx}{k^2},\ x\in\mathbb{R}$

(iv) $\displaystyle\sum_{k=1}^{\infty}\frac{x^k}{1+x^k},\ x\in[0,\ 1)$

6. $\{f_n\}$이 구간 I에서 함수 f로 균등수렴하는 유계함수들의 함수열이면 임의의 자연수 n에 대하여

$$\sigma_n(x)=\frac{f_1(x)+f_2(x)+\cdots+f_n(x)}{n},\quad x\in I$$

로 정의된 함수열 $\{\sigma_n\}$도 구간 I에서 f로 균등수렴함을 증명하여라.

7. 함수급수 $\displaystyle\sum_{k=1}^{\infty}f_k$와 $\displaystyle\sum_{k=1}^{\infty}g_k$가 구간 I에서 균등수렴하면 $\displaystyle\sum_{k=1}^{\infty}(f_k+g_k)$도 구간 I에서 균등수렴함을 증명하여라.

8. 함수급수 $\displaystyle\sum_{k=1}^{\infty}f_k$가 구간 I에서 균등수렴하고 함수 g가 구간 I에서 유계함수이면 함수급수 $\displaystyle\sum_{k=1}^{\infty}gf_k$도 구간 I에서 균등수렴함을 증명하여라.

9. 급수 $\displaystyle\sum_{k=1}^{\infty}a_k$가 절대수렴하면 함수급수 $\displaystyle\sum_{k=1}^{\infty}a_k\sin kx$와 $\displaystyle\sum_{k=1}^{\infty}a_k\cos kx$가 $\mathbb{R}$에서 균등수렴함을 보여라.

8.2 균등수렴의 응용

이 절에서는 균등수렴하는 함수열 또는 함수급수의 연속, 미분과 적분을 다룬다.

【예제 8.5】 모든 자연수 n에 대하여 $f_n(x) = x^n,\ x \in [0,\ 1]$로 정의하면 예제 8.1, 예제 8.2에서와 같은 방법으로 함수열 $\{f_n\}$은 $[0,\ 1]$에서 함수 $f(x) = \begin{cases} 0, & 0 \le x < 1 \\ 1, & x = 1 \end{cases}$로 점별수렴하지만 균등수렴하지는 않는다. 모든 자연수 n에 대하여 f_n은 $[0,\ 1]$에서 연속이지만 점별극한함수 f는 $[0,\ 1]$에서 연속이 아니다.

> [정리 8.6] $\{f_n\}$이 구간 I에서 함수 f로 균등수렴하는 연속함수들의 함수열이면 함수 f는 구간 I에서 연속이다.

증명 $x_0 \in I$을 임의의 점이라고 하고 함수 f가 x_0에서 연속임을 보이자. $\epsilon > 0$을 임의의 실수라고 하자. $\{f_n\}$이 구간 I에서 함수 f로 균등수렴하므로, 모든 $x \in I$에 대하여 $|f_{n_0}(x) - f(x)| < \frac{\epsilon}{3}$인 자연수 n_0이 존재한다. f_{n_0}이 x_0에서 연속이므로

$$|x - x_0| < \delta,\ x \in I \Rightarrow |f_{n_0}(x) - f_{n_0}(x_0)| < \frac{\epsilon}{3}$$

인 $\delta > 0$가 존재한다. 따라서

$$\begin{aligned} |x - x_0| < \delta,\ x \in I \Rightarrow |f(x) - f(x_0)| &\le |f(x) - f_{n_0}(x)| + |f_{n_0}(x) - f_{n_0}(x_0)| \\ &+ |f_{n_0}(x_0) - f(x_0)| < \frac{\epsilon}{3} + \frac{\epsilon}{3} + \frac{\epsilon}{3} = \epsilon \end{aligned}$$

이다. 따라서 f는 x_0에서 연속이다. 그러므로 f는 구간 I에서 연속이다. ■

$S_n = \sum_{k=1}^{n} f_k\ (n = 1,\ 2,\ 3,\ \cdots)$로 두면 정리 8.6에 의하여 다음 따름정리를 얻을 수 있다.

[따름정리 8.7] 모든 자연수 k에 대하여 함수 f_k가 구간 I에서 연속이고 함수급수 $\sum_{k=1}^{\infty} f_k$가 구간 I에서 함수 S로 균등수렴하면, 함수 S는 구간 I에서 연속이다.

【예제 8.6】 $n=2, 3, 4, \cdots$ 에 대하여 함수 $f_n : [0, 1] \to \mathbb{R}$ 을 다음과 같이 정의하자.

$$f_n(x) = \begin{cases} n^2 x, & 0 \le x < \dfrac{1}{n} \\ 2n - n^2 x, & \dfrac{1}{n} \le x < \dfrac{2}{n} \\ 0, & \dfrac{2}{n} \le x \le 1 \end{cases}$$

함수열 $\{f_n\}$은 $[0, 1]$에서 영함수 $f=0$으로 점별수렴하지만 균등수렴하지는 않는다.(연습문제 8.1.1(v)) $n=2, 3, 4, \cdots$ 에 대하여 f_n은 $[0, 1]$에서 적분가능하고 $\int_0^1 f_n(x)\,dx = 1$이다. 따라서 다음이 성립한다.

$$\int_0^1 f(x)\,dx = 0 \ne 1 = \lim_{n\to\infty} \int_0^1 f_n(x)\,dx$$

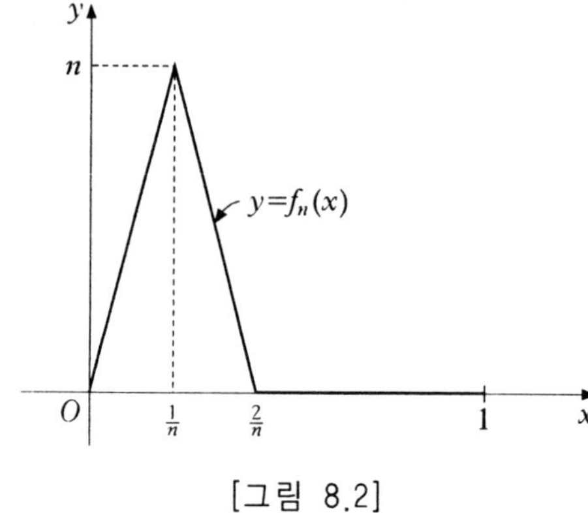

[그림 8.2]

[정리 8.8] $\{f_n\}$이 구간 $[a, b]$에서 적분가능한 함수들의 함수열이고 $\{f_n\}$이 구간 $[a, b]$에서 함수 f로 균등수렴하면, f는 구간 $[a, b]$에서 적분가능하고 다음이 성립한다.

$$\int_a^b f(x)\,dx = \lim_{n\to\infty}\int_a^b f_n(x)\,dx \quad \text{즉,} \quad \int_a^b \lim_{n\to\infty} f_n(x)\,dx = \lim_{n\to\infty}\int_a^b f_n(x)\,dx$$

증명 먼저 함수 f가 $[a, b]$에서 적분가능함을 보이자. $\epsilon > 0$을 임의의 실수라고 하자. $\{f_n\}$이 $[a, b]$에서 f로 균등수렴하므로, 모든 $x \in [a, b]$에 대하여

$$|f_n(x) - f(x)| < \frac{\epsilon}{3(b-a)}$$

을 만족하는 자연수 n이 존재한다. f_n이 $[a, b]$에서 적분가능하므로

$$U(f_n, P) - L(f_n, P) < \frac{\epsilon}{3}$$

인 $[a, b]$의 분할 $P = \{x_0, x_1, x_2, \cdots, x_n\}$이 존재한다.

$$\begin{aligned} M_i &= \sup\{f(x) \mid x \in [x_{i-1}, x_i]\} \\ m_i &= \inf\{f(x) \mid x \in [x_{i-1}, x_i]\}\ (i = 1, 2, \cdots, n) \\ \overline{M_i} &= \sup\{f_n(x) \mid x \in [x_{i-1}, x_i]\} \\ \overline{m_i} &= \inf\{f_n(x) \mid x \in [x_{i-1}, x_i]\}\ (i = 1, 2, \cdots, n) \end{aligned}$$

로 두자. 모든 $x \in [a, b]$에 대하여 $|f_n(x) - f(x)| < \frac{\epsilon}{3(b-a)}$이므로, $i = 1, 2, \cdots, n$에 대하여

$$\overline{m_i} - \frac{\epsilon}{3(b-a)} \le m_i \le M_i \le \overline{M_i} + \frac{\epsilon}{3(b-a)}$$

이다. 따라서

$$
\begin{aligned}
U(f,\ P)-L(f,\ P) &= \sum_{i=1}^{n} M_i \Delta x_i - \sum_{i=1}^{n} m_i \Delta x_i \\
&\le \sum_{i=1}^{n}\left[\overline{M_i}+\frac{\epsilon}{3(b-a)}\right]\Delta x_i - \sum_{i=1}^{n}\left[\overline{m_i}-\frac{\epsilon}{3(b-a)}\right]\Delta x_i \\
&= \sum_{i=1}^{n}\overline{M_i}\,\Delta x_i+\frac{\epsilon}{3}-\sum_{i=1}^{n}\overline{m_i}\,\Delta x_i+\frac{\epsilon}{3} \\
&= U(f_n,\ P)-L(f_n,\ P)+\frac{2\epsilon}{3} \\
&< \frac{\epsilon}{3}+\frac{2\epsilon}{3}=\epsilon
\end{aligned}
$$

이다. 정리 6.7에 의하여 f는 $[a,\ b]$에서 적분가능하다.

이제 $\int_a^b f(x)\,dx = \lim_{n\to\infty}\int_a^b f_n(x)\,dx$임을 보이자. $\epsilon > 0$을 임의의 실수라고 하자. $\{f_n\}$이 $[a,\ b]$에서 f로 균등수렴하므로, $n \ge N$이면 모든 $x\in[a,\ b]$에 대하여

$$
|f_n(x)-f(x)| < \frac{\epsilon}{b-a}
$$

인 자연수 N이 존재한다. 따라서

$$
\begin{aligned}
n\ge N \ \Rightarrow\ \left|\int_a^b f_n(x)\,dx-\int_a^b f(x)\,dx\right| &= \left|\int_a^b [f_n(x)-f(x)]\,dx\right| \\
&\le \int_a^b |f_n(x)-f(x)|\,dx \\
&\le \int_a^b \frac{\epsilon}{b-a}\,dx \\
&= \frac{\epsilon}{b-a}(b-a)=\epsilon
\end{aligned}
$$

이다. 따라서 $\int_a^b f(x)\,dx = \lim_{n\to\infty}\int_a^b f_n(x)\,dx$가 성립한다. ■

$S_n = \sum_{k=1}^{n} f_k\,(n=1,\ 2,\ 3,\ \cdots)$로 두면 정리 6.10, 정리 8.8에 의하여 다음 따름정리를 얻을 수 있다.

[따름정리 8.9] $\{f_k\}$가 구간 $[a, b]$에서 적분가능한 함수들의 함수열이고 $\sum_{k=1}^{\infty} f_k$가 구간 $[a, b]$에서 함수 S로 균등수렴하면, S는 구간 $[a, b]$에서 적분가능하고 다음이 성립한다.

$$\int_a^b S(x)\,dx = \sum_{k=1}^{\infty} \int_a^b f_k(x)dx \quad 즉, \quad \int_a^b \sum_{k=1}^{\infty} f_k(x)\,dx = \sum_{k=1}^{\infty} \int_a^b f_k(x)dx$$

【예제 8.7】 모든 자연수 n에 대하여 $f_n(x) = |x|^{1+\frac{1}{n}}$, $x \in [-1, 1]$로 정의하면 함수열 $\{f_n\}$은 $[-1, 1]$에서 함수 $f(x) = |x|$로 균등수렴한다.(연습문제 8.1.1(vi)) 모든 자연수 n에 대하여 f_n은 $[-1, 1]$에서 미분가능하지만 $f'(0)$이 존재하지 않으므로 f는 $[-1, 1]$에서 미분불가능하다.

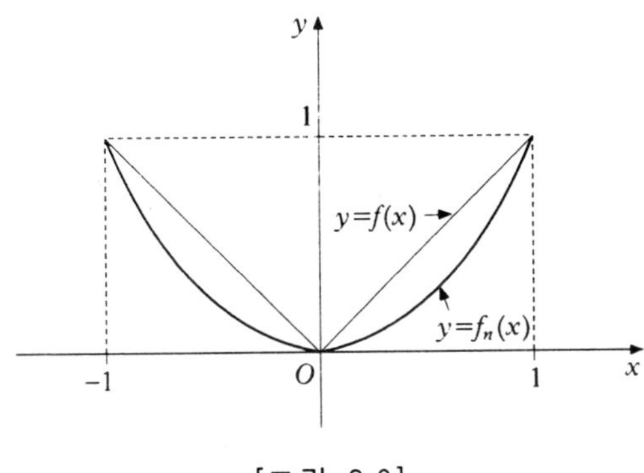

[그림 8.3]

[정리 8.10] $\{f_n\}$이 구간 $[a, b]$에서 연속인 도함수를 가지는 함수들의 함수열이라고 하자. $\{f_n\}$이 구간 $[a, b]$에서 함수 f로 점별수렴하고 $\{f_n'\}$이 구간 $[a, b]$에서 함수 g로 균등수렴하면, 함수 f는 구간 $[a, b]$에서 미분가능하고 모든 $x \in [a, b]$에 대하여 $f'(x) = g(x)$이다. 즉,

$$\frac{d}{dx} \lim_{n \to \infty} f_n(x) = \lim_{n \to \infty} \frac{d}{dx} f_n(x)$$

이다.

증명 $\{f_n\}$이 구간 $[a, b]$에서 함수 f로 점별수렴하므로, 각 $x \in [a, b]$에 대하여

$$f(x) = \lim_{n \to \infty} f_n(x) = f(a) + \lim_{n \to \infty} [f_n(x) - f_n(a)]$$

이다. f_n'이 $[a, b]$에서 연속이므로, 정리 6.21에 의하여

$$\int_a^x f_n'(t)dt = f_n(x) - f_n(a)$$

이다. 따라서

$$f(x) = f(a) + \lim_{n \to \infty} \int_a^x f_n'(t)dt$$

이다. $\{f_n'\}$이 $[a, b]$에서 함수 g로 균등수렴하므로, 정리 8.8에 의하여 g는 $[a, b]$에서 적분가능하고

$$\int_a^x g(t)\,dt = \lim_{n \to \infty} \int_a^x f_n'(t)\,dt$$

이다. 따라서

$$f(x) = f(a) + \int_a^x g(t)dt$$

이다. g가 $[a, b]$에서 연속이므로, 정리 6.20에 의하여 $\dfrac{d}{dx}\displaystyle\int_a^x g(t)dt = g(x)$이다. 따라서 $f'(x) = g(x)$가 성립한다. ■

$S_n = \sum_{k=1}^{n} f_k$ $(n = 1, 2, 3, \cdots)$로 두면 정리 4.3, 정리 5.4, 정리 8.10에 의하여 다음 따름정리를 얻을 수 있다.

[따름정리 8.11] $\{f_k\}$가 구간 $[a, b]$에서 연속인 도함수를 가지는 함수들의 함수열이라고 하자. $\sum_{k=1}^{\infty} f_k$가 구간 $[a, b]$에서 함수 S로 점별수렴하고 $\sum_{k=1}^{\infty} f_k{}'$이 구간 $[a, b]$에서 함수 g로 균등수렴하면, S는 구간 $[a, b]$에서 미분가능하고 모든 $x \in [a, b]$에 대하여 $S'(x) = g(x)$이다. 즉,

$$\frac{d}{dx}\sum_{k=1}^{\infty} f_k(x) = \sum_{k=1}^{\infty} \frac{d}{dx} f_k(x)$$

이다.

연습문제 8.2

1. (i) $\{f_n\}$이 구간 I에서 함수 f로 균등수렴하는 유계함수들의 함수열이면 함수 f는 구간 I에서 유계임을 증명하여라.

   (ii) $\{f_n\}$이 구간 I에서 유계가 아닌 함수 f로 점별수렴하는 유계함수들의 함수열의 예를 들어라.

2. 함수급수 $\displaystyle\sum_{k=1}^{\infty}\frac{\sin kx}{k^2}$가 $\mathbb{R}$에서 어떤 연속함수로 균등수렴함을 보여라.

3. 모든 자연수 n에 대하여 $f_n(x) = (1-x)x^n$, $x \in \mathbb{R}$로 정의하면 함수열 $\{f_n\}$은 $[0, 1]$에서 영함수 $f=0$으로 균등수렴하지만 $\displaystyle\lim_{n\to\infty} f_n'(x) \neq 0$, $x \in [0, 1]$임을 보여라.

4. $f(x) = \displaystyle\sum_{k=1}^{\infty} ke^{-kx}$, $x \in \mathbb{R}$로 정의하자.

   (i) 함수 f는 어디에서 연속인가?

   (ii) $\displaystyle\int_1^2 f(x)\,dx$를 구하여라.

5. 함수 $f : \mathbb{R} \to \mathbb{R}$가 $\mathbb{R}$에서 균등연속이고 모든 자연수 n에 대하여 $f_n(x) = f\left(x+\dfrac{1}{n}\right)$, $x \in \mathbb{R}$로 정의하면 함수열 $\{f_n\}$은 $\mathbb{R}$에서 f로 균등수렴함을 증명하여라.

6. 모든 자연수 n에 대하여 $f_n(x) = \dfrac{nx}{1+nx}$, $x \in [0,\ 1]$로 정의하면 함수열 $\{f_n\}$은 $[0,\ 1]$에서 어떤 적분가능한 함수 f로 균등수렴하지 않지만 다음이 성립함을 보여라.

$$\int_0^1 f(x)\,dx = \lim_{n\to\infty}\int_0^1 f_n(x)\,dx$$

7. 모든 자연수 n에 대하여 $f_n(x) = \begin{cases} \dfrac{1}{n} & x \in [n,\ 2n] \\ 0, & x \in \mathbb{R} - [n,\ 2n] \end{cases}$ 으로 정의하면 함수열 $\{f_n\}$은 $\mathbb{R}$에서 영함수 $f = 0$으로 균등수렴하지만 다음이 성립하지 않음을 보여라.

$$\int_{-\infty}^{\infty} f(x)\,dx = \lim_{n\to\infty}\int_{-\infty}^{\infty} f_n(x)\,dx$$

8. $\{f_n\}$이 구간 $[a,\ b]$에서 적분가능한 함수들의 함수열이고 $\{f_n\}$이 구간 $[a,\ b]$에서 함수 f로 균등수렴하고 함수 g가 구간 $[a,\ b]$에서 적분가능하면, 다음이 성립함을 증명하여라.

$$\int_a^b f(x)g(x)\,dx = \lim_{n\to\infty}\int_a^b f_n(x)g(x)\,dx$$

9. 모든 자연수 n에 대하여 $f_n(x) = \dfrac{x^n}{n}$, $x \in [0,\ 1]$로 정의하면 함수열 $\{f_n\}$은 $[0,\ 1]$에서 영함수 $f = 0$으로 균등수렴하고 함수열 $\{f_n'(x)\}$는 $[0,\ 1]$에서 점별수렴하지만 $\{f_n'(1)\}$은 $f'(1)$로 수렴하지 않음을 보여라.

8.3 멱급수와 Taylor 급수

이 절에서는 함수급수의 특수한 형태인 멱급수의 수렴, 발산과 멱급수의 항별미분, 항별적분에 관하여 알아보고 또한 함수를 멱급수로 전개하는 방법을 다룬다.

[정의 8.12] x를 변수, x_0와 $a_0, a_1, a_2, \cdots, a_n, \cdots$ 을 상수라고 할 때

$$\sum_{n=0}^{\infty} a_n(x-x_0)^n = a_0 + a_1(x-x_0) + a_2(x-x_0)^2 + \cdots + a_n(x-x_0)^n + \cdots$$

을 $x - x_0$에 관한 **멱급수**(power series)라고 한다. 특히, $x_0 = 0$일 때

$$\sum_{n=0}^{\infty} a_n x^n = a_0 + a_1 x + a_2 x^2 + \cdots + a_n x^n + \cdots$$

을 x에 관한 멱급수라고 한다.

[정의 8.13] 멱급수 $\sum_{n=0}^{\infty} a_n(x-x_0)^n$이 적당한 $R>0$이 존재하여 $|x-x_0|<R$일 때 수렴하고 $|x-x_0|>R$일 때 발산하면, $R>0$을 멱급수의 **수렴반경**(radius of convergence)이라고 한다. 특히, 멱급수 $\sum_{n=0}^{\infty} a_n(x-x_0)^n$이 $x=x_0$일 때만 수렴하면 수렴반경 $R=0$이라고 하며, 멱급수 $\sum_{n=0}^{\infty} a_n(x-x_0)^n$이 모든 실수 x에서 수렴하면 수렴반경 $R=\infty$라고 한다.

한편, 멱급수가 수렴하는 모든 x의 값으로 된 구간을 **수렴구간**(interval of convergence) 또는 **수렴역**(domain of convergence)이라고 한다.

[정리 8.14] 멱급수 $\sum_{n=0}^{\infty} a_n (x-x_0)^n$에서 $\limsup \sqrt[n]{|a_n|} = \alpha$라고 하면 다음이 성립한다.

(i) $0 < \alpha < \infty$이면 멱급수의 수렴반경은 $R = \dfrac{1}{\alpha}$이다.

(ii) $\alpha = 0$이면 멱급수의 수렴반경은 $R = \infty$이다.

(iii) $\alpha = \infty$이면 멱급수의 수렴반경은 $R = 0$이다.

증명 멱급수 $\sum_{n=0}^{\infty} a_n (x-x_0)^n$에서

$$\limsup \sqrt[n]{|a_n (x-x_0)^n|} = |x-x_0| \limsup \sqrt[n]{|a_n|} = |x-x_0|\alpha$$

이다.

(i) $0 < \alpha < \infty$이면, 근판정법에 의하여 $|x-x_0|\alpha < 1$일 때 멱급수는 수렴하고 $|x-x_0|\alpha > 1$일 때 멱급수는 발산한다. 즉, $|x-x_0| < \dfrac{1}{\alpha}$일 때 멱급수는 수렴하고 $|x-x_0| > \dfrac{1}{\alpha}$일 때 멱급수는 발산한다. 따라서 멱급수의 수렴반경은 $R = \dfrac{1}{\alpha}$이다.

(ii) $\alpha = 0$이면, 모든 실수 x에 대하여 $|x-x_0|\alpha = 0 < 1$이므로 근판정법에 의하여 멱급수는 모든 실수 x에서 수렴한다. 따라서 멱급수의 수렴반경은 $R = \infty$이다.

(iii) $\alpha = \infty$이면, $x \neq x_0$일 때 $|x-x_0|\alpha = \infty$이므로 근판정법에 의하여 멱급수는 발산하고 $x = x_0$일 때만 멱급수는 수렴한다. 따라서 멱급수의 수렴반경은 $R = 0$이다. ■

정리 2.27, 정리 2.29, 정리 8.14로 부터 다음 따름정리를 얻을 수 있다.

[따름정리 8.15] 멱급수 $\sum_{n=0}^{\infty} a_n(x-x_0)^n$에서 $\lim_{n\to\infty}\left|\frac{a_{n+1}}{a_n}\right| = L$이라고 하면 다음이 성립한다.

(i) $0 < L < \infty$이면 멱급수의 수렴반경은 $R = \frac{1}{L}$이다.
(ii) $L = 0$이면 멱급수의 수렴반경은 $R = \infty$이다.
(iii) $L = \infty$이면 멱급수의 수렴반경은 $R = 0$이다.

【예제 8.8】 멱급수 $\sum_{n=1}^{\infty} \frac{(-1)^{n+1}x^n}{n}$의 수렴반경과 수렴구간을 구하여라.

풀이 $a_n = (-1)^{n+1}\frac{1}{n}$이라고 두면

$$L = \lim_{n\to\infty}\left|\frac{a_{n+1}}{a_n}\right| = \lim_{n\to\infty}\left|\frac{(-1)^{n+2}\frac{1}{n+1}}{(-1)^{n+1}\frac{1}{n}}\right| = \lim_{n\to\infty}\frac{n}{n+1} = 1$$

이므로 수렴반경은 $R = 1$이다.

(i) $|x| < 1$일 때 주어진 멱급수는 수렴한다.
(ii) $|x| > 1$일 때 주어진 멱급수는 발산한다.
(iii) $x = 1$일 때 대응하는 급수는

$$1 - \frac{1}{2} + \frac{1}{3} - \cdots + (-1)^{n+1}\frac{1}{n} + \cdots$$

이므로 교대급수판정법에 의해서 수렴한다.

(iv) $x = -1$일 때 대응하는 급수는

$$-1 - \frac{1}{2} - \frac{1}{3} - \cdots - \frac{1}{n} - \cdots$$

이므로 발산한다.

따라서 수렴구간은 $(-1, 1]$이다.

【예제 8.9】 멱급수 $\sum_{n=0}^{\infty} \frac{x^n}{n!}$ 의 수렴반경과 수렴구간을 구하여라.

풀이 $a_n = \frac{1}{n!}$ 이라고 두면

$$L = \lim_{n \to \infty} \left| \frac{a_{n+1}}{a_n} \right| = \lim_{n \to \infty} \frac{\frac{1}{(n+1)!}}{\frac{1}{n!}} = \lim_{n \to \infty} \frac{1}{n+1} = 0$$

이므로 수렴반경은 $R = \infty$ 이다. 따라서 수렴구간은 실수전체 즉, $(-\infty, \infty)$ 이다.

【예제 8.10】 멱급수 $\sum_{n=1}^{\infty} \frac{(-1)^n (x-3)^n}{n^3}$ 의 수렴반경과 수렴구간을 구하여라.

풀이 $a_n = (-1)^n \frac{1}{n^3}$ 로 두면

$$L = \lim_{n \to \infty} \left| \frac{a_{n+1}}{a_n} \right| = \lim_{n \to \infty} \left| \frac{(-1)^{n+1} \frac{1}{(n+1)^3}}{(-1)^n \frac{1}{n^3}} \right| = \lim_{n \to \infty} \frac{n^3}{(n+1)^3} = 1$$

이므로 수렴반경은 $R = 1$ 이다.

(i) $|x-3| < 1$ 즉, $2 < x < 4$ 일 때 주어진 멱급수는 수렴한다.

(ii) $|x-3| > 1$ 즉, $x < 2$ 또는 $x > 4$ 일 때 주어진 멱급수는 발산한다.

(iii) $x = 2$ 일 때 대응하는 급수는

$$\frac{1}{1^3} + \frac{1}{2^3} + \frac{1}{3^3} + \cdots + \frac{1}{n^3} + \cdots$$

이므로 수렴한다.

(iv) $x = 4$ 일 때 대응하는 급수는

$$-\frac{1}{1^3} + \frac{1}{2^3} - \frac{1}{3^3} + \cdots + (-1)^n \frac{1}{n^3} + \cdots$$

이므로 교대급수판정법에 의해서 수렴한다.

따라서 수렴구간은 $[2, 4]$ 이다.

【예제 8.11】 멱급수 $1+2x+3^2x^2+2^3x^3+3^4x^4+\cdots$ 의 수렴반경과 수렴구간을 구하여라.

풀이 $a_n=\begin{cases}3^n, & n\text{이 짝수}\\ 2^n, & n\text{이 홀수}\end{cases}$ $(n=0,\ 1,\ 2,\ 3,\ \cdots)$이므로 $\sqrt[n]{|a_n|}=\begin{cases}3, & n\text{이 짝수}\\ 2, & n\text{이 홀수}\end{cases}$ $(n=1,\ 2,\ 3,\ \cdots)$이다. 따라서 $\limsup \sqrt[n]{|a_n|}=3$이다. 정리 8.14에 의하여 주어진 멱급수의 수렴반경은 $R=\dfrac{1}{3}$이다.

(i) $|x|<\dfrac{1}{3}$일 때 주어진 멱급수는 수렴한다.

(ii) $|x|>\dfrac{1}{3}$일 때 주어진 멱급수는 발산한다.

(iii) $x=\dfrac{1}{3}$일 때 대응하는 급수는

$$1+\frac{2}{3}+1+\left(\frac{2}{3}\right)^3+1+\cdots$$

이므로 주어진 멱급수는 발산한다.

(iv) $x=-\dfrac{1}{3}$일 때 대응하는 급수는

$$1-\frac{2}{3}+1-\left(\frac{2}{3}\right)^3+1-\cdots$$

이므로 주어진 멱급수는 발산한다.

따라서 수렴구간은 $\left(-\dfrac{1}{3},\ \dfrac{1}{3}\right)$이다.

[정리 8.16] (Taylor 정리) 함수 f 가 a를 포함하는 구간 I에서 $n+1$번 미분가능하면 모든 $x\in I$에 대하여

$$f(x)=f(a)+\frac{f'(a)}{1!}(x-a)+\frac{f''(a)}{2!}(x-a)^2+\cdots+\frac{f^{(n)}(a)}{n!}(x-a)^n \\ +\frac{f^{(n+1)}(\xi)}{(n+1)!}(x-a)^{n+1}$$

을 만족하는 ξ가 a와 x 사이에 존재한다.

증명 $a < x$라고 가정하자. $a > x$인 경우도 같은 방법으로 증명할 수 있다. 함수 $F : [a, x] \to \mathbb{R}$ 를

$$F(t) = f(x) - \left[f(t) + \frac{f'(t)}{1!}(x-t) + \frac{f''(t)}{2!}(x-t)^2 + \cdots + \frac{f^{(n)}(t)}{n!}(x-t)^n \right] \quad (1)$$

으로 정의하면, 함수 F는 폐구간 $[a, x]$에서 연속이고 개구간 (a, x)에서 미분가능하며 모든 $t \in (a, x)$에 대하여

$$F'(t) = -\frac{f^{(n+1)}(t)}{n!}(x-t)^n \quad (2)$$

이다. 함수 $G : [a, x] \to \mathbb{R}$ 를

$$G(t) = F(t) - \left(\frac{x-t}{x-a}\right)^{n+1} F(a)$$

로 정의하면 함수 G는 폐구간 $[a, x]$에서 연속이고 개구간 (a, x)에서 미분가능하고 $G(a) = G(x) = 0$이며 모든 $t \in (a, x)$에 대하여

$$G'(t) = F'(t) + (n+1)\frac{(x-t)^n}{(x-a)^{n+1}} F(a)$$

이다. Rolle의 정리에 의하여

$$G'(\xi) = 0 \quad 즉, \quad F'(\xi) + (n+1)\frac{(x-\xi)^n}{(x-a)^{n+1}} F(a) = 0 \quad (3)$$

을 만족하는 $\xi \in (a, x)$가 존재한다. (2)와 (3)으로 부터

$$\begin{aligned} F(a) &= -\frac{(x-a)^{n+1}}{(n+1)(x-\xi)^n} F'(\xi) \quad (4) \\ &= \frac{(x-a)^{n+1}}{(n+1)(x-\xi)^n} \frac{f^{(n+1)}(\xi)}{n!}(x-\xi)^n \\ &= \frac{f^{(n+1)}(\xi)}{(n+1)!}(x-a)^{n+1} \end{aligned}$$

이다. (1)과 (4)로 부터

$$f(x) = f(a) + \frac{f'(a)}{1!}(x-a) + \frac{f''(a)}{2!}(x-a)^2 + \cdots + \frac{f^{(n)}(a)}{n!}(x-a)^n + \frac{f^{(n+1)}(\xi)}{(n+1)!}(x-a)^{n+1}$$

을 얻는다. ■

위의 정리에서

$$P_n(x) = f(a) + \frac{f'(a)}{1!}(x-a) + \frac{f''(a)}{2!}(x-a)^2 + \cdots + \frac{f^{(n)}(a)}{n!}(x-a)^n$$

을 함수 f의 $x=a$에서 n차 Taylor 다항식(Taylor polynomial)이라고 하고

$$R_n(x) = \frac{f^{(n+1)}(\xi)}{(n+1)!}(x-a)^{n+1}$$

을 Lagrange 나머지(Lagrange remainder)라고 한다.

[정리 8.17] 함수 f가 a를 포함하는 구간 I에서 f', f'', f''', $\cdots$, $f^{(n)}$, $\cdots$가 존재한다고 하자. 모든 $x \in I$에 대하여

$$f(x) = \sum_{n=0}^{\infty} \frac{f^{(n)}(a)}{n!}(x-a)^n$$

일 필요충분조건은 $\lim_{n \to \infty} R_n(x) = 0$인 것이다.

증명 정리 8.16에 의하여 모든 $x \in I$에 대하여 $R_n(x) = f(x) - P_n(x)$이다. 따라서 모든 $x \in I$에 대하여 $\lim_{n \to \infty} P_n(x) = f(x)$일 필요충분조건은 $\lim_{n \to \infty} R_n(x) = 0$인 것이다. 즉, 모든 $x \in I$에 대하여

$$f(x) = \sum_{n=0}^{\infty} \frac{f^{(n)}(a)}{n!}(x-a)^n$$

일 필요충분조건은 $\lim_{n \to \infty} R_n(x) = 0$인 것이다. ■

위의 정리에서 멱급수

$$\sum_{n=0}^{\infty} \frac{f^{(n)}(a)}{n!}(x-a)^n$$

을 함수 f의 $x = a$에서 Taylor 급수(Taylor series)라고 한다. 특히, $a = 0$일 때의 멱급수

$$\sum_{n=0}^{\infty} \frac{f^{(n)}(0)}{n!}x^n$$

을 함수 f의 Maclaurin 급수(Maclaurin series)라고 한다.

【예제 8.12】 함수 $f(x) = \ln(1+x)$의 Maclaurin 급수를 구하여라.

풀이 모든 $n = 1, 2, 3, \cdots$ 에 대하여 $f^{(n)}(x) = (-1)^{n-1}(n-1)!(1+x)^{-n}$ 이므로 $f^{(n)}(0) = (-1)^{n-1}(n-1)!$이다. 따라서 $f(x) = \ln(1+x)$의 Maclaurin 급수는 다음과 같다.

$$\sum_{n=1}^{\infty} (-1)^{n-1}\frac{x^n}{n} = x - \frac{x^2}{2} + \frac{x^3}{3} - \cdots + (-1)^{n-1}\frac{x^n}{n} + \cdots \quad (-1 < x \le 1)$$

【예제 8.13】 함수 $f(x) = \sin x$의 Maclaurin 급수를 구하여라.

풀이 모든 $n = 0, 1, 2, 3, \cdots$에 대하여 $f^{(4n)}(x) = \sin x$, $f^{(4n+1)}(x) = \cos x$, $f^{(4n+2)}(x) = -\sin x$, $f^{(4n+3)}(x) = -\cos x$이므로 $f^{(4n)}(0) = 0$, $f^{(4n+1)}(0)$

$= 1$, $f^{(4n+2)}(0) = 0$, $f^{(4n+3)}(0) = -1$이다. 따라서 $f(x) = \sin x$의 Maclaurin 급수는 다음과 같다.

$$\sum_{n=0}^{\infty}(-1)^n \frac{x^{2n+1}}{(2n+1)!}$$
$$= x - \frac{x^3}{3!} + \frac{x^5}{5!} - \cdots + (-1)^n \frac{x^{2n+1}}{(2n+1)!} + \cdots \quad (-\infty < x < \infty)$$

【예제 8.14】 함수 $f(x) = \cos x$의 $x = \dfrac{\pi}{2}$에서 Taylor 급수를 구하여라.

풀이 모든 $n = 0, 1, 2, 3, \cdots$에 대하여 $f^{(4n)}(x) = \cos x$, $f^{(4n+1)}(x) = -\sin x$, $f^{(4n+2)}(x) = -\cos x$, $f^{(4n+3)}(x) = \sin x$이므로 $f^{(4n)}\left(\dfrac{\pi}{2}\right) = 0$, $f^{(4n+1)}\left(\dfrac{\pi}{2}\right) = -1$, $f^{(4n+2)}\left(\dfrac{\pi}{2}\right) = 0$, $f^{(4n+3)}\left(\dfrac{\pi}{2}\right) = 1$이다. 따라서 $f(x) = \cos x$의 $x = \dfrac{\pi}{2}$에서 Taylor 급수는 다음과 같다.

$$\sum_{n=0}^{\infty} \frac{(-1)^{n+1}}{(2n+1)!}\left(x - \frac{\pi}{2}\right)^{2n+1}$$
$$= -\left(x - \frac{\pi}{2}\right) + \frac{1}{3!}\left(x - \frac{\pi}{2}\right)^3 - \frac{1}{5!}\left(x - \frac{\pi}{2}\right)^5 + \cdots$$
$$+ \frac{(-1)^{n+1}}{(2n+1)!}\left(x - \frac{\pi}{2}\right)^{2n+1} + \cdots \quad (-\infty < x < \infty)$$

[정리 8.18] 멱급수 $\sum_{n=0}^{\infty} a_n(x - x_0)^n$이 수렴반경 $R > 0$을 가지면 멱급수 $\sum_{n=0}^{\infty} a_n(x - x_0)^n$은 임의의 폐구간 $[a, b] \subseteq (x_0 - R, x_0 + R)$에서 균등수렴한다.

증명 $[a, b] \subseteq (x_0 - R, x_0 + R)$라고 하고

$$x \in [a, b] \quad \Rightarrow \quad |x - x_0| \le |x_1 - x_0|$$

을 만족하는 $x_1 \in (x_0 - R, x_0 + R)$을 택하자. 모든 $n = 0, 1, 2, 3, \cdots$에 대하여 $M_n = |a_n||x_1 - x_0|^n$으로 두면 $\sum_{n=0}^{\infty} M_n$은 수렴한다. 또한, 모든 $x \in [a, b]$와

모든 $n = 0, 1, 2, 3, \cdots$에 대하여 $|a_n(x-x_0)^n| \le M_n$이므로 Weierstrass M-판정법에 의하여 $\sum_{n=0}^{\infty} a_n(x-x_0)^n$은 $[a, b]$에서 균등수렴한다. ■

[보조정리 8.19] 임의의 수열 $\{a_n\}$에 대하여 다음이 성립한다.

$$\limsup \sqrt[n]{n|a_n|} = \limsup \sqrt[n]{|a_n|}$$

증명 $\epsilon > 0$을 임의의 실수라고 하자. $\lim_{n\to\infty} \sqrt[n]{n} = 1$이므로

$$n \ge N \;\Rightarrow\; 1-\epsilon < \sqrt[n]{n} < 1+\epsilon$$

을 만족하는 자연수 N이 존재한다. 따라서

$$n \ge N \;\Rightarrow\; (1-\epsilon)\sqrt[n]{|a_n|} \le \sqrt[n]{n|a_n|} \le (1+\epsilon)\sqrt[n]{|a_n|}$$

이다. 따라서

$$(1-\epsilon)\limsup \sqrt[n]{|a_n|} \le \limsup \sqrt[n]{n|a_n|} \le (1+\epsilon)\limsup \sqrt[n]{|a_n|}$$

이다. $\epsilon > 0$은 임의의 실수이므로 $\limsup \sqrt[n]{n|a_n|} = \limsup \sqrt[n]{|a_n|}$이 성립한다. ■

[정리 8.20] (멱급수의 미분) 멱급수 $\sum_{n=0}^{\infty} a_n(x-x_0)^n$의 수렴반경을 $R > 0$이라고 하고

$$f(x) = \sum_{n=0}^{\infty} a_n(x-x_0)^n \quad (x_0 - R < x < x_0 + R)$$

이라고 하면, 함수 f는 $(x_0 - R, x_0 + R)$에서 미분가능하고

$$f'(x) = \sum_{n=1}^{\infty} na_n(x-x_0)^{n-1} \quad (x_0 - R < x < x_0 + R)$$

이다.

증명 $x \in (x_0 - R,\ x_0 + R)$를 임의의 점이라고 하고 $x \in (a,\ b)$인 폐구간 $[a,\ b] \subseteq (x_0 - R,\ x_0 + R)$를 택하자. 멱급수 $\sum_{n=0}^{\infty} a_n (x - x_0)^n$의 수렴반경이 R이므로 정리 8.14와 보조정리 8.19에 의하여 멱급수 $\sum_{n=1}^{\infty} n a_n (x - x_0)^{n-1}$의 수렴반경도 R이다. 정리 8.18에 의하여 멱급수 $\sum_{n=1}^{\infty} n a_n (x - x_0)^{n-1}$는 $[a,\ b]$에서 균등수렴한다. 따름정리 8.11에 의하여 f는 $[a,\ b]$에서 미분가능하다. 따라서 f는 x에서 미분가능하다. $x \in (x_0 - R,\ x_0 + R)$는 임의의 점이므로 f는 $(x_0 - R,\ x_0 + R)$에서 미분가능하고

$$f'(x) = \sum_{n=1}^{\infty} n a_n (x - x_0)^{n-1} \quad (x_0 - R < x < x_0 + R)$$

이다. ■

[정리 8.21] (멱급수의 적분) 멱급수 $\sum_{n=0}^{\infty} a_n (x - x_0)^n$의 수렴반경을 $R > 0$이라고 하고

$$f(x) = \sum_{n=0}^{\infty} a_n (x - x_0)^n \quad (x_0 - R < x < x_0 + R)$$

이라고 하면, 임의의 $a,\ b \in (x_0 - R,\ x_0 + R)$에 대해서 $\int_a^b f(x)\,dx$가 존재하고

$$\int_a^b f(x)\,dx = \sum_{n=0}^{\infty} a_n \int_a^b (x - x_0)^n\,dx$$

이다.

증명 $a < b$라고 가정하자. 정리 8.18에 의하여 멱급수 $\sum_{n=0}^{\infty} a_n (x - x_0)^n$은 $[a,\ b]$에서 균등수렴한다. 따름정리 8.9에 의하여 $\int_a^b f(x)\,dx$가 존재하고

$$\int_a^b f(x)\,dx = \sum_{n=0}^{\infty} a_n \int_a^b (x - x_0)^n\,dx$$

이다. ■

【예제 8.15】 예제 8.13에서 $\sin x$의 Maclaurin 급수는

$$\begin{aligned}\sin x &= x - \frac{x^3}{3!} + \frac{x^5}{5!} - \frac{x^7}{7!} + \cdots \\ &= \sum_{n=0}^{\infty}(-1)^n \frac{x^{2n+1}}{(2n+1)!} \quad (-\infty < x < \infty) \qquad (5)\end{aligned}$$

이므로, 정리 8.20에 의하여 (5)의 양변을 미분하면 $\cos x$의 Maclaurin 급수

$$\cos x = 1 - \frac{x^2}{2!} + \frac{x^4}{4!} - \frac{x^6}{6!} + \cdots = \sum_{n=0}^{\infty}(-1)^n \frac{x^{2n}}{(2n)!} \quad (-\infty < x < \infty)$$

을 얻는다.

【예제 8.16】 함수 $f(x) = \tan^{-1}x$의 Maclaurin 급수를 구하여라.

풀이 멱급수 $\sum_{n=0}^{\infty}(-1)^n x^{2n}$은 초항이 1이고 공비가 $-x^2$인 기하급수이다. 따라서 $|-x^2| < 1$ 즉, $-1 < x < 1$일 때, 이 멱급수는 $\frac{1}{1+x^2}$로 수렴한다. 즉,

$$\begin{aligned}\frac{1}{1+x^2} &= 1 - x^2 + x^4 - \cdots + (-1)^n x^{2n} + \cdots \\ &= \sum_{n=0}^{\infty}(-1)^n x^{2n} \quad (-1 < x < 1) \qquad (6)\end{aligned}$$

이다. 정리 8.21에 의하여 임의의 $x \in (-1, 1)$에 대해서 식 (6)의 양변을 0에서 x까지 적분하면

$$\begin{aligned}\tan^{-1}x - \tan^{-1}0 &= \int_0^x \frac{1}{1+t^2}\,dt = \sum_{n=0}^{\infty}(-1)^n \int_0^x t^{2n}\,dt \\ &= \sum_{n=0}^{\infty}(-1)^n \frac{x^{2n+1}}{2n+1}\end{aligned}$$

이다. 따라서, $f(x) = \tan^{-1}x$의 Maclaurin 급수는

$$\tan^{-1}x = \sum_{n=0}^{\infty}(-1)^n \frac{x^{2n+1}}{2n+1} \quad (-1 < x < 1)$$

이다.

연습문제 8.3

1. 다음 멱급수의 수렴반경과 수렴구간을 구하여라.

(i) $\displaystyle\sum_{n=0}^{\infty} \frac{nx^n}{3^{n+1}}$

(ii) $\displaystyle\sum_{n=1}^{\infty} \frac{x^{3n}}{2^n}$

(iii) $\displaystyle\sum_{n=2}^{\infty} \frac{x^n}{\ln n}$

(iv) $\displaystyle\sum_{n=1}^{\infty} \frac{(x-2)^n}{n^n}$

(v) $\displaystyle\sum_{n=1}^{\infty} \frac{(-1)^n(x-1)^n}{n3^n}$

(vi) $\displaystyle\sum_{n=1}^{\infty} \frac{n^n(x+5)^n}{2^n}$

2. 다음 함수의 Maclaurin 급수를 구하고 또 그 수렴구간을 구하여라.

(i) $f(x) = \dfrac{1}{1+x}$

(ii) $f(x) = \dfrac{x}{(1-x^2)^2}$

(iii) $f(x) = x^2 \cos x$

(iv) $f(x) = \sin 2x$

(v) $f(x) = \ln(1+x^2)$

3. $x=\dfrac{\pi}{3}$에서 함수 $f(x)=\sin x$의 Taylor 급수를 구하고 또 그 수렴구간을 구하여라.

4. $\dfrac{1}{1+x}$의 멱급수를 미분하여 $\dfrac{1}{(1+x)^2}$의 Maclaurin 급수를 구하여라.

5. $\dfrac{1}{\sqrt{1-x^2}}$의 멱급수를 적분하여 $\sin^{-1}x$의 Maclaurin 급수를 구하여라.

6. $\displaystyle\int_0^1 xe^x\,dx$를 이용해서 $\displaystyle\sum_{n=1}^{\infty}\frac{1}{n!(n+2)}$을 구하여라.

참고문헌

1. R. G. Bartle, The Elements of Real Analysis, 2nd edition, John Wiley & Sons, Inc., 1976.
2. R. G. Bartle and D. R. Sherbert, Introduction to Real Analysis, 2nd edition, John Wiley & Sons, Inc., 1992.
3. S. K. Berberian, A First Course in Real Analysis, Springer-Verlag New York Inc., 1997.
4. W. Fulks, Advanced Calculus, 3rd edition, John Wiley & Sons, Inc., 1969.
5. R. Johnsonbaugh and W. E. Pfaffenberger, Foundations of Mathematical Analysis, Dover Publications, Inc., 2002.
6. S. Lang, Analysis I, Addison-Wesley Publishing Company, Inc., 1968.
7. W. R. Parzynski and P. W. Zipse, Introduction to Mathematical Aanalysis, McGraw-Hill, Inc., 1982.
8. K. A. Ross, Elementary Analysis: The Theory of Calculus, Springer-Verlag New York Inc., 1980.
9. W. Rudin, Principles of Mathematical Analysis, 3rd edition, McGraw-Hill, Inc., 1975.
10. M. Stoll, Introduction to Real Analysis, 2nd edition, Addison-Wesley Longman, Inc., 2001.
11. W. R. Wade, An Introduction to Analysis, Prentice-Hall, Inc., 1995.

연습문제 풀이

제 1 장 (집합과 함수)

1.1

1. (i) $x \in A \cup B \;\Leftrightarrow\; x \in A \vee x \in B$
$\Leftrightarrow\; x \in B \vee x \in A$
$\Leftrightarrow\; x \in B \cup A$

$\therefore A \cup B = B \cup A$

같은 방법으로 $A \cap B = B \cap A$임을 보일 수 있다.

(ii) $x \in A \cup (B \cup C) \;\Leftrightarrow\; x \in A \vee x \in B \cup C$
$\Leftrightarrow\; x \in A \vee (x \in B \vee x \in C)$
$\Leftrightarrow\; (x \in A \vee x \in B) \vee x \in C$
$\Leftrightarrow\; x \in (A \cup B) \cup C$

$\therefore (A \cup B) \cup C = A \cup (B \cup C)$

같은 방법으로 $(A \cap B) \cap C = A \cap (B \cap C)$임을 보일 수 있다.

3. (i) $x \in A - B \;\Leftrightarrow\; x \in A \wedge x \notin B$
$\Leftrightarrow\; x \in A \wedge x \in B^c$
$\Leftrightarrow\; x \in A \cap B^c$

$\therefore A - B = A \cap B^c$

(ii) $x \in A - (B \cup C) \;\Leftrightarrow\; x \in A \wedge x \notin B \cup C$
$\Leftrightarrow\; x \in A \wedge (x \notin B \wedge x \notin C)$
$\Leftrightarrow\; (x \in A \wedge x \notin B) \wedge (x \in A \wedge x \notin C)$
$\Leftrightarrow\; x \in (A - B) \wedge \;(A - C)$
$\Leftrightarrow\; x \in (A - B) \cap (A - C)$

$\therefore A - (B \cup C) = (A - B) \cap (A - C)$

(iii) (ii)와 같은 방법으로 $A - (B \cap C) = (A - B) \cup (A - C)$임을 보일 수 있다.

5. (i) $x \in B \cap (\cup_{i=1}^{n} A_i) \;\Leftrightarrow\; x \in B \wedge x \in \cup_{i=1}^{n} A_i$
$\Leftrightarrow\; x \in B \wedge (x \in A_1 \vee x \in A_2 \vee \cdots \vee\; x \in A_n)$
$\Leftrightarrow\; (x \in B \wedge x \in A_1) \vee (x \in B \wedge x \in A_2) \vee$
$\cdots \vee\; (x \in B \wedge x \in A_n)$
$\Leftrightarrow\; x \in B \cap A_1 \vee x \in B \cap A_2 \vee \;\cdots\; \vee x \in B \cap A_n$
$\Leftrightarrow\; x \in \cup_{i=1}^{n} (B \cap A_i)$

$\therefore B \cap (\cup_{i=1}^{n} A_i) = \cup_{i=1}^{n} (B \cap A_i)$

(ii) (i)과 같은 방법으로 $B \cup (\cap_{i=1}^{n} A_i) = \cap_{i=1}^{n} (B \cup A_i)$임을 보일 수 있다.

1.2

1. $x\in f^{-1}(C\cap D)$이면 $f(x)\in C\cap D$이다. 즉, $f(x)\in C$이고 $f(x)\in D$이다. 따라서 $x\in f^{-1}(C)$이고 $x\in f^{-1}(D)$이다. 즉, $x\in f^{-1}(C)\cap f^{-1}(D)$이다. 그러므로 $f^{-1}(C\cap D)\subseteq f^{-1}(C)\cap f^{-1}(D)$이다.
   역으로, $x\in f^{-1}(C)\cap f^{-1}(D)$이면 $x\in f^{-1}(C)$이고 $x\in f^{-1}(D)$이다. 따라서 $f(x)\in C$이고 $f(x)\in D$이다. 즉, $f(x)\in C\cap D$이다. 따라서 $x\in f^{-1}(C\cap D)$이다. 그러므로 $f^{-1}(C)\cap f^{-1}(D)\subseteq f^{-1}(C\cap D)$

3. $x\in (g\circ f)^{-1}(B)$이면 $(g\circ f)(x)=g(f(x))\in B$이다. 따라서 $f(x)\in g^{-1}(B)$이고 또한 $x\in f^{-1}(g^{-1}(B))$이다. 그러므로 $(g\circ f)^{-1}(B)\subseteq f^{-1}(g^{-1}(B))$이다.
   역으로, $x\in f^{-1}(g^{-1}(B))$이면 $f(x)\in g^{-1}(B)$이고 또한 $(g\circ f)(x)=g(f(x))\in B$이다. 따라서 $x\in (g\circ f)^{-1}(B)$이다. 그러므로 $f^{-1}(g^{-1}(B))\subseteq (g\circ f)^{-1}(B)$이다.

5. $z\in Z$라고 하자. $g: Y\to Z$가 전사함수이므로 $g(y)=z$인 $y\in Y$가 존재한다. $f: X\to Y$가 전사함수이므로 $f(x)=y$인 $x\in X$가 존재한다. $(g\circ f)(x)=g(f(x))=g(y)=z$이므로 $g\circ f: X\to Z$는 전사함수이다.

7. (i) 일반적으로 $A\subseteq f^{-1}(f(A))$이다.(연습문제 1.2.6(i)) $f^{-1}(f(A))\subseteq A$임을 보이자. $x\in f^{-1}(f(A))$라고 하면 $f(x)\in f(A)$이다. 따라서 $f(x')=f(x)$인 $x'\in A$가 존재한다. f가 단사함수이므로 $x=x'$이다. 즉, $x\in A$이다. 따라서 $f^{-1}(f(A))\subseteq A$이다. 그러므로 $A=f^{-1}(f(A))$이다.

   (ii) 일반적으로 $f(f^{-1}(B))\subseteq B$이다.(연습문제 1.2.6(ii)) $B\subseteq f(f^{-1}(B))$임을 보이자. $y\in B$이면 f가 전사함수이므로 $f(x)=y$인 $x\in X$가 존재한다. $f(x)=y\in B$이므로 $x\in f^{-1}(B)$이다. 따라서 $y=f(x)\in f(f^{-1}(B))$이다. 그러므로 $B\subseteq f(f^{-1}(B))$이다. 따라서 $f(f^{-1}(B))=B$이다.

1.3

1. 0과 $0'$을 $\mathbb{R}$의 덧셈에 대한 항등원이라고 하자. 그러면 $0+0'=0$이고 $0'+0=0'$이다. $0+0'=0'+0$이므로 $0=0'$이다.
   한편, 1과 $1'$을 $\mathbb{R}$의 곱셈에 대한 단위원이라고 하자. 그러면 $1\cdot 1'=1$이고 $1'\cdot 1=1'$이다. $1\cdot 1'=1'\cdot 1$이므로 $1=1'$이다.

3. (i) $a\cdot 0=a\cdot(0+0)=a\cdot 0+a\cdot 0$이므로 양변에 $-(a\cdot 0)$을 더하면 $0=a\cdot 0+[-(a\cdot 0)]=a\cdot 0+a\cdot 0+[-(a\cdot 0)]=a\cdot 0+[a\cdot 0+(-(a\cdot 0))]=a\cdot 0+0=a\cdot 0$이다.

(ii) $a=b$이면 양변에 c를 더하면 $a+c=b+c$이다. $a+c=b+c$이면 양변에 $-c$를 더하면 $(a+c)+(-c)=(b+c)+(-c)$이고 $a+[c+(-c)]=b+[c+(-c)]$이다. 따라서 $a+0=b+0$ 즉, $a=b$이다.

(iii) $a=0$ 또는 $b=0$이면 (i)에 의하여 $a\cdot b=0$이다. $a\cdot b=0$이고 $a\neq 0$라고 하면 a^{-1}이 존재한다. $a\cdot b=0$의 양변에 a^{-1}를 곱하면 $b=a^{-1}\cdot(a\cdot b)=a^{-1}\cdot 0=0$이다. 같은 방법으로 $a\cdot b=0$이고 $b\neq 0$라고 하면 $a=0$이다.

(iv) $a=b$이면 양변에 c를 곱하면 $a\cdot c=b\cdot c$이다. $a\cdot c=b\cdot c$이면 양변에 c^{-1}을 곱하면 $(a\cdot c)\cdot c^{-1}=(b\cdot c)\cdot c^{-1}$이고 $a\cdot(c\cdot c^{-1})=b\cdot(c\cdot c^{-1})$이다. 따라서 $a\cdot 1=b\cdot 1$ 즉, $a=b$이다.

5. $a=|a|$ 또는 $a=-|a|$이므로 $-|a|\leq a\leq |a|$이다. 같은 방법으로 $-|b|\leq b\leq |b|$이다. 정리 1.15(iii)에 의하여 $-|a|+(-|b|)\leq -|a|+b\leq a+b\leq |a|+b\leq |a|+|b|$이다. 따라서 $-(|a|+|b|)\leq a+b\leq |a|+|b|$이다. 즉, $a+b\leq |a|+|b|$이고 $-(a+b)\leq |a|+|b|$이다. $|a+b|=a+b$ 또는 $|a+b|=-(a+b)$이므로 $|a+b|\leq |a|+|b|$이다.

7. (i) 집합 B가 위로 유계가 아니면 $\sup B=\infty$이므로 $\sup A\leq\sup B$가 성립한다. 집합 B가 위로 유계라고 하자. 임의의 $b\in B$에 대하여 $b\leq\sup B$이다. $A\subseteq B$이므로, 임의의 $a\in A$에 대하여 $a\leq\sup B$이다. 따라서 $\sup B$는 집합 A의 상계이다. 따라서 $\sup A\leq\sup B$이다.

(ii) 같은 방법으로 $\inf A\geq\inf B$임을 보일 수 있다.

9. $\left(\frac{1}{2}\cdot 1\cdot 2\right)^2=1^3$이므로 $n=1$일 때 주어진 명제가 성립한다. $n=k$일 때 주어진 명제가 성립한다고 가정하자. 즉, $1^3+2^3+3^3+\cdots+k^3=\left[\frac{1}{2}k(k+1)\right]^2$라고 가정하자. 그러면 $1^3+2^3+3^3+\cdots+k^3+(k+1)^3=\left[\frac{1}{2}k(k+1)\right]^2+(k+1)^3=\left[\frac{1}{2}(k+1)(k+2)\right]^2$이다. 그러므로 $n=k+1$일 때 주어진 명제가 성립한다. 수학적귀납법에 의하여, 임의의 자연수 n에 대하여 주어진 명제가 성립한다. 즉, 임의의 자연수 n에 대하여 $1^3+2^3+3^3+\cdots+n^3=\left[\frac{1}{2}n(n+1)\right]^2$이다.

11. $x^1-y^1=x-y$이므로 $n=1$일 때 주어진 명제가 성립한다. $n=k$일 때 주어신 명제가 성립한다고 가정하자. 즉, x^k-y^k은 $x-y$를 인수로 가진다고 가정하자. 그러면 $x^{k+1}-y^{k+1}=x^{k+1}-x^ky+x^ky-y^{k+1}=x^k(x-y)+y(x^k-y^k)$이다. 가정에 의하여 x^k-y^k이 $x-y$를 인수로 가지므로 $x^{k+1}-y^{k+1}$도 $x-y$를 인수로 가진다. 그러므로 $n=k+1$일 때 주어진 명제가 성립한다. 수학적귀납법에 의하여, 임의의 자연수 n에 대하여 주어진 명제가 성립한다. 즉, 임의의 자연수 n에 대하여 x^n-y^n은 $x-y$를 인수로 가진다.

1.4

1. $A \sim B$, $C \sim D$이면 전단사함수 $f : A \to B$, $g : C \to D$가 존재한다. 함수 $h : A \times C \to B \times D$, $h(x, y) = (f(x), g(y))$로 정의하자. $h(x_1, y_1) = h(x_2, y_2)$라고 하면 $(f(x_1), g(y_1)) = (f(x_2), g(y_2))$이므로 $f(x_1) = f(x_2)$이고 $g(y_1) = g(y_2)$이다. f와 g가 단사함수이므로 $x_1 = x_2$이고 $y_1 = y_2$이다. 즉, $(x_1, y_1) = (x_2, y_2)$이다. 따라서 h는 단사함수이다. $(z, w) \in C \times D$라고 하면 f와 g가 전사함수이므로 $f(x) = z$, $g(y) = w$인 $x \in A$, $y \in C$가 존재한다. 즉, $h(x, y) = (f(x), g(y)) = (z, w)$인 $(x, y) \in A \times C$가 존재한다. 따라서 h는 단사함수이다. 그러므로 $A \times C \sim B \times D$이다.

3. A, B, C를 임의의 집합이라고 하자.
   (i) 항등함수 $i : A \to A$, $i(x) = x$는 전단사함수이므로 $A \sim A$이다.
   (ii) $A \sim B$이면 전단사함수 $f : A \to B$가 존재한다. 역함수 $f^{-1} : B \to A$도 전단사함수이므로 $B \sim A$이다.
   (iii) $A \sim B$이고 $B \sim C$이면 전단사함수 $f : A \to B$와 $g : B \to C$가 존재한다. 합성함수 $g \circ f : A \to C$도 전단사함수이므로 $A \sim C$이다. 따라서 "~"은 동치관계이다.

5. 무리수 전체의 집합 $\mathbb{R} - \mathbb{Q}$가 가산집합이라고 가정하자. 그러면 정리 1.31, 따름정리 1.32에 의하여 $\mathbb{R} = (\mathbb{R} - \mathbb{Q}) \cup \mathbb{Q}$는 가산집합이다. 따름정리 1.34에 의하여 $\mathbb{R}$은 비가산집합이므로 모순이다. 따라서 무리수 전체의 집합 $\mathbb{R} - \mathbb{Q}$는 비가산집합이다.

제 2 장 (수열)

2.1

1. (i) 임의의 $\epsilon > 0$에 대하여 $n \geq N \Rightarrow \left| \frac{n+3}{n^2-3} - 0 \right| < \epsilon$을 만족하는 자연수 N이 존재함을 보이면 된다. $n \geq 3$이면 $\left| \frac{n+3}{n^2-3} - 0 \right| = \frac{n+3}{n^2-3} \leq \frac{2n}{n^2/2} = \frac{4}{n}$이므로 $\frac{4}{N_1} < \epsilon$ 즉, $N_1 > \frac{4}{\epsilon}$를 만족하는 자연수 N_1을 택하자. $N = \max(3, N_1)$으로

두면 $n \geq N \Rightarrow \left|\frac{n+3}{n^2-3}-0\right| \leq \frac{4}{n} \leq \frac{4}{N_1} < \epsilon$이다. 따라서 $\lim_{n\to\infty} \frac{n+3}{n^2-3}=0$ 이다.

(ii) 임의의 $\epsilon > 0$에 대하여 $n \geq N \Rightarrow \left|\frac{n^2-2}{3n^2+1}-\frac{1}{3}\right| < \epsilon$을 만족하는 자연수 N이 존재함을 보이면 된다. $\left|\frac{n^2-2}{3n^2+1}-\frac{1}{3}\right| = \frac{7}{3(3n^2+1)} < \frac{1}{n^2}$이므로 $\frac{1}{N^2} < \epsilon$ 즉, $N > \sqrt{\frac{1}{\epsilon}}$ 을 만족하는 자연수 N을 택하자. 그러면 $n \geq N \Rightarrow \left|\frac{n^2-2}{3n^2+1}-\frac{1}{3}\right| < \frac{1}{n^2} \leq \frac{1}{N^2} < \epsilon$이다. 따라서 $\lim_{n\to\infty} \frac{n^2-2}{3n^2+1} = \frac{1}{3}$이다.

(iii) 임의의 $\epsilon > 0$에 대하여 $n \geq N \Rightarrow \left|\left(3-\frac{1}{2^n}\right)-3\right| < \epsilon$을 만족하는 자연수 N이 존재함을 보이면 된다. $\left|\left(3-\frac{1}{2^n}\right)-3\right| = \frac{1}{2^n} = \frac{1}{(1+1)^n} \leq \frac{1}{1+n} < \frac{1}{n}$이므로 $\frac{1}{N} < \epsilon$ 즉, $N > \frac{1}{\epsilon}$을 만족하는 자연수 N을 택하자. 그러면 $n \geq N \Rightarrow \left|\left(3-\frac{1}{2^n}\right)-3\right| < \frac{1}{n} \leq \frac{1}{N} < \epsilon$이다. 따라서 $\lim_{n\to\infty}\left(3-\frac{1}{2^n}\right) = 3$이다.

3. (i) $\sqrt{3}$ (ii) $\frac{1}{2}$ (iii) 0

5. $\epsilon > 0$을 임의의 실수라고 하자. 수열 $\{a_n\}$이 수렴하므로 정리 2.5에 의하여 모든 자연수 n에 대하여 $|a_n| \leq M$인 $M > 0$이 존재한다. 모든 자연수 n에 대하여 $|a_n^2 - A^2| = |a_n + A||a_n - A| \leq (|a_n| + |A|)|a_n - A| \leq (M+|A|)|a_n - A|$ 이다. $\lim_{n\to\infty} a_n = A$이므로 $n \geq N \Rightarrow |a_n - A| < \frac{\epsilon}{M+|A|}$을 만족하는 자연수 N이 존재한다. 따라서 $n \geq N \Rightarrow |a_n^2 - A^2| \leq (M+|A|)|a_n - A| < (M+|A|)\frac{\epsilon}{M+|A|} = \epsilon$이다. 그러므로 $\lim_{n\to\infty} a_n^2 = A^2$이다.

7. $\lim_{n\to\infty} a_n = A$라고 가정하고 $\epsilon > 0$을 임의의 실수라고 하자. 그러면 $n \geq N \Rightarrow |a_n - A| < \epsilon$을 만족하는 자연수 N이 존재한다. 따라서 $n \geq N \Rightarrow ||a_n| - |A|| \leq |a_n - A| < \epsilon$이다. 그러므로 $\lim_{n\to\infty} |a_n| = |A|$이다. 한편, $a_n = (-1)^n$, $n \in \mathbb{N}$으로 두면 $\lim_{n\to\infty} |a_n| = 1$이지만 $\lim_{n\to\infty} a_n$은 존재하지 않는다.

9. (i) $A = 0$: $\epsilon > 0$을 임의의 실수라고 하자. $\lim_{n\to\infty} a_n = 0$이므로 $n \geq N \Rightarrow |a_n - 0| = a_n < \epsilon^2$을 만족하는 자연수 N이 존재한다. 따라서 $n \geq N \Rightarrow |\sqrt{a_n} - 0| = \sqrt{a_n} < \sqrt{\epsilon^2} = \epsilon$이다. 그러므로 $\lim_{n\to\infty} \sqrt{a_n} = 0$이다.

(ii) $A>0$: $\epsilon>0$을 임의의 실수라고 하자. 모든 자연수 n에 대하여 $|\sqrt{a_n}-\sqrt{A}|$ $=\left|\dfrac{(\sqrt{a_n}-\sqrt{A})(\sqrt{a_n}+\sqrt{A})}{(\sqrt{a_n}+\sqrt{A})}\right| = \dfrac{|a_n-A|}{\sqrt{a_n}+\sqrt{A}} \le \dfrac{|a_n-A|}{\sqrt{A}}$이다. $\lim_{n\to\infty} a_n = A$이므로 $n \ge N \Rightarrow |a_n-A| < \sqrt{A}\,\epsilon$을 만족하는 자연수 N이 존재한다. 따라서 $n \ge N \Rightarrow |\sqrt{a_n}-\sqrt{A}| \le \dfrac{|a_n-A|}{\sqrt{A}} < \dfrac{\sqrt{A}\,\epsilon}{\sqrt{A}} = \epsilon$이다. 그러므로 $\lim_{n\to\infty}\sqrt{a_n} = \sqrt{A}$이다.

2.2

1. $1 < a_1 = \sqrt{3} < 3$이다. $1 < a_k < 3$라고 가정하면 $1 < \sqrt{3} < a_{k+1} = \sqrt{3a_k} < \sqrt{3\cdot 3} = 3$이다. 수학적 귀납법에 의하여 모든 자연수 n에 대하여 $1 < a_n < 3$이다. 한편, $a_1 = \sqrt{3} < \sqrt{3\sqrt{3}} = a_2$이다. $a_k < a_{k+1}$이라고 가정하면 $a_{k+2} = \sqrt{3a_{k+1}} > \sqrt{3a_k} = a_{k+1}$이다. 수학적 귀납법에 의하여 모든 자연수 n에 대하여 $a_n < a_{n+1}$이다. 따라서 $\{a_n\}$은 위로 유계인 단조증가수열이다. 정리 2.10에 의하여 $\{a_n\}$은 수렴한다. $\lim_{n\to\infty} a_{n+1} = \sqrt{3\lim_{n\to\infty} a_n}$에서 $\lim_{n\to\infty} a_n = L$로 두면 $L = \sqrt{3L}$ 즉, $L^2-3L=0$이다. 따라서 $L=0$ 또는 3이다. 모든 자연수 n에 대하여 $1 < a_n < 3$이므로 $L=3$ 즉, $\lim_{n\to\infty} a_n = 3$이다.

3. $a_1 = 1 < 2$이다. $1 \le a_k < 2$라고 가정하면 $1 \le \frac{1}{4}(2\cdot 1+3) \le a_{k+1} = \frac{1}{4}(2a_k+3) < \frac{1}{4}(2\cdot 2+3) < 2$이다. 수학적 귀납법에 의하여 모든 자연수 n에 대하여 $1 \le a_n < 2$이다. 한편, $a_1 = 1 < \frac{5}{4} = a_2$이다. $a_k < a_{k+1}$이라고 가정하면 $a_{k+2} = \frac{1}{4}(2a_{k+1}+3) > \frac{1}{4}(2a_k+3) = a_{k+1}$이다. 수학적 귀납법에 의하여 모든 자연수 n에 대하여 $a_n < a_{n+1}$이다. 따라서 $\{a_n\}$은 위로 유계인 단조증가수열이다. 정리 2.10에 의하여 $\{a_n\}$은 수렴한다. $\lim_{n\to\infty} a_{n+1} = \frac{1}{4}(2\lim_{n\to\infty} a_n + 3)$에서 $\lim_{n\to\infty} a_n = L$로 두면 $L = \frac{1}{4}(2L+3)$이다. 따라서 $L = \frac{3}{2}$이다. $\lim_{n\to\infty} a_n = \frac{3}{2}$이다.

5. (i) e (ii) $e^{8/3}$ (iii) 0

7. 모든 자연수 n에 대하여 $0 \le a_n = \frac{1}{n+1} + \frac{1}{n+2} + \frac{1}{n+3} + \cdots + \frac{1}{2n} \le \frac{1}{2n} + \frac{1}{2n} + \frac{1}{2n} + \cdots + \frac{1}{2n} = \frac{n}{2n} = \frac{1}{2}$이다. 모든 자연수 n에 대하여 $a_{n+1} - a_n =$

$\left(\frac{1}{n+2}+\frac{1}{n+3}+\frac{1}{n+4}+\cdots+\frac{1}{2(n+1)}\right)-\left(\frac{1}{n+1}+\frac{1}{n+2}+\frac{1}{n+3}+\cdots+\frac{1}{2n}\right)$
$=\frac{1}{2n+1}+\frac{1}{2n+2}-\frac{1}{n+1}=\frac{n+1}{(2n+1)(2n+2)(n+1)}>0$이다. 따라서 모든 자연수 n에 대하여 $a_n<a_{n+1}$이다. $\{a_n\}$은 위로 유계인 단조증가수열이므로 정리 2.10에 의하여 $\{a_n\}$은 수렴한다.

9. (i) $M>0$을 임의의 실수라고 하자. 모든 자연수 n에 대하여 $\frac{n^2+3}{n+2}\geq\frac{n^2}{3n}=\frac{n}{3}$이므로 $\frac{N}{3}>M$ 즉, $N>3M$을 만족하는 자연수 N을 택하자. 그러면 $n\geq N\Rightarrow$ $\frac{n^2+3}{n+2}\geq\frac{n}{3}\geq\frac{N}{3}>M$이다. 따라서 $\lim_{n\to\infty}\frac{n^2+3}{n+2}=\infty$이다.

(ii) $M>0$을 임의의 실수라고 하자. $n\geq 16$에 대하여 $2-\sqrt{n}\leq-\frac{\sqrt{n}}{2}$이다. $-\frac{\sqrt{N_1}}{2}<-M$ 즉, $N_1>4M^2$을 만족하는 자연수 N_1을 택하고 $N=\max(N_1, 16)$으로 두자. 그러면 $n\geq N\Rightarrow 2-\sqrt{n}\leq-\frac{\sqrt{n}}{2}\leq-\frac{\sqrt{N_1}}{2}<-M$이다. 따라서 $\lim_{n\to\infty}(2-\sqrt{n})=-\infty$이다.

2.3

1. 수열 $\{c_n\}$이 수렴한다고 가정하자. $\lim_{n\to\infty}c_n=L$이라고 하면 정리 2.15에 의하여 $\{c_n\}$의 두 부분수열 $\{a_n\}$과 $\{b_n\}$은 수렴하고 $\lim_{n\to\infty}a_n=L=\lim_{n\to\infty}b_n$이다. 역으로, 수열 $\{a_n\}$과 $\{b_n\}$이 수렴하고 $\lim_{n\to\infty}a_n=\lim_{n\to\infty}b_n=L$이라고 가정하자. $\epsilon>0$에 대하여 $n\geq N_1\Rightarrow|a_n-L|<\epsilon$과 $n\geq N_2\Rightarrow|b_n-L|<\epsilon$을 각각 만족하는 자연수 N_1과 N_2가 존재한다. $N=\max(2N_1-1, 2N_2)$로 두면 $c_{2n-1}=a_n$, $c_{2n}=b_n$ $(n\geq 1)$이므로 $n\geq N\Rightarrow|c_n-L|<\epsilon$이다. 따라서 수열 $\{c_n\}$은 L로 수렴한다.

3. $\lim_{n\to\infty}(-1)^n a_n=A$라고 두면 $a_n\geq 0\ (n\geq 1)$이므로 정리 2.15에 의하여 $\lim_{k\to\infty}(-1)^{2k}a_{2k}=A\geq 0$이고 $\lim_{k\to\infty}(-1)^{2k-1}a_{2k-1}=A\leq 0$이다. 따라서 $\lim_{n\to\infty}(-1)^n a_n=0$이다. 그러므로 $\lim_{n\to\infty}a_n=0$이다.(연습문제 2.1.8)

5. 수열 $\{a_n\}$이 수렴하는 부분수열 $\{a_{n_k}\}$를 가진다고 가정하자. $\lim_{k\to\infty}a_{n_k}=L$이라고 하면 주어진 $\epsilon>0$에 대하여 $k\geq N\Rightarrow|a_{n_k}-L|<\frac{\epsilon}{2}$을 만족하는 자연수 N이 존재

한다. 따라서 $k, l \geq N \Rightarrow |a_{n_k} - a_{n_l}| \leq |a_{n_k} - L| + |L - a_{n_l}| < \frac{\epsilon}{2} + \frac{\epsilon}{2} = \epsilon$이다. 이것은 가정에 모순이다. 따라서 수열 $\{a_n\}$은 수렴하는 부분수열을 가지지 않는다.

2.4

1. (i) $\{a_n\}$과 $\{b_n\}$이 Cauchy수열이라 하고 $\epsilon > 0$을 임의의 실수라고 하자. 그러면 $m, n \geq N_1 \Rightarrow |a_m - a_n| < \frac{\epsilon}{2}$과 $m, n \geq N_2 \Rightarrow |b_m - b_n| < \frac{\epsilon}{2}$을 각각 만족하는 자연수 N_1과 N_2가 존재한다. $N = \max(N_1, N_2)$로 두면 $m, n \geq N \Rightarrow |(a_m + b_m) - (a_n + b_n)| \leq |a_m - a_n| + |b_m - b_n| < \frac{\epsilon}{2} + \frac{\epsilon}{2} = \epsilon$이다. 따라서 $\{a_n + b_n\}$은 Cauchy수열이다.

   (ii) $\{a_n\}$이 Cauchy수열이고 c가 임의의 실수라고 하고 $\epsilon > 0$을 임의의 실수라고 하자. $c = 0$이면 명백히 $\{ca_n\}$은 Cauchy수열이다. $c \neq 0$라고 하자. 그러면 $m, n \geq N \Rightarrow |a_m - a_n| < \frac{\epsilon}{|c|}$을 만족하는 자연수 N이 존재한다. 따라서 $m, n \geq N \Rightarrow |ca_m - ca_n| \leq |c||a_m - a_n| < |c|\frac{\epsilon}{|c|} = \epsilon$이다. 그러므로 $\{ca_n\}$은 Cauchy수열이다.

   (iii) $\{a_n\}$과 $\{b_n\}$이 Cauchy수열이라 하고 $\epsilon > 0$을 임의의 실수라고 하자. $\{a_n\}$과 $\{b_n\}$이 Cauchy수열이므로 정리 2.20에 의하여 $\{a_n\}$과 $\{b_n\}$은 유계수열이다. 따라서 모든 자연수 n에 대하여 $|a_n| \leq M$이고 $|b_n| \leq M$인 $M > 0$이 존재한다. $\{a_n\}$과 $\{b_n\}$이 Cauchy수열이므로 $m, n \geq N_1 \Rightarrow |a_m - a_n| < \frac{\epsilon}{2M}$과 $m, n \geq N_2 \Rightarrow |b_m - b_n| < \frac{\epsilon}{2M}$을 각각 만족하는 자연수 N_1과 N_2가 존재한다. $N = \max(N_1, N_2)$로 두면 $m, n \geq N \Rightarrow |a_m b_m - a_n b_n| \leq |b_m||a_m - a_n| + |a_n||b_m - b_n| \leq M|a_m - a_n| + M|b_m - b_n| < M\frac{\epsilon}{2M} + M\frac{\epsilon}{2M} = \epsilon$이다. 그러므로 $\{a_n b_n\}$은 Cauchy수열이다.

3. $m > n$이면

$$
\begin{aligned}
|a_m - a_n| &\leq |a_m - a_{m-1}| + |a_{m-1} - a_{m-2}| + \cdots + |a_{n+1} - a_n| \\
&= \frac{1}{2^{m-1}} + \frac{1}{2^{m-2}} + \cdots + \frac{1}{2^n} \\
&= \frac{1}{2^n}\left(1 + \frac{1}{2} + \cdots + \frac{1}{2^{m-n-1}}\right) \\
&< \frac{1}{2^n}\left(1 + \frac{1}{2} + \frac{1}{2^2} + \frac{1}{2^3} + \cdots\right) = \frac{1}{2^{n-1}}
\end{aligned}
$$

이 성립한다. 임의의 $\epsilon > 0$에 대하여 $\frac{1}{2^{N-1}} < \epsilon$을 만족하는 자연수 N을 택하자. 그

러면 $m \geq n \geq N \Rightarrow |a_m - a_n| < \dfrac{1}{2^{n-1}} \leq \dfrac{1}{2^{N-1}} < \epsilon$이다. 따라서 $\{a_n\}$은 Cauchy 수열이다.

5. 수열 $\{a_n\}$이 수렴함을 보이기 위하여 $\{a_n\}$이 축약수열임을 보이자. $a_1 > 0$이므로 수학적 귀납법에 의하여, 모든 자연수 n에 대하여 $a_n > 0$임을 알 수 있다. 모든 자연수 n에 대하여

$$|a_{n+2} - a_{n+1}| = \left|\frac{1}{2+a_{n+1}} - \frac{1}{2+a_n}\right| = \left|\frac{(2+a_n)-(2+a_{n+1})}{(2+a_{n+1})(2+a_n)}\right| < \frac{1}{4}|a_{n+1} - a_n|$$

이 성립한다. 따라서 $\{a_n\}$은 축약수열이다. 정리 2.21과 정리 2.23에 의하여 수열 $\{a_n\}$은 수렴한다. 한편, $\lim_{n\to\infty} a_n = A$로 두자. 모든 자연수 n에 대하여 $a_n > 0$이므로 $A \geq 0$이다. $a_{n+1} = \dfrac{1}{2+a_n}$의 양변에 극한을 취하면 $A = \dfrac{1}{2+A}$ 즉, $A^2 + 2A - 1 = 0$을 얻는다. 따라서 $A = -1 \pm \sqrt{2}$이다. $A \geq 0$이므로 $A = -1 + \sqrt{2}$이다. 그러므로 $\lim_{n\to\infty} a_n = A = -1 + \sqrt{2}$이다.

7. 모든 자연수 n에 대하여 $a_{n+2} - a_{n+1} = -\dfrac{2}{3}(a_{n+1} - a_n)$이므로 $|a_{n+2} - a_{n+1}| = \dfrac{2}{3}|a_{n+1} - a_n|$이다. 따라서 $\{a_n\}$은 축약수열이다. 정리 2.21과 정리 2.23에 의하여 수열 $\{a_n\}$은 수렴한다. $\lim_{n\to\infty} a_n = A$로 두자. 한편, 모든 자연수 n에 대하여

$$a_{n+1} - a_n = \left(-\frac{2}{3}\right)(a_n - a_{n-1}) = \left(-\frac{2}{3}\right)^2(a_{n-1} - a_{n-2}) = \cdots = \left(-\frac{2}{3}\right)^{n-1}(a_2 - a_1)$$

이다. 따라서 모든 자연수 n에 대하여

$$\begin{aligned} a_{n+1} - a_1 &= (a_{n+1} - a_n) + (a_n - a_{n-1}) + \cdots + (a_2 - a_1) \\ &= \left(-\frac{2}{3}\right)^{n-1}(a_2 - a_1) + \left(-\frac{2}{3}\right)^{n-2}(a_2 - a_1) + \cdots + (a_2 - a_1) \\ &= \frac{1-\left(-\frac{2}{3}\right)^n}{1-\left(-\frac{2}{3}\right)}(a_2 - a_1) = \frac{3}{5}\left[1-\left(-\frac{2}{3}\right)^n\right](a_2 - a_1) \end{aligned}$$

이다. 위 식의 양변에 극한을 취하면 $A - a_1 = \dfrac{3}{5}(a_2 - a_1)$ 즉, $A = \dfrac{2}{5}a_1 + \dfrac{3}{5}a_2$이다. 따라서 $\lim_{n\to\infty} a_n = A = \dfrac{2}{5}a_1 + \dfrac{3}{5}a_2$이다.

2.5

1. (i) 상극한: 2, 하극한: -1, (ii) 상극한: $\frac{2}{3}$, 하극한: $\frac{2}{3}$,
(iii) 상극한: $\sqrt{2}$, 하극한: $-\sqrt{2}$, (iv) 상극한: ∞, 하극한: -1

3. $\lim\sup|a_n| = 0$이라고 하고 $\epsilon > 0$을 임의의 실수라고 하자. 모든 자연수 k에 대하여 $u_k = \sup\{|a_n| : n \geq k\}$로 두면 $\lim_{k\to\infty} u_k = 0$이다. 따라서 $k \geq N \Rightarrow |u_k - 0| = u_k < \epsilon$을 만족하는 자연수 N이 존재한다. $n \geq k$인 모든 자연수 n에 대하여 $|a_n| \leq u_k$이므로 $n \geq N \Rightarrow |a_n - 0| \leq u_k < \epsilon$이다. 따라서 $\lim_{n\to\infty} a_n = 0$이다.

5. 모든 자연수 n에 대하여 $a_n \leq b_n$이므로, 모든 자연수 k에 대하여 $\sup\{a_n \mid n \geq k\} \leq \sup\{b_n \mid n \geq k\}$이고 $\inf\{a_n \mid n \geq k\} \leq \inf\{b_n \mid n \geq k\}$이다. 위의 두 부등식에 극한 $k \to \infty$를 취하면 $\lim\sup a_n \leq \lim\sup b_n$, $\lim\inf a_n \leq \lim\inf b_n$을 얻는다.

7. $\lim\inf a_n b_n \leq \lim\sup a_n b_n$은 명백하다. k를 임의의 자연수라고 하자. $n \geq k$인 자연수 n에 대하여 $a_n b_n \leq (\sup\{a_n \mid n \geq k\})(\sup\{b_n \mid n \geq k\})$이고 $a_n b_n \geq (\inf\{a_n \mid n \geq k\})(\inf\{b_n \mid n \geq k\})$이다. 따라서 $\sup\{a_n b_n \mid n \geq k\} \leq (\sup a_n \mid n \geq k\})(\sup\{b_n \mid n \geq k\})$이고 $\inf\{a_n b_n \mid n \geq k\} \geq (\inf\{a_n \mid n \geq k\})(\inf\{b_n \mid n \geq k\})$이다. 위의 두 부등식에 극한 $k \to \infty$를 취하면 $\lim\sup a_n b_n \leq \lim\sup a_n \lim\sup b_n$과 $\lim\inf a_n \lim\inf b_n \leq \lim\inf a_n b_n$을 얻는다.

9. $\lim_{n\to\infty} a_n = L$이면 정리 2.27에 의하여 $\lim\sup a_n = \lim\inf a_n = L$이다. $b_n = a_1 a_2 a_3 \cdots a_n (n \geq 1)$으로 두자. 정리 2.29에 의하여 $\lim\inf \left|\frac{b_{n+1}}{b_n}\right| \leq \lim\inf \sqrt[n]{|b_n|} \leq \lim\sup \sqrt[n]{|b_n|} \leq \lim\sup \left|\frac{b_{n+1}}{b_n}\right|$이다. 따라서 $\lim\inf a_{n+1} \leq \lim\inf \sqrt[n]{a_1 a_2 a_3 \cdots a_n} \leq \lim\sup \sqrt[n]{a_1 a_2 a_3 \cdots a_n} \leq \lim\sup a_{n+1}$이다. $\lim\sup a_n = \lim\inf a_n = L$이므로 $\lim\inf \sqrt[n]{a_1 a_2 a_3 \cdots a_n} = \lim\sup \sqrt[n]{a_1 a_2 a_3 \cdots a_n} = L$이다. 정리 2.27에 의하여 $\lim_{n\to\infty} \sqrt[n]{a_1 a_2 a_3 \cdots a_n} = L$이다.

제 3 장 (함수의 극한)

3.1

1. (i) 임의의 $\epsilon > 0$에 대하여 $0 < |x-2| < \delta \Rightarrow |(x^2+x)-6| < \epsilon$을 만족하는 $\delta > 0$가 존재함을 보이면 된다. $|(x^2+x)-6| = |(x+3)(x-2)|$이다. $|x-2| < 1$ 즉, $1 < x < 3$이면 $|x+3| \le |x| + 3 < 6$이다. 따라서 $|x-2| < 1$이면 $|(x^2+x)-6| = |(x+3)(x-2)| < 6|x-2|$이다. $\delta = \min\left(1, \frac{\epsilon}{6}\right)$으로 두면 $0 < |x-2| < \delta \Rightarrow |(x^2+x)-6| < 6|x-2| < 6\delta \le 6\frac{\epsilon}{6} = \epsilon$이다. 따라서 $\lim_{x\to 2}(x^2+x) = 6$이다.

   (ii) 임의의 $\epsilon > 0$에 대하여 $0 < |x+1| < \delta \Rightarrow \left|\frac{x-1}{3x+1} - 1\right| < \epsilon$을 만족하는 $\delta > 0$가 존재함을 보이면 된다. $\left|\frac{x-1}{3x+1} - 1\right| = \left|\frac{2}{3x+1}\right||x+1|$에서 $\lim_{x\to -\frac{1}{3}}\left|\frac{2}{3x+1}\right| = \infty$이다. $|x+1| < \frac{1}{2}$ 즉, $-\frac{3}{2} < x < -\frac{1}{2}$이면 $|3x+1| \ge 3|x| - 1 > \frac{1}{2}$이므로 $\left|\frac{2}{3x+1}\right| < \frac{2}{1/2} = 4$. 따라서 $|x+1| < \frac{1}{2}$이면 $\left|\frac{x-1}{3x+1} - 1\right| = \left|\frac{2}{3x+1}\right||x+1| < 4|x+1|$이다. $\delta = \min\left(\frac{1}{2}, \frac{\epsilon}{4}\right)$으로 두면 $0 < |x+1| < \delta \Rightarrow \left|\frac{x-1}{3x+1} - 1\right| < 4|x+1| < 4\delta \le 4\frac{\epsilon}{4} = \epsilon$이다. 따라서 $\lim_{x\to -1}\frac{x-1}{3x+1} = 1$이다.

   (iii) 임의의 $\epsilon > 0$에 대하여 $0 < |x-0| < \delta \Rightarrow \left|\frac{\sqrt{x+1}-1}{x} - \frac{1}{2}\right| < \epsilon$을 만족하는 $\delta > 0$가 존재함을 보이면 된다. $0 < |x-0| < 1$이면 $-1 < x < 1,\ x \ne 0$이므로 $\frac{\sqrt{x+1}-1}{x}$가 정의된다. $\left|\frac{\sqrt{x+1}-1}{x} - \frac{1}{2}\right| = \left|\frac{1}{\sqrt{x+1}+1} - \frac{1}{2}\right| = \left|\frac{1-\sqrt{x+1}}{2(\sqrt{x+1}+1)}\right| = \left|\frac{-x}{2(\sqrt{x+1}+1)^2}\right| \le |x|$이다. $\delta = \min(1, \epsilon)$으로 두면 $0 < |x-0| < \delta \Rightarrow \left|\frac{\sqrt{x+1}-1}{x} - \frac{1}{2}\right| \le |x| < \delta \le \epsilon$이다.

   따라서 $\lim_{x\to 0}\frac{\sqrt{x+1}-1}{x} = \frac{1}{2}$이다.

3. 임의의 $\epsilon > 0$에 대하여 $0 < |x-a| < \delta \Rightarrow \left|\frac{1}{\sqrt{x}} - \frac{1}{\sqrt{a}}\right| < \epsilon$을 만족하는 $\delta > 0$가 존재함을 보이면 된다. $|x-a| < \frac{a}{2}$이면 $0 < \frac{a}{2} < x < \frac{3a}{2}$이므로 $\frac{1}{\sqrt{x}}$이 정의되고

$\left|\frac{1}{\sqrt{x}}-\frac{1}{\sqrt{a}}\right|=\left|\frac{x-a}{\sqrt{x}\sqrt{a}(\sqrt{x}+\sqrt{a})}\right|<\frac{2(\sqrt{2}-1)}{a\sqrt{a}}|x-a|$이다.

$\delta=\min\left(\frac{a}{2}, \frac{a\sqrt{a}\,\epsilon}{2(\sqrt{2}-1)}\right)$으로 두면 $0<|x-a|<\delta \Rightarrow \left|\frac{1}{\sqrt{x}}-\frac{1}{\sqrt{a}}\right|<\frac{2(\sqrt{2}-1)}{a\sqrt{a}}$ $|x-a|<\frac{2(\sqrt{2}-1)}{a\sqrt{a}}\delta\leq\frac{2(\sqrt{2}-1)}{a\sqrt{a}}\frac{a\sqrt{a}\,\epsilon}{2(\sqrt{2}-1)}=\epsilon$이다.

따라서 $\lim_{x\to a}\frac{1}{\sqrt{x}}=\frac{1}{\sqrt{a}}$이다.

5. a의 근방 $N_{\delta_1}(a)$에서 $f(x)\geq 0$라고 하자. 임의의 $\epsilon>0$에 대하여 $0<|x-a|<\delta$ $\Rightarrow|\sqrt{f(x)}-\sqrt{L}|<\epsilon$을 만족하는 $\delta>0$가 존재함을 보이면 된다. $L=0$이면 $\lim_{x\to a}f(x)=0$이므로 $0<|x-a|<\delta_2 \Rightarrow |f(x)-0|<\epsilon^2$을 만족하는 $\delta_2>0$가 존재한다. $\delta=\min(\delta_1, \delta_2)$로 두면 $0<|x-a|<\delta \Rightarrow |\sqrt{f(x)}-0|<\sqrt{\epsilon^2}=\epsilon$이다. 따라서 $\lim_{x\to a}\sqrt{f(x)}=0$이다. $L\neq 0$이면 임의의 $x\in N_{\delta_1}(a)$에 대하여 $|\sqrt{f(x)}-\sqrt{L}|$ $=\left|\frac{f(x)-L}{\sqrt{f(x)}+\sqrt{L}}\right|\leq\frac{1}{\sqrt{L}}|f(x)-L|$이다. $\lim_{x\to a}f(x)=L$이므로 $0<|x-a|<\delta_3$ $\Rightarrow|f(x)-L|<\sqrt{L}\,\epsilon$을 만족하는 $\delta_3>0$가 존재한다. $\delta=\min(\delta_1, \delta_3)$로 두면 $0<|x-a|<\delta \Rightarrow |\sqrt{f(x)}-\sqrt{L}|\leq\frac{1}{\sqrt{L}}|f(x)-L|<\frac{1}{\sqrt{L}}\sqrt{L}\,\epsilon=\epsilon$이다. 따라서 $\lim_{x\to a}\sqrt{f(x)}=\sqrt{L}$이다.

7. 임의의 $\epsilon>0$에 대하여 $0<|x-a|<\delta \Rightarrow |\sin x-\sin a|<\epsilon$을 만족하는 $\delta>0$가 존재함을 보이면 된다. $|\sin x-\sin a|=2\left|\sin\frac{x-a}{2}\cos\frac{x+a}{2}\right|=2\left|\sin\frac{x-a}{2}\right|$ $\left|\cos\frac{x+a}{2}\right|\leq 2\left|\frac{x-a}{2}\right|=|x-a|$이다. $\delta=\epsilon$으로 두면 $0<|x-a|<\delta\Rightarrow|\sin x$ $-\sin a|\leq|x-a|<\delta=\epsilon$이다. 따라서 $\lim_{x\to a}\sin x=\sin a$이다.

9. (i) n (ii) $-\frac{1}{4}$ (iii) $-\frac{1}{6\sqrt{3}}$ (iv) $\frac{1}{2}$ (v) $\frac{1}{3}$

11. 임의의 $\epsilon>0$에 대하여 $0<|x-a|<\delta \Rightarrow |f(x)g(x)-0|<\epsilon$을 만족하는 $\delta>0$가 존재함을 보이면 된다. 함수 g가 a의 근방 $N_{\delta_1}(a)$에서 유계라고 하자. 그러면 모든 $x\in N_{\delta_1}(a)$에 대하여 $|g(x)|\leq M$인 $M>0$이 존재한다. $\lim_{x\to a}f(x)=0$이므로 $0<|x-a|<\delta_2\Rightarrow|f(x)-0|<\frac{\epsilon}{M}$을 만족하는 $\delta_2>0$가 존재한다. $\delta=\min(\delta_1, \delta_2)$로 두면 $0<|x-a|<\delta \Rightarrow |f(x)g(x)-0|=|f(x)||g(x)|<\frac{\epsilon}{M}M=\epsilon$이다. 따라서 $\lim_{x\to a}f(x)g(x)=0$이다.

3.2

1. (i) 임의의 $\epsilon > 0$에 대하여 $2-\delta < x < 2 \Rightarrow \left| \frac{1}{[\![x]\!]} - 1 \right| < \epsilon$을 만족하는 $\delta > 0$가 존재함을 보이면 된다. $\delta = 1$로 두면 $2-\delta < x < 2 \Rightarrow \left| \frac{1}{[\![x]\!]} - 1 \right| = 0 < \epsilon$이다. 따라서 $\lim_{x \to 2^-} \frac{1}{[\![x]\!]} = 1$이다.

   (ii) 임의의 $\epsilon > 0$에 대하여 $0 < x < \delta \Rightarrow \left| \frac{1}{1+e^{-1/x}} - 1 \right| < \epsilon$을 만족하는 $\delta > 0$가 존재함을 보이면 된다. $0 < \epsilon < \frac{1}{2}$이라고 하자. $\left| \frac{1}{1+e^{-1/x}} - 1 \right| = \left| \frac{-e^{-1/x}}{1+e^{-1/x}} \right|$ $= \frac{1}{e^{1/x}+1}$이므로 $\frac{1}{e^{1/x}+1} < \epsilon$이 성립하려면 $e^{1/x} > \frac{1}{\epsilon} - 1$, $\frac{1}{x} > \ln\left(\frac{1}{\epsilon} - 1\right)$, $0 < x < \frac{1}{\ln\left(\frac{1}{\epsilon}-1\right)}$이다. $\delta = \frac{1}{\ln\left(\frac{1}{\epsilon}-1\right)}$로 두면 $0 < x < \delta \Rightarrow \left| \frac{1}{1+e^{-1/x}} - 1 \right|$ $= \frac{1}{e^{1/x}+1} < \epsilon$이다. 따라서 $\lim_{x \to 0^-} \frac{1}{1+e^{-1/x}} = 1$이다.

3. (i) $M > 0$을 임의의 실수라고 하자. $0 < |x-3| < 1$ 즉, $2 < x < 4$, $x \neq 3$이면 $\frac{1-x}{(x-3)^2} < \frac{-1}{(x-3)^2}$이다. $0 < |x-3| < \frac{1}{\sqrt{M}}$이면 $(x-3)^2 < \frac{1}{M}$, $\frac{1}{(x-3)^2} > M$, $-\frac{1}{(x-3)^2} < -M$이다. $\delta = \min\left(1, \frac{1}{\sqrt{M}}\right)$로 두면 $0 < |x-3| < \delta$ $\Rightarrow \frac{1-x}{(x-3)^2} < \frac{-1}{(x-3)^2} < -M$이다. 따라서 $\lim_{x \to 3} \frac{1-x}{(x-3)^2} = -\infty$이다.

   (ii) 임의의 $M > 0 (M > 1)$에 대하여 $\delta = \frac{1}{\ln M}$으로 두면 $0 < x < \delta \Rightarrow 0 < x < \frac{1}{\ln M}$, $\frac{1}{x} > \ln M$, $e^{1/x} > M$이다. 따라서 $\lim_{x \to 0^-} e^{1/x} = \infty$이다.

   (iii) 임의의 $\epsilon > 0$에 대하여 $M = \frac{1}{\epsilon}$로 두면 $x > M \Rightarrow \left| \frac{\cos x}{x} - 0 \right| \leq \frac{1}{x} < \frac{1}{M} = \epsilon$이다. 따라서 $\lim_{x \to \infty} \frac{\cos x}{x} = 0$이다.

   (iv) 임의의 $M > 0 (M > 1)$에 대하여 $N = \ln M$으로 두면 $N > 0$이고 $x < -N \Rightarrow x < -\ln M$, $e^{-x} > M$이다. 따라서 $\lim_{x \to -\infty} e^{-x} = \infty$이다.

5. (i) $\epsilon > 0$을 임의의 실수라고 하자. $\lim_{x \to a} f(x) = \infty$이므로 $0 < |x-a| < \delta$ $\Rightarrow f(x) > \frac{1}{\epsilon}$을 만족하는 $\delta > 0$가 존재한다. 따라서 $0 < |x-a| < \delta \Rightarrow \left| \frac{1}{f(x)} - 0 \right|$ $= \frac{1}{f(x)} < \epsilon$이다. 그러므로 $\lim_{x \to a} \frac{1}{f(x)} = 0$이다.

(ii) $M>0$을 임의의 실수라고 하자. $\lim_{x\to a} f(x)=0$이므로 $0<|x-a|<\delta_2 \Rightarrow |f(x)-0|<\frac{1}{M}$을 만족하는 $\delta_2>0$가 존재한다. $\delta=\min(\delta_1,\ \delta_2)$라고 두면 $0<|x-a|<\delta \Rightarrow \frac{1}{|f(x)|}>M$이다. 따라서 $\lim_{x\to a}\frac{1}{|f(x)|}=\infty$이다.

7. $M>0$을 임의의 실수라고 하자. $\lim_{x\to a} f(x)=L$이고 $L>0$이므로 $0<|x-a|<\delta_1 \Rightarrow |f(x)-L|<\frac{L}{2}$ 즉, $\frac{L}{2}<f(x)<\frac{3L}{2}$을 만족하는 $\delta_1>0$이 존재한다. $\lim_{x\to a} g(x)=\infty$이므로 $0<|x-a|<\delta_2 \Rightarrow g(x)>\frac{2M}{L}$을 만족하는 $\delta_2>0$가 존재한다. $\delta=\min(\delta_1,\ \delta_2)$로 두면 $0<|x-a|<\delta \Rightarrow f(x)g(x)>\frac{L}{2}\frac{2M}{L}=M$이다. 따라서 $\lim_{x\to a} f(x)g(x)=\infty$이다.

9. $\epsilon>0$을 임의의 실수라고 하자. $\lim_{x\to\infty} xf(x)=L$이므로 $x>M_1 \Rightarrow |xf(x)-L|<1$을 만족하는 $M_1>0$이 존재한다. $|xf(x)|-|L|\le|xf(x)-L|$이므로 $x>M_1 \Rightarrow |xf(x)|<|L|+1$ 즉, $|f(x)|<\frac{|L|+1}{x}$이다. $\lim_{x\to\infty}\frac{1}{x}=0$이므로 $x>M_2 \Rightarrow \left|\frac{1}{x}-0\right|=\frac{1}{x}<\frac{\epsilon}{|L|+1}$을 만족하는 $M_2>0$가 존재한다. $M=\max(M_1,\ M_2)$라고 두면 $x>M \Rightarrow |f(x)-0|<\frac{|L|+1}{x}<(|L|+1)\frac{\epsilon}{|L|+1}=\epsilon$이다. 따라서 $\lim_{x\to\infty} f(x)=0$이다.

제 4 장 (연속함수)

4.1

1. (i) f는 $\mathbb{R}-\{0\}$에서 연속이다.

(ii) f는 $\mathbb{R}-\left\{0,\ \pm1,\ \pm\frac{1}{2},\ \pm\frac{1}{3},\ \cdots\right\}$에서 연속이다.

(iii) f는 $\mathbb{R}-\left\{n\pi,\ n\pi+\frac{\pi}{2} : n\in\mathbb{Z}\right\}$에서 연속이다.

(iv) f는 $x=2$에서만 연속이다.

3. (i) $f(a)=0$인 경우: $\epsilon>0$을 임의의 실수라고 하자. f가 a에서 연속이므로 $|x-a|<\delta,\ x\in S \Rightarrow |f(x)-f(a)|=f(x)<\epsilon^2$을 만족하는 $\delta>0$가 존재한다.

따라서 $|x-a|<\delta,\ x\in S \Rightarrow |g(x)-g(a)| = |\sqrt{f(x)} - \sqrt{f(a)}| = \sqrt{f(x)} < \epsilon$ 이다. 따라서 g는 a에서 연속이다.

(ii) $f(a)\neq 0$인 경우: $\epsilon>0$을 임의의 실수라고 하자. $|g(x)-g(a)| = |\sqrt{f(x)} - \sqrt{f(a)}| = \left|\dfrac{f(x)-f(a)}{\sqrt{f(x)}+\sqrt{f(a)}}\right| \le \dfrac{|f(x)-f(a)|}{\sqrt{f(a)}}$ 이다. f가 a에서 연속이므로 $|x-a|<\delta,\ x\in S \Rightarrow |f(x)-f(a)| < \sqrt{f(a)}\,\epsilon$을 만족하는 $\delta>0$가 존재한다. 따라서 $|x-a|<\delta,\ x\in S \Rightarrow |g(x)-g(a)| = |\sqrt{f(x)}-\sqrt{f(a)}| \le \dfrac{|f(x)-f(a)|}{\sqrt{f(a)}} < \dfrac{\sqrt{f(a)}\,\epsilon}{\sqrt{f(a)}} = \epsilon$이다. 따라서 g는 a에서 연속이다.

5. (i) $a\in\mathbb{Q}\cap[0,1]$라고 하자. f가 a에서 연속이라고 가정하자. $\{x_n\}$이 a로 수렴하는 $[0,1]$에서 무리수의 수열이라고 하면 가정에 의하여 $\lim_{n\to\infty} f(x_n) = f(a)$이다. 모든 자연수 n에 대하여 $f(x_n)=0$이므로 $f(a)=0$이다. 그러나 $a\in\mathbb{Q}\cap[0,1]$이므로 $f(a)\neq 0$이다. 이것은 모순이다. 따라서 f는 $a\in\mathbb{Q}\cap[0,1]$에서 불연속이다.

(ii) $a\in(\mathbb{R}-\mathbb{Q})\cap[0,1]$라고 하자. 일반성을 잃지 않고 $\{x_n\}$이 a로 수렴하는 $[0,1]$에서 임의의 유리수의 수열이라고 하자. 모든 자연수 n에 대하여 $x_n = \dfrac{p_n}{q_n}$ ($\dfrac{p_n}{q_n}$은 기약분수)으로 두자. $f(a)=0$이므로 $\lim_{n\to\infty} f(x_n) = f(a)$임을 보이기 위하여 $\lim_{n\to\infty} q_n = \infty$임을 보이면 된다. $\lim_{n\to\infty} q_n \neq \infty$라고 가정하면 모든 자연수 k에 대하여 $|q_{n_k}|\le M$인 $M>0$과 자연수 $n_1<n_2<n_3<\cdots$가 존재한다. 모든 자연수 k에 대하여 $x_{n_k}\in[0,1]$이므로 집합 $E=\left\{x_{n_k} = \dfrac{p_{n_k}}{q_{n_k}} : k\in\mathrm{N}\right\}$는 유한개의 점만을 포함한다. 따라서 집합 E에서의 임의의 수열의 극한은 E에 포함된다. a가 E에서의 임의의 수열의 극한이므로 $a\in E$이다. 그러나 a는 무리수이므로 이것은 모순이다. 따라서 $\lim_{n\to\infty} q_n = \infty$이다. 그러므로 $\lim_{n\to\infty} f(x_n) = f(a)$이다. 정리 4.2에 의하여 f는 $a\in(\mathbb{R}-\mathbb{Q})\cap[0,1]$에서 연속이다.

7. x를 임의의 무리수라고 하자. 유리수의 조밀성에 의하여 $\lim_{n\to\infty} r_n = x$인 유리수의 수열 $\{r_n\}$이 존재한다. f가 x에서 연속이므로 정리 4.2에 의하여 $\lim_{n\to\infty} f(r_n) = f(x)$이다. 모든 자연수 n에 대하여 $f(r_n)=0$이므로 $f(x)=0$이다.

9. (i) $f(0)=f(0+0)=f(0)+f(0)$이므로 $f(0)=0$이다. f가 $x=0$에서 연속이므로 $\lim_{x\to 0} f(x) = f(0) = 0$이다. 이제 a를 임의의 실수라고 하자. $u=x-a$로 두면 $\lim_{x\to a} f(x) = \lim_{u\to 0} f(u+a) = \lim_{u\to 0}[f(u)+f(a)] = f(a) + \lim_{u\to 0} f(u) = f(a)+0 = f(a)$이다.

따라서 f는 a에서 연속이다. a를 임의의 실수이므로 f는 $\mathbb{R}$에서 연속이다.

(ii) 임의의 $x \in \mathbb{R}$에 대하여 $f(1x) = 1f(x)$이다. $n = k$일 때 $f(kx) = kf(x)$가 성립한다고 가정하면 $n = k+1$일 때 $f((k+1)x) = f(kx+x) = f(kx)+f(x) = kf(x)+f(x) = (k+1)f(x)$이다. 수학적 귀납법에 의하여 모든 $n \in \mathbb{N}$에 대하여 $f(nx) = nf(x)$가 성립한다. 특히, $x = 1$로 두면 모든 $n \in \mathbb{N}$에 대하여 $f(n) = nf(1)$이다. 즉, 모든 $n \in \mathbb{N}$에 대하여 $f(n) = cn$이다.(단, $c = f(1)$) 임의의 $x \in \mathbb{R}$에 대하여 $0 = f(0) = f(x+(-x)) = f(x)+f(-x)$이므로 $f(-x) = -f(x)$이다. 따라서 모든 $n \in \mathbb{Z}$에 대하여 $f(n) = cn$이다. $c = f(1) = f\left(n\frac{1}{n}\right) = nf\left(\frac{1}{n}\right)$이므로 $f\left(\frac{1}{n}\right) = c\frac{1}{n}$이다. 따라서 임의의 $r \in \mathbb{Q} : r = \frac{m}{n}$, $m, n \neq 0 \in \mathbb{Z}$에 대하여 $f(r) = f\left(\frac{m}{n}\right) = f\left(m\frac{1}{n}\right) = mf\left(\frac{1}{n}\right) = m\left(c\frac{1}{n}\right) = c\frac{m}{n} = cr$이다. 임의의 $x \in \mathbb{R}$에 대하여 유리수의 조밀성에 의하여 $\lim_{n\to\infty} r_n = x$인 유리수의 수열 $\{r_n\}$이 존재한다. f가 x에서 연속이므로 정리 4.2에 의하여 $f(x) = \lim_{n\to\infty} f(r_n) = \lim_{n\to\infty} cr_n = cx$이다. 즉, 모든 $x \in \mathbb{R}$에 대하여 $f(x) = cx$이다.

4.2

1. (i) 최소값: $f(0) = 1$, 최대값: $f(1) = 3$

   (ii) 최대값과 최소값이 존재하지 않는다.

3. $g(x) = f(x) - f(x-1)$, $x \in [0, 1]$로 정의하면 g는 $[0, 1]$에서 연속이고 $g(1) = f(1) - f(0)$, $g(0) = f(0) - f(-1) = f(0) - f(1) = -g(1)$이다. $f(0) = f(1)$이면 $c = 1$로 두자. 그러면 $f(c) = f(1) = f(0) = f(c-1)$이다. $f(0) \neq f(1)$이면 $g(1) \neq 0$이고 $g(0)g(1) = -[g(1)]^2 < 0$이다. 따름정리 4.11에 의하여 $g(c) = f(c) - f(c-1) = 0$ 즉, $f(c) = f(c-1)$을 만족하는 $c \in (0, 1)$가 존재한다.

5. $h(x) = f(x) - g(x)$, $x \in [a, b]$로 정의하면 h는 $[a, b]$에서 연속이고 $h(a) = f(a) - g(a) \geq 0$이고 $h(b) = f(b) - g(b) \leq 0$이다. 중간값 정리에 의하여 $h(c) = f(c) - g(c) = 0$ 즉, $f(c) = g(c)$인 $c \in [a, b]$가 존재한다.

7. f가 상수함수가 아니라고 가정하자. 그러면 $f(x_1) \neq f(x_2)$인 $x_1, x_2 \in [a, b]$가 존재한다. 무리수의 조밀성에 의하여 $f(x_1)$과 $f(x_2)$ 사이에 있는 무리수 k가 존재한다. f가 $[a, b]$에서 연속이므로 중간값 정리에 의하여 $f(c) = k$인 c가 x_1과 x_2 사이에 존재한다. 즉, $f(c) = k$인 $c \in (a, b)$가 존재한다. $f(c) = k \in \mathbb{R} - \mathbb{Q}$이므로 모순이다. 따라서 f가 상수함수이다.

4.3

1. (i) $\epsilon > 0$을 임의의 실수라고 하자. 임의의 $x, y \in [0, 2]$에 대하여 $[f(x)-f(y)]^2 = (\sqrt{x}-\sqrt{y})^2 = x - 2\sqrt{x}\sqrt{y} + y \le |x-y|$ 즉, $|f(x)-f(y)| \le \sqrt{|x-y|}$이다. $\delta_1 = \epsilon^2$으로 두면 $|x-y| < \delta_1,\ x, y \in [0, 2] \Rightarrow |f(x)-f(y)| \le \sqrt{|x-y|} < \sqrt{\delta_1} = \epsilon$이다. 한편, 임의의 $x, y \in [1, \infty)$에 대하여 $|f(x)-f(y)| = |\sqrt{x}-\sqrt{y}| = \dfrac{|x-y|}{\sqrt{x}+\sqrt{y}} \le \dfrac{1}{2}|x-y|$이므로 $\delta_2 = 2\epsilon$으로 두면 $|x-y| < \delta,\ x, y \in [1, \infty) \Rightarrow |f(x)-f(y)| \le \dfrac{1}{2}|x-y| < \dfrac{1}{2}\delta = \epsilon$이다. $\delta = \min(1, \delta_1, \delta_2)$로 두자. $|x-y| < \delta,\ x, y \in [0, \infty)$이면 $|x-y| < 1$이므로 $x, y \in [0, 2]$ 또는 $x, y \in [1, \infty)$이다. 따라서 $|f(x)-f(y)| < \epsilon$이다. 그러므로 $f(x) = \sqrt{x}$는 $[0, \infty)$에서 균등연속이다.

(ii) $\epsilon > 0$을 임의의 실수라고 하자. 임의의 $x, y \in \mathbb{R}$에 대하여 $|f(x)-f(y)| = \left|\dfrac{x}{1+x^2} - \dfrac{y}{1+y^2}\right| = \left|\dfrac{(x-y)(1-xy)}{(1+x^2)(1+y^2)}\right| = |x-y|\left|\dfrac{1-xy}{(1+x^2)(1+y^2)}\right| \le |x-y|\left(\left|\dfrac{1}{(1+x^2)(1+y^2)}\right| + \left|\dfrac{x}{1+x^2}\right|\left|\dfrac{y}{1+y^2}\right|\right) \le 2|x-y|$이다. $\delta = \dfrac{\epsilon}{2}$으로 두면 $|x-y| < \delta,\ x, y \in \mathbb{R} \Rightarrow |f(x)-f(y)| \le 2|x-y| < 2\delta = \epsilon$이다. 따라서 $f(x) = \dfrac{x}{1+x^2}$는 $\mathbb{R}$에서 균등연속이다.

3. (i) $\epsilon > 0$을 임의의 실수라고 하자. f와 g가 S에서 균등연속이므로 $|x-y| < \delta_1,\ x, y \in S \Rightarrow |f(x)-f(y)| < \dfrac{\epsilon}{2}$과 $|x-y| < \delta_2,\ x, y \in S \Rightarrow |g(x)-g(y)| < \dfrac{\epsilon}{2}$을 각각 만족하는 $\delta_1 > 0$과 $\delta_2 > 0$가 존재한다. $\delta = \min(\delta_1, \delta_2)$로 두면 $|x-y| < \delta,\ x, y \in S \Rightarrow |(f+g)(x)-(f+g)(y)| \le |f(x)-f(y)| + |g(x)-g(y)| < \dfrac{\epsilon}{2} + \dfrac{\epsilon}{2} = \epsilon$이다. 따라서 $f+g$는 S에서 균등연속이다.

(ii) $\alpha = 0$이면 $\alpha f = 0$이므로 αf는 S에서 균등연속이다. $\alpha \ne 0$라고 하고 $\epsilon > 0$을 임의의 실수라고 하자. f가 S에서 균등연속이므로 $|x-y| < \delta,\ x, y \in S \Rightarrow |f(x)-f(y)| < \dfrac{\epsilon}{|\alpha|}$을 만족하는 $\delta > 0$가 존재한다. 따라서 $|x-y| < \delta,\ x, y \in S \Rightarrow |(\alpha f)(x)-(\alpha f)(y)| = |\alpha||f(x)-f(y)| < |\alpha|\dfrac{\epsilon}{|\alpha|} = \epsilon$이다. 따라서 αf는 S에서 균등연속이다.

5. $f(x) = g(x) = x,\ x \in \mathbb{R}$로 두면 f와 g는 $\mathbb{R}$에서 균등연속이지만 예제 4.11에서 $(fg)(x) = x^2$은 $\mathbb{R}$에서 균등연속이 아니다.

7. $g(x) = \begin{cases} \dfrac{\sin x}{x}, & x \in (0, 1] \\ 1, & x = 0 \end{cases}$로 정의하면 $\displaystyle\lim_{x \to 0^-} \frac{\sin x}{x} = 1$이므로 함수 g는 폐구간

$[0,\ 1]$에서 연속이다. 정리 4.17에 의하여 함수 g는 $[0,\ 1]$에서 균등연속이다. 따라서 함수 f는 구간 $(0,\ 1)$에서 균등연속이다.

9. $\epsilon > 0$을 임의의 실수라고 하자. 집합 A가 유계이므로 $x \neq y$인 모든 $x,\ y \in [a,\ b]$에 대하여 $\left| \dfrac{f(x)-f(y)}{x-y} \right| \leq M$인 $M > 0$이 존재한다. 따라서 모든 $x,\ y \in [a,\ b]$에 대하여 $|f(x)-f(y)| \leq M|x-y|$이다. $\delta = \dfrac{\epsilon}{M}$으로 두면 $|x-y| < \delta,\ x,\ y \in [a, b] \Rightarrow |f(x) - f(y)| \leq M\,|x-y| < M\delta = \epsilon$이다. 따라서 f는 $[a,\ b]$에서 균등연속이다.

4.4

1. 함수 f가 구간 $[a,\ b]$에서 단사이고 연속이라고 하자. 그러면 $f(a) \neq f(b)$이다. $f(a) < f(b)$인 경우에 함수 f가 구간 $[a,\ b]$에서 순증가임을 보이자. 함수 f가 구간 $[a,\ b]$에서 순증가가 아니라고 가정하자. 그러면 $x_1 < x_2$이고 $f(x_1) \geq f(x_2)$인 $x_1,\ x_2 \in [a,\ b]$가 존재한다. f가 구간 $[a,\ b]$에서 단사이므로 $f(x_1) > f(x_2)$이다. 다음의 두 가지 경우가 있다. $f(x_1) > f(b)$인 경우에 $k \in (f(b),\ f(x_1))$를 택하자. 그러면 $k \in (f(a),\ f(x_1))$이다. 함수 f가 구간 $[a,\ b]$에서 연속이므로 중간값 정리에 의하여 $f(c_1) = k$인 $c_1 \in (a,\ x_1)$이 존재하고 또한 $f(c_2) = k$인 $c_2 \in (x_1,\ b)$가 존재한다. 따라서 $c_1 \neq c_2$이지만 $f(c_1) = f(c_2)$이다. 이것은 f가 구간 $[a,\ b]$에서 단사라는 사실에 모순이다. $f(x_1) < f(b)$인 경우에 $k \in (f(x_2),\ f(x_1))$를 택하자. 그러면 $k \in (f(x_2),\ f(b))$이다. 함수 f가 구간 $[a,\ b]$에서 연속이므로 중간값 정리에 의하여 $f(c_1) = k$인 $c_1 \in (x_1,\ x_2)$이 존재하고 또한 $f(c_2) = k$인 $c_2 \in (x_2,\ b)$가 존재한다. 따라서 $c_1 \neq c_2$이지만 $f(c_1) = f(c_2)$이다. 이것은 f가 구간 $[a,\ b]$에서 단사라는 사실에 모순이다. 따라서 f는 구간 $[a,\ b]$에서 순증가이다. $f(a) > f(b)$인 경우에 $(-f)(a) < (-f)(b)$이므로 위의 결과에 의하여 함수 $-f$는 구간 $[a,\ b]$에서 순증가이다. 따라서 f는 구간 $[a,\ b]$에서 순감소이다.

3. (i) 불연속점: $x = 0$, 도약불연속

   (ii) 불연속점: $x = 0$, 제거가능한 불연속, $x = \pm \dfrac{1}{n}$ $(n = 1,\ 2,\ 3,\ \cdots)$, 도약불연속

   (iii) 불연속점: $x = n\pi,\ 2n\pi + \dfrac{\pi}{2}$ $(n = 0,\ \pm 1,\ \pm 2,\ \pm 3,\ \cdots)$, 도약불연속

5. $x_o \in (a,\ b)$라고 하자. f 가 $(a,\ b)$에서 단조감소함수이므로 $\{f(x) \mid x \in (a,\ x_0)\}$는 $f(x_0)$에 의하여 아래로 유계인 집합이다. 따라서 $\inf_{x \in (a.\ x_0)} f(x) = \alpha$가 존재하고 $\alpha \geq f(x_0)$이다. $\lim\limits_{x \to x_0^-} f(x) = \alpha$임을 보이자. $\epsilon > 0$을 임의의 실수라고 하자. $\inf_{x \in (a.\ x_0)} f(x) = \alpha$이므로 $f(x_1) < \alpha + \epsilon$을 만족하는 $x_1 \in (a,\ x_0)$이 존재한다. $\delta = x_0 - x_1$으로 두면 $\delta > 0$이다. $x_0 - \delta < x < x_0 \Rightarrow \alpha - \epsilon < \alpha \leq f(x) \leq f(x_1)$

$< \alpha+\epsilon$ 즉, $|f(x)-\alpha|<\epsilon$이다. 따라서 $\lim_{x\to x_0^-} f(x)=\alpha$이다. 한편, f가 $(a,\ b)$에서 단조감소함수이므로 $\{f(x)\mid x\in(x_0,\ b)\}$는 $f(x_0)$에 의하여 위로 유계인 집합이다. 따라서 $\sup_{x\in(x_0,\ b)} f(x)=\beta$가 존재하고 $\beta\le f(x_0)$이다. $\lim_{x\to x_0^-} f(x)=\beta$임을 보이자. $\epsilon>0$을 임의의 실수라고 하자. $\sup_{x\in(x_0,\ b)} f(x)=\beta$이므로 $\beta-\epsilon<f(x_2)$을 만족하는 $x_2\in(x_0,\ b)$가 존재한다. $\delta=x_2-x_0$으로 두면 $\delta>0$이다. $x_0<x<x_0+\delta \Rightarrow \beta-\epsilon<f(x_2)\le f(x)\le\beta<\beta+\epsilon$ 즉, $|f(x)-\beta|<\epsilon$이다. 따라서 $\lim_{x\to x_0^-} f(x)=\beta$이다. 그러므로 $\lim_{x\to x_0^-} f(x)$와 $\lim_{x\to x_0^-} f(x)$가 존재하고 $\lim_{x\to x_0^-} f(x)=\inf_{x\in(a,\ x_0)} f(x)\ge f(x_0)\ge \sup_{x\in(x_0,\ b)} f(x)=\lim_{x\to x_0^-} f(x)$가 성립한다.

7. 함수 f가 a에서 연속이라고 하자. 그러면 $\lim_{x\to a^-} f(x)=f(a)$이고 f가 단조증가함수이므로 정리 4.24에 의하여 $\lim_{x\to a^-} f(x)=\inf_{x\in(a,\ b]} f(x)$이다. 따라서 $f(a)=\inf_{x\in(a,\ b]} f(x)$이다. 역으로, $f(a)=\inf_{x\in(a,\ b]} f(x)$라고 하자. f가 단조증가함수이므로 정리 4.24에 의하여 $\lim_{x\to a^-} f(x)=\inf_{x\in(a,\ b]} f(x)$이다. 따라서 $\lim_{x\to a^-} f(x)=f(a)$이다. 그러므로 f는 a에서 연속이다.

제 5 장 (미분)

5.1

1. (i) $$f'(x)=\lim_{h\to 0}\frac{f(x+h)-f(x)}{h}=\lim_{h\to 0}\frac{(x+h)^{1/3}-x^{1/3}}{h}$$
$$=\lim_{h\to 0}\frac{\left[(x+h)^{1/3}-x^{1/3}\right]\left[(x+h)^{2/3}+(x+h)^{1/3}x^{1/3}+x^{2/3}\right]}{h\left[(x+h)^{2/3}+(x+h)^{1/3}x^{1/3}+x^{2/3}\right]}$$
$$=\lim_{h\to 0}\frac{1}{(x+h)^{2/3}+(x+h)^{1/3}x^{1/3}+x^{2/3}}=\frac{1}{3}x^{-2/3}$$

(ii) $x>0$일 때 충분히 작은 h에 대하여 $f(x+h)>0$이므로
$$f'(x)=\lim_{h\to 0}\frac{f(x+h)-f(x)}{h}=\lim_{h\to 0}\frac{(x+h)^3-x^3}{h}$$
$$=\lim_{h\to 0}\left[(x+h)^2+(x+h)x+x^2\right]=3x^2$$이다.

$x<0$일 때 충분히 작은 h에 대하여 $f(x+h)<0$이므로

$$f'(x) = \lim_{h \to 0} \frac{f(x+h) - f(x)}{h} = \lim_{h \to 0} \frac{-(x+h)^3 + x^3}{h}$$

$$= -\lim_{h \to 0} \left[(x+h)^2 + (x+h)x + x^2 \right] = -3x^2$$ 이다.

$x = 0$일 때 $f_+'(0) = \lim_{h \to 0^-} \frac{f(0+h) - f(0)}{h} = \lim_{h \to 0^-} \frac{h^3 - 0}{h} = \lim_{h \to 0^-} h^2 = 0$이고 $f_-'(0) = \lim_{h \to 0^-} \frac{f(0+h) - f(0)}{h} = \lim_{h \to 0^-} \frac{-h^3 - 0}{h} = -\lim_{h \to 0^-} h^2 = 0$이다.

따라서 $f'(0) = 0$이다. 그러므로 $f'(x) = 3x|x|,\ x \in \mathbb{R}$ 이다.

3. (i) $x \neq 0$일 때 정리 5.4와 정리 5.5에 의하여

$$f'(x) = 2x\sin\frac{1}{x} + \left(x^2\cos\frac{1}{x}\right)\left(-\frac{1}{x^2}\right) = 2x\sin\frac{1}{x} - \cos\frac{1}{x}$$ 이다.

$x=0$일 때 $f'(0) = \lim_{x \to 0} \frac{f(x) - f(0)}{x - 0} = \lim_{x \to 0} \frac{x^2\sin\frac{1}{x} - 0}{x - 0} = \lim_{x \to 0} x\sin\frac{1}{x} = 0$

이다. 따라서 $f'(x) = \begin{cases} 2x\sin\frac{1}{x} - \cos\frac{1}{x}, & x \neq 0 \\ 0, & x = 0 \end{cases}$ 이다.

(ii) $\lim_{x \to 0} f'(x) = \lim_{x \to 0}\left(2x\sin\frac{1}{x} - \cos\frac{1}{x}\right)$가 존재하지 않는다. 따라서 f'은 $x = 0$에서 연속이 아니다.

5. (i) $f'(x) = \dfrac{\cos x + e^x}{2\sqrt{\sin x + e^x}}$

(ii) $f'(x) = x^x(1 + \ln x)$

(iii) $f'(x) = \begin{cases} \cos x, & 2n\pi < x < (2n+1)\pi \\ -\cos x, & (2n+1)\pi < x < (2n+2)\pi \end{cases}$ $(n = 0, \pm 1, \pm 2, \pm 3, \cdots)$

7. $\dfrac{f(x) - f(0)}{x - 0} = \begin{cases} \frac{1}{2}, & x = \frac{1}{2^n}\ (n = 1, 2, 3, \cdots) \\ 0, & x \in \mathbb{R} - \left\{\frac{1}{2^n} \mid n = 1, 2, 3, \cdots\right\} \end{cases}$ 이므로 $\lim_{x \to 0} \dfrac{f(x) - f(0)}{x - 0}$가 존재하지 않는다. 따라서 f는 $x = 0$에서 미분불가능하다.

9. f가 $x = 2$에서 미분가능하면 f는 $x = 2$에서 연속이다. 따라서 $2a + b = 8$이다. f가 $x = 2$에서 미분가능하면 $f_+'(2) = f_-'(2)$이다. 따라서 $a = 12,\ b = -4$이다.

11. (i) $\alpha > 0$이면 $\lim_{x \to 0} f(x) = \lim_{x \to 0} |x|^\alpha \sin\frac{1}{x} = 0 = f(0)$이다. 따라서 f는 $x = 0$에서 연속이다.

(ii) $\alpha > 1$이면

$$f_+'(0) = \lim_{h\to 0^-}\frac{f(0+h)-f(0)}{h} = \lim_{h\to 0^-}\frac{h^{\alpha}\sin\frac{1}{h}-0}{h} = \lim_{h\to 0^-} h^{\alpha-1}\sin\frac{1}{h} = 0$$

이고

$$f_-'(0) = \lim_{h\to 0^-}\frac{f(0+h)-f(0)}{h} = \lim_{h\to 0^-}\frac{(-h)^{\alpha}\sin\frac{1}{h}-0}{h}$$

$$= -\lim_{h\to 0^-}(-h)^{\alpha-1}\sin\frac{1}{h} = 0\text{이다.}$$

따라서 $f'(0)=0$이고 f는 $x=0$에서 미분가능하다.

13. $g(x)=e^x$, $h(x)=x^3$으로 두면 $f=gh$이고 $g'(x)=g''(x)=\cdots=g^{(n)}=e^x$, $h'(x)=3x^2$, $h''(x)=6x$, $h'''(x)=6$, $h^{(4)}(x)=h^{(5)}(x)=\cdots=h^{(n)}(x)=0$이다. Leibniz 공식에 의하여 $f^{(n)}(x)=x^3e^x+3nx^2e^x+3n(n-1)xe^x+n(n-1)(n-2)e^x$이다. 따라서 $f^{(n)}(0)=n(n-1)(n-2)$이다.

15. (i) $f'(x)=2(x^3+x)e^{x^2}$이다. $(0, \infty)$에서 $f'(x)>0$이므로 $f(x)=x^2e^{x^2}$은 $(0, \infty)$에서 순증가이고 연속이다. 정리 5.6에 의하여 역함수 f^{-1}가 존재하고 미분가능하며 $(f^{-1})'(f(x))=\dfrac{1}{f'(x)}$, $x\in(0, \infty)$이다.

(ii) $f(1)=e$이므로 $(f^{-1})'(e)=(f^{-1})'(f(1))=\dfrac{1}{f'(1)}=\dfrac{1}{4e}$이다.

5.2

1. x, y를 임의의 실수라고 하자. $x=y$이면 $|\cos x-\cos y|=0=|x-y|$이다. $x\neq y$ 즉, $y<x$라고 하자. 그러면 $f(t)=\cos t$는 $[y, x]$에서 연속이고 (y, x)에서 미분가능하다. 평균값정리에 의하여 $f'(c)=\dfrac{f(x)-f(y)}{x-y}=\dfrac{\cos x-\cos y}{x-y}$인 $c\in(x, y)$가 존재한다. $f'(t)=-\sin t$, $t\in\mathbb{R}$이므로 $-\sin c=\dfrac{\cos x-\cos y}{x-y}$이다.
따라서 $|\cos x-\cos y|=|-\sin c||x-y|\le|x-y|$가 성립한다.

3. $f(x)=\sqrt[n]{x}-\sqrt[n]{x-1}$, $x\ge 1$로 두면 $f'(x)=\dfrac{\sqrt[n]{x}}{nx}-\dfrac{\sqrt[n]{x-1}}{n(x-1)}$ $=\dfrac{1}{n}\left(\sqrt[n]{\dfrac{1}{x^{n-1}}}-\sqrt[n]{\dfrac{1}{(x-1)^{n-1}}}\right)<0$, $x>1$이다. 정리 5.12에 의하여 $f(x)$ $=\sqrt[n]{x}-\sqrt[n]{x-1}$는 $x\ge 1$에서 순감소함수이다. $1<\dfrac{a}{b}$이므로 $f(1)=1>f\left(\dfrac{a}{b}\right)$ $=\sqrt[n]{\dfrac{a}{b}}-\sqrt[n]{\dfrac{a}{b}-1}$ 즉, $\sqrt[n]{a}-\sqrt[n]{b}<\sqrt[n]{a-b}$이다.

5. 임의의 실수 b에 대하여 $f(x)=x^3+x+b,\ x\in\mathbb{R}$ 로 두자. 그러면 f는 $\mathbb{R}$ 에서 연속이고, 모든 실수 x에 대하여 $f'(x)=3x^2+1>0$이므로 정리 5.12에 의하여 f는 $\mathbb{R}$ 에서 순증가함수이다. $\lim_{x\to\infty} f(x)=\infty$ 이고 $\lim_{x\to-\infty} f(x)=-\infty$ 이므로 $f(x_1)<0<f(x_2)$인 $x_1,\ x_2\in\mathbb{R}\ (x_1<x_2)$가 존재한다. f가 $[x_1,\ x_2]$에서 연속이므로 중간값 정리에 의하여 $f(c)=0$인 $c\in(x_1,\ x_2)$가 존재한다. f가 $\mathbb{R}$ 에서 순증가함수이므로 $f(c)=0$인 $c\in\mathbb{R}$ 가 유일하게 존재한다. 즉, 방정식 $x^3+x+b=0$은 유일한 실근을 가진다.

7. 모든 실수 $x,\ y$에 대하여 $|f(x)-f(y)|\le K(x-y)^2$이므로 $x\ne y$인 임의의 실수 $x,\ y$에 대하여 $\left|\dfrac{f(x)-f(y)}{x-y}\right|\le K|x-y|$이다. x_0를 임의의 실수라고 하자. 그러면 $|f'(x_0)|=\lim_{x\to x_0}\left|\dfrac{f(x)-f(x_0)}{x-x_0}\right|\le K\lim_{x\to x_0}|x-x_0|=0$이므로 $f'(x_0)=0$이다. x_0가 임의의 실수이므로 모든 $x\in\mathbb{R}$ 에 대하여 $f'(x)=0$이다. 정리 5.12에 의하여 f는 $\mathbb{R}$ 에서 상수함수이다.

9. $f(x)=\ln\dfrac{x}{a}-\dfrac{x-a}{a},\ x>0$으로 두자. $x>a$일 때 $f'(x)=\dfrac{1}{x}-\dfrac{1}{a}<0$이므로 정리 5.12에 의하여 f는 $[a,\ \infty)$에서 순감소함수이다. $f(a)=0$이므로 $x>a$이면 $f(x)=\ln\dfrac{x}{a}-\dfrac{x-a}{a}<0$이다. 따라서 $\ln\dfrac{x}{a}<\dfrac{x-a}{a}$이다. 한편, $g(x)=\ln\dfrac{x}{a}-\dfrac{x-a}{x},\ x>0$으로 두자. $x>a$일 때 $g'(x)=\dfrac{1}{x}-\dfrac{a}{x^2}>0$이므로 정리 5.12에 의하여 g는 $[a,\ \infty)$에서 순증가함수이다. $g(a)=0$이므로 $x>a$이면 $g(x)=\ln\dfrac{x}{a}-\dfrac{x-a}{x}>0$이다. 따라서 $\dfrac{x-a}{x}<\ln\dfrac{x}{a}$이다.

11. $h(x)=f(x)e^{g(x)},\ x\in I$로 두자. 그러면 h는 $[a,\ b]$에서 연속이고 $(a,\ b)$에서 미분가능하다. 평균값정리에 의하여 $h'(c)=\dfrac{h(b)-h(a)}{b-a}=\dfrac{f(b)e^{g(b)}-f(a)e^{g(a)}}{b-a}=0$을 만족하는 $c\in(a,\ b)$가 존재한다. $h'(x)=f'(x)e^{g(x)}+f(x)e^{g(x)}g'(x),\ x\in I$이므로 $h'(c)=f'(c)e^{g(c)}+f(c)e^{g(c)}g'(c)=e^{g(c)}\{f'(c)+f(c)g'(c)\}=0$이다. 따라서 $f'(c)+f(c)g'(c)=0$이다.

5.3

1. (i) 1 (ii) $\dfrac{1}{2}$ (iii) 1 (iv) 0 (v) 0

3. (i) 0 (ii) 2 (iii) 1 (iv) e^2 (v) $e^{1/6}$

5. 로피탈의 법칙에 의하여 $\lim_{x\to\infty} f(x) = \lim_{x\to\infty} \frac{f(x)e^x}{e^x} = \lim_{x\to\infty} \frac{e^x[f(x)+f'(x)]}{e^x}$ $= \lim_{x\to\infty}[f(x)+f'(x)] = L$이고 $\lim_{x\to\infty} f'(x) = \lim_{x\to\infty}[f(x)+f'(x)] - \lim_{x\to\infty} f(x)$ $= L - L = 0$이다.

7. $L = 0$이면 $\lim_{x\to\infty} f(x) = k$ (k는 상수)이다. 따라서 $\lim_{x\to\infty} \frac{f(x)}{x} = 0$이다. $L \neq 0$이면 $\lim_{x\to\infty} f(x) = \pm\infty$이다. 로피탈의 법칙에 의하여 $\lim_{x\to\infty}\frac{f(x)}{x} = \lim_{x\to\infty} f'(x) = L$이다.

제 6 장 (Riemann 적분)

6.1

1. 임의의 자연수 n에 대하여 $P_n = \{x_0, x_1, x_2, \cdots, x_n\}$을 $[0, b]$의 n등분할이라고 하자. 그러면 $x_i = \frac{ib}{n}$ $(i = 0, 1, 2, \cdots, n)$, $\Delta x_i = \frac{b}{n}$ $(i = 1, 2, \cdots, n)$이고 $M_i = x_i^2$ $= \frac{i^2b^2}{n^2}$, $m_i = x_{i-1}^2 = \frac{(i-1)^2b^2}{n^2}$ $(i = 1, 2, \cdots, n)$이다. 따라서 $U(f, P_n) = \sum_{i=1}^{n} M_i\,\Delta x_i$ $= \sum_{i=1}^{n}\frac{i^2b^2}{n^2}\cdot\frac{b}{n} = \frac{b^3}{n^3}\sum_{i=1}^{n} i^2 = \frac{b^3}{n^3}\cdot\frac{n(n+1)(2n+1)}{6}$이다. $[0, b]$의 임의의 분할 P에 대하여 $\overline{\int_0^b} f(x)dx \le U(f, P)$이므로 $\overline{\int_0^b} f(x)dx \le U(f, P_n) = \frac{b^3}{n^3}$ $\cdot\frac{n(n+1)(2n+1)}{6}$이다. $\lim_{n\to\infty}\frac{b^3}{n^3}\cdot\frac{n(n+1)(2n+1)}{6} = \frac{b^3}{3}$이므로 $\overline{\int_0^b} f(x)dx$ $\le \frac{b^3}{3}$이다. 한편, $L(f, P_n) = \sum_{i=1}^{n} m_i\,\Delta x_i = \sum_{i=1}^{n}\frac{(i-1)^2b^2}{n^2}\cdot\frac{b}{n} = \frac{b^3}{n^3}\sum_{i=1}^{n}(i-1)^2$ $= \frac{b^3}{n^3}\cdot\frac{(n-1)n(2n-1)}{6}$이다. $[0, b]$의 임의의 분할 P에 대하여 $\underline{\int_0^b} f(x)dx \ge L(f, P)$이므로 $\underline{\int_0^b} f(x)dx \ge L(f, P_n) = \frac{b^3}{n^3}\cdot\frac{(n-1)n(2n-1)}{6}$이다. $\lim_{n\to\infty}\frac{b^3}{n^3}\cdot\frac{(n-1)n(2n-1)}{6} = \frac{b^3}{3}$이므로 $\underline{\int_0^b} f(x)dx \ge \frac{b^3}{3}$이다. 정리 6.5에 의하여 $\frac{b^3}{3} \le \underline{\int_0^b} f(x)dx \le \overline{\int_0^b} f(x)dx \le \frac{b^3}{3}$이다. 따라서 $f(x) = x^2$은 $[0, b]$에서 적분가능하고 $\int_0^b f(x)dx = \frac{b^3}{3}$이다.

3. $P=\{x_0, x_1, x_2, \cdots, x_n\}$을 $[0, 1]$의 임의의 분할이라고 하자. 그러면 $x_{k-1} \le \frac{1}{2} < x_k$인 $k \in \{1, 2, \cdots, n\}$가 존재한다. $M_i = \begin{cases} 0, & i=1, 2, \cdots, k-1 \\ 1, & i=k, k+1, \cdots, n \end{cases}$이고 $m_i = \begin{cases} 0, & i=1, 2, \cdots, k \\ 1, & i=k+1, k+2, \cdots, n \end{cases}$이다. 따라서 $U(f, P) = \sum_{i=k}^{n} \Delta x_i = 1 - x_{k-1}$, $L(f, P) = \sum_{i=k+1}^{n} \Delta x_i = 1 - x_k$이다. $1 - x_k < \frac{1}{2} \le 1 - x_{k-1}$이므로 $L(f, P) < \frac{1}{2} \le U(f, P)$이다. 따라서 $\underline{\int_0^1} f \le \frac{1}{2} \le \overline{\int_0^1} f$ 이다. $1 - x_{k-1} = (1 - x_k) + (x_k - x_{k-1})$이므로 $U(f, P) = L(f, P) + (x_k - x_{k-1})$이다. 임의의 $\epsilon > 0$에 대하여 $\| P \| < \epsilon$인 $[0, 1]$의 분할 P를 택하자. 그러면 $\overline{\int_0^1} f \le U(f, P) < L(f, P) + \epsilon \le \underline{\int_0^1} f + \epsilon$이다. $\epsilon > 0$은 임의의 실수이므로 $\overline{\int_0^1} f \le \underline{\int_0^1} f$ 이다. 따라서 $\overline{\int_0^1} f = \underline{\int_0^1} f = \frac{1}{2}$이다. 그러므로 f는 $[0, 1]$에서 적분가능하고 $\int_0^1 f = \frac{1}{2}$이다.

5. (i) $P = \{x_0, x_1, x_2, \cdots, x_n\}$을 $[a, b]$의 임의의 분할이라고 하자. $m_i = a$, $i = 1, 2, \cdots, n$이므로 $L(f, P) = \sum_{i=1}^{n} m_i \Delta x_i = \sum_{i=1}^{n} a \Delta x_i = a(b-a)$이다.

(ii) (i)에서 $[a, b]$의 임의의 분할 P에 대하여 $L(f, P) = a(b-a)$이므로 $\underline{\int_a^b} f = \sup\{L(f, P) \mid P\text{는 } [a, b]\text{의 분할}\} = a(b-a)$이다.

(iii) $P_n = \{x_0, x_1, x_2, \cdots, x_n\}$을 $[a, b]$의 n등분할이라고 하자. 그러면 $x_i = a + \frac{b-a}{n} i$ $(i = 0, 1, 2, \cdots, n)$, $\Delta x_i = \frac{b-a}{n}$ $(i = 1, 2, \cdots, n)$이고 $M_i = a + \frac{b-a}{n} i$ $(i = 0, 1, 2, \cdots, n)$이다. 따라서 $U(f, P_n) = \sum_{i=1}^{n} M_i \Delta x_i = \sum_{i=1}^{n} \left(a + \frac{b-a}{n} i\right) \frac{b-a}{n}$ $= \frac{a(b-a)}{n} n + \frac{(b-a)^2}{n^2} \sum_{i=1}^{n} i = a(b-a) + \frac{(b-a)^2}{n^2} \frac{n(n+1)}{2} = a(b-a) + \frac{(b-a)^2}{2} + \frac{(b-a)^2}{2n} = \frac{b^2 - a^2}{2} + \frac{(b-a)^2}{2n}$이다.

(iv) (iii)에서 $[a, b]$의 임의의 n등분할 P_n에 대하여 $U(f, P_n) = \frac{b^2 - a^2}{2} + \frac{(b-a)^2}{2n}$이므로 $\overline{\int_a^b} f = \inf_{n \in \mathrm{N}} U(f, P_n) = \lim_{n \to \infty} \left\{ \frac{b^2 - a^2}{2} + \frac{(b-a)^2}{2n} \right\} = \frac{b^2 - a^2}{2}$이다.

6.2

1. (i) f는 $[0, 1]$에서 단조함수이므로 f는 $[0, 1]$에서 적분가능하다.

   (ii) f는 $[0, 1]$에서 유계가 아니므로 f는 $[0, 1]$에서 적분불가능하다.

   (iii) f는 $[0, 1]$에서 연속함수이므로 f는 $[0, 1]$에서 적분가능하다.

   (iv) $P=\{x_0, x_1, x_2, \cdots, x_n\}$을 $[0, 1]$의 임의의 분할이라고 하자. 그러면 $L(f, P) \leq 0$이다. $\frac{2}{\pi} \in [x_{i-1}, x_i]$라고 하자. $\frac{2}{\pi} \leq x \leq 1$이면 $\sin\frac{1}{x} \geq \sin 1$이다. 따라서 $U(f, P) \geq (\sin 1)(1-x_{i-1}) \geq (\sin 1)\left(1-\frac{2}{\pi}\right)$이다. P는 $[0, 1]$의 임의의 분할이므로 $\underline{\int_0^1} f \leq 0$이고 $\overline{\int_0^1} f \geq (\sin 1)\left(1-\frac{2}{\pi}\right) > 0$이다. 따라서 f는 $[0, 1]$에서 적분불가능하다.

3. 한 점 $x_0 \in [a, b]$를 제외하고 $g(x)=f(x)$라고 가정하자. f가 $[a, b]$에서 유계이므로 모든 $x \in [a, b]$에 대하여 $|f(x)| \leq M$이고 $|g(x)| \leq M$인 $M>0$이 존재한다. $\epsilon>0$을 임의의 실수라고 하자. f가 $[a, b]$에서 적분가능하므로 정리 6.7에 의하여 $U(f, P)-L(f, P)<\frac{\epsilon}{3}$을 만족하는 $[a, b]$의 분할 $P=\{x_0, x_1, x_2, \cdots, x_n\}$이 존재한다. 보조정리 6.3에 의하여 $\|P\|<\frac{\epsilon}{12M}$이라고 가정해도 좋다. x_0는 기껏해야 두 구간 $[x_{i-1}, x_i]$에 속하므로 $|U(g, P)-U(f, P)| \leq 2[M-(-M)]\|P\| < \frac{\epsilon}{3}$이다. 같은 방법으로 $|L(g, P)-U(f, P)|<\frac{\epsilon}{3}$이다. 따라서 $U(g, P)-L(g, P)<\epsilon$이다. 정리 6.7에 의하여 g는 $[a, b]$에서 적분가능하다. 한편, $\int_a^b g \leq U(g, P) < U(f, P)+\frac{\epsilon}{3} < L(f, P)+\frac{2\epsilon}{3} \leq \int_a^b f+\frac{2\epsilon}{3}$이다. 같은 방법으로 $\int_a^b g > \int_a^b f-\frac{2\epsilon}{3}$이다. $\epsilon>0$은 임의의 실수이므로 $\int_a^b g \leq \int_a^b f$이고 $\int_a^b g \geq \int_a^b f$이다. 따라서 $\int_a^b f = \int_a^b g$이다. 수학적 귀납법에 의하여 유한개의 $x \in [a, b]$를 제외하고 $g(x)=f(x)$인 경우도 g가 $[a, b]$에서 적분가능하고 $\int_a^b f=\int_a^b g$가 성립한다.

5. 함수 f는 $[-1, 1]$에서 $x=0$을 제외하고 연속이므로 f는 $[-1, 1]$에서 적분가능하다.(연습문제 6.2.4)

7. $\epsilon>0$을 임의의 실수라고 하자. $\lim_{n\to\infty}[U(f, P_n)-L(f, P_n)]=0$이므로 $n \geq N \Rightarrow U(f, P_n)-L(f, P_n)<\epsilon$을 만족하는 자연수 N이 존재한다. 정리 6.7에 의하여 함수 f는 $[a, b]$에서 적분가능하다. 모든 자연수 n에 대하여 $L(f, P_n) \leq \int_a^b f \leq U(f, P_n)$이므로 $0 \leq U(f, P_n)-\int_a^b f \leq U(f, P_n)-L(f, P_n)$이고 $0 \leq \int_a^b f$

$- L(f, P_n) \le U(f, P_n) - L(f, P_n)$이다. 정리 2.8(조임정리)에 의하여 $\int_a^b f = \lim_{n\to\infty} U(f, P_n) = \lim_{n\to\infty} L(f, P_n)$이다.

9. $f : [a, b] \to \mathbb{R}$ 가 유계함수이므로 모든 $x \in [a, b]$에 대하여 $|f(x)| \le M$인 $M > 0$이 존재한다. 임의의 $c \in (a, b)$에 대하여 f가 $[c, b]$에서 적분가능하므로 $\overline{\int_c^b} f = \underline{\int_c^b} f$이다. 따라서 $0 \le \overline{\int_a^b} f - \underline{\int_a^b} f = \left(\overline{\int_a^c} f + \overline{\int_c^b} f\right) - \left(\underline{\int_a^c} f + \underline{\int_c^b} f\right) = \left(\overline{\int_a^c} f - \underline{\int_a^c} f\right) + \left(\overline{\int_c^b} f - \underline{\int_c^b} f\right) = \overline{\int_a^c} f - \underline{\int_a^c} f \le 2M(c-a)$ 이다. 극한 $c \to a^+$를 취하면 $\overline{\int_a^b} f = \underline{\int_a^b} f$이므로 f는 $[a, b]$에서 적분가능하다. 따라서 f는 $[a, c]$에서 적분가능하다. 또한, $\lim_{c\to a^-} \int_c^b f = \lim_{c\to a^-}\left(\int_a^b f - \int_a^c f\right) = \int_a^b f - \lim_{c\to a^-}\int_a^c f = \int_a^b f$이다.

11. 모든 $x \in [a, b]$에 대하여 $f(x) \le g(x) \le h(x)$이므로 $[a, b]$의 임의의 분할 P에 대하여 $U(f, P) \le U(g, P) \le U(h, P)$이다. 따라서 $\overline{\int_a^b} f \le \overline{\int_a^b} g \le \overline{\int_a^b} h$ 이다. 같은 방법으로 $\underline{\int_a^b} f \le \underline{\int_a^b} g \le \underline{\int_a^b} h$ 이다. f와 h가 $[a, b]$에서 적분가능하고 $\int_a^b f = \int_a^b h$ 이므로 $\int_a^b f = \overline{\int_a^b} f = \overline{\int_a^b} g = \overline{\int_a^b} h = \int_a^b h$ 이고 $\int_a^b f = \underline{\int_a^b} f = \underline{\int_a^b} g = \underline{\int_a^b} h = \int_a^b h$ 이다. 따라서 g도 $[a, b]$에서 적분가능하고 $\int_a^b g = \int_a^b f = \int_a^b h$이다.

13. 부분적분법에 의하여 $\int_0^{1/2} x f'(x)\,dx = [x f(x)]_0^{1/2} - \int_0^{1/2} f(x)\,dx = \frac{1}{2} f\left(\frac{1}{2}\right) - \int_0^{1/2} f(x)\,dx$ 이고 $\int_{1/2}^1 (1-x) f'(x)\,dx = [(1-x)f(x)]_{1/2}^1 + \int_{1/2}^1 f(x)\,dx = -\frac{1}{2} f\left(\frac{1}{2}\right) + \int_{1/2}^1 f(x)\,dx$이다. 따라서 $\int_0^{1/2} x f'(x)\,dx - \int_{1/2}^1 (1-x) f'(x)\,dx + \int_0^1 f(x)dx = f\left(\frac{1}{2}\right)$이다. 그러므로 $\left|f\left(\frac{1}{2}\right)\right| \le \int_0^{1/2} |x||f'(x)|\,dx + \int_{1/2}^1 |1-x|\,|f'(x)|\,dx + \int_0^1 |f(x)|\,dx \le \frac{1}{2}\int_0^{1/2} |f'(x)|\,dx + \frac{1}{2}\int_{1/2}^1 |f'(x)|\,dx + \int_0^1 |f(x)|\,dx = \int_0^1 |f(x)|\,dx + \frac{1}{2}\int_0^1 |f'(x)|\,dx$이다.

15. $f(x_0) > 0$인 $x_0 \in [a, b]$가 존재한다고 가정하자. $x_0 \in (a, b)$이면 f가 x_0에서 연속이므로 보조정리 4.9에 의하여 $|x - x_0| < \delta \Rightarrow f(x) > \frac{1}{2} f(x_0)$를 만족하는 $\delta > 0$ $(a < x_0 - \delta < x_0 + \delta < b)$가 존재한다. $|x - x_0| < \delta$인 x에 대하여 $g(x) = \frac{1}{2} f(x_0)$

로 두고 그렇지 않은 x에 대하여 $g(x)=0$으로 두자. 그러면 모든 $x\in[a,\ b]$에 대하여 $f(x)\ge g(x)$이다. 따름정리 6.13에 의하여 $\int_a^b f(x)\,dx \ge \int_a^b g(x)\,dx = \delta f(x_0) > 0$이다. 이것은 가정에 모순이다. $x_0 = a$ 또는 $x_0 = b$인 경우도 같은 방법으로 가정에 모순이 됨을 보일 수 있다. 따라서 모든 $x\in[a,\ b]$에 대하여 $f(x)=0$이다.

6.3

1. 로피탈의 법칙과 정리 6.20에 의하여 $\lim_{x\to a}\frac{x}{x-a}\int_a^x f(t)dt = \lim_{x\to a}\left\{\int_a^x f(t)dt + xf(x)\right\}$ $= xf(x)$이다.

3. $u(x)=x^2$으로 두면 $u'(x)=2x$이다. 치환적분법에 의하여 $\int_{-1}^{1} xf(x^2)dx = \frac{1}{2}\int_1^1 f(u)du$ $=0$이다.

5. $\lim_{n\to\infty}\sum_{k=1}^{n}\frac{n}{k^2+n^2} = \lim_{n\to\infty}\frac{1}{n}\sum_{k=1}^{n}\frac{1}{\left(\frac{k}{n}\right)^2+1} = \int_0^1\frac{1}{1+x^2}dx = \left[\tan^{-1}x\right]_0^1 = \frac{\pi}{4}$

7. $\epsilon>0$을 임의의 실수라고 하자. f가 $[a,\ b]$에서 연속이므로 모든 $x\in[c,\ d]$에 대하여 $M-\epsilon<|f(x)|\le M$인 $[a,\ b]$의 부분구간 $[c,\ d]$가 존재한다. 따라서 $(M-\epsilon)^n(d-c)$ $\le \int_a^b |f(x)|^n\,dx \le M^n(b-a)$이고 $(M-\epsilon)(d-c)^{\frac{1}{n}} \le \left(\int_a^b |f(x)|^n\,dx\right)^{\frac{1}{n}} \le M$ $(b-a)^{\frac{1}{n}}$이다. 그러므로 $(M-\epsilon)\le \lim_{n\to\infty}\left(\int_a^b |f(x)|^n\,dx\right)^{\frac{1}{n}} \le M$이다. $\epsilon>0$은 임의의 실수이므로 $\lim_{n\to\infty}\left(\int_a^b |f(x)|^n\,dx\right)^{\frac{1}{n}} = M$이다.

9. (i) $F'(x) = 3x^2\sqrt{x^6+4x^3+5} - 2x\sqrt{x^4+1}$

   (ii) $F'(x) = \cos(\sin x)\cdot\cos x - 2x\cos x^2$

11. 함수 f가 $[a,\ b]$에서 연속이므로 모든 $x\in[a,\ b]$에 대하여 $|f(x)|\le K$인 $K>0$가 존재한다. 따라서 모든 $x\in[a,\ b]$에 대하여 $|f(x)|\le M\int_a^x |f(t)|dt \le M\int_a^x K\,dt$ $= MK(x-a)$이다. 수학적 귀납법에 의하여 모든 자연수 n에 대하여 $|f(x)|$ $\le \frac{M^nK(x-a)^n}{n!}$이다. 따라서 모든 $x\in[a,\ b]$에 대하여 $|f(x)|\le\frac{M^nK(b-a)^n}{n!}$이다. $\lim_{n\to\infty}\frac{M^n(b-a)^n}{n!}=0$이므로 모든 $x\in[a,\ b]$에 대하여 $f(x)=0$이다.

13. 임의의 실수 λ에 대하여 $\int_a^b \{f(x)+\lambda g(x)\}^2 dx = \int_a^b \{f(x)\}^2 dx + 2\lambda \int_a^b f(x)g(x)dx$ $+\lambda^2 \int_a^b \{g(x)\}^2 dx \geq 0$이다.
따라서 판별식 $D/4 = \left\{\int_a^b f(x)g(x)dx\right\}^2 - \left[\int_a^b \{f(x)\}^2 dx\right]\left[\int_a^b \{g(x)\}^2 dx\right] \leq 0$
즉, $\left\{\int_a^b f(x)g(x)dx\right\}^2 \leq \left[\int_a^b \{f(x)\}^2 dx\right]\left[\int_a^b \{g(x)\}^2 dx\right]$이다.

6.4

1. (i) $\frac{1}{\ln 2}$ (ii) 2 (iii) $\frac{\pi}{2}$ (iv) -1

3. $0 \leq \frac{\sin^2 x}{x^2} \leq \frac{1}{x^2}$, $x \in [1, \infty)$이고 $\int_1^\infty \frac{1}{x^2} dx = \lim_{b\to\infty} \int_1^b \frac{1}{x^2} dx = \lim_{b\to\infty} \left[-\frac{1}{x}\right]_1^b$ $= \lim_{b\to\infty}\left(-\frac{1}{b}+1\right) = 1$(수렴)이므로 비교판정법에 의하여 $\int_1^\infty \frac{\sin^2 x}{x^2} dx$도 수렴한다.

5. $L \neq 0$라고 가정하자. $L < 0$이면 $\lim_{x\to\infty} f(x) = L$이므로 $x > M \Rightarrow |f(x)-L| < -\frac{L}{2}$ 즉, $\frac{3L}{2} < f(x) < \frac{L}{2}$을 만족하는 $M > 0$이 존재한다. 따라서 $\int_0^\infty f = \int_0^M f + \int_M^\infty f$ $\leq \int_0^M f + \int_M^\infty \frac{L}{2} dx = -\infty$이다. 즉, $\int_0^\infty f = -\infty$이다. 이것은 가정에 모순이다. 같은 방법으로 $L > 0$이면 $\int_0^\infty f = \infty$가 되어 가정에 모순이다. 따라서 $L = 0$이다.

7. $t = x^n (0 \leq x < \infty)$으로 두면 $\int_1^\infty f(x^n)dx = \frac{1}{n}\int_1^\infty f(t)\frac{1}{t^{1-1/n}}dt$이다. 모든 $t \in [1, \infty)$에 대하여 $0 < \frac{1}{t^{1-1/n}} \leq 1$이므로 $\left|\int_1^\infty f(x^n)dx\right| \leq \frac{1}{n}\int_1^\infty |f(t)|\frac{1}{t^{1-1/n}}dt$ $\leq \frac{1}{n}\int_1^\infty |f(t)|dt$이다. $\int_1^\infty |f(t)|dt$이 수렴하므로 $\lim_{n\to\infty}\left|\int_1^\infty f(x^n)dx\right| \leq \lim_{n\to\infty}\frac{1}{n}$ $\int_1^\infty |f(t)|dt = 0$이다. 따라서 $\lim_{n\to\infty}\int_1^\infty f(x^n)dx = 0$이다.

6.5

1. $P = \{x_0, x_1, x_2, \cdots, x_n\}$을 $[a, b]$의 임의의 분할이라고 하자. 그러면 $M_i = 1$, $m_i = 0 (i = 1, 2, \cdots, n)$이다. $U(f, \alpha, P) = \sum_{i=1}^n M_i \Delta\alpha_i = \sum_{i=1}^n \Delta\alpha_i = \alpha(b) - \alpha(a) > 0$

이고 $L(f, \alpha, P)= \sum_{i=1}^{n} m_i \Delta\alpha_i = 0$이다. 따라서 $\overline{\int_a^b} f\, d\alpha = \alpha(b) - \alpha(a) > 0 = \underline{\int_a^b} f\, d\alpha$이다. 그러므로 f는 $[a, b]$에서 α에 관하여 Riemann-Stieltjes 적분불가능하다.

3. $\int_0^{10} (x^2 - 5)\, d[\![x]\!] = \sum_{k=1}^{10} (k^2 - 5) = 335$

5. 우선, $f:[a, b] \to \mathbb{R}$가 $[a, b]$에서 α에 관하여 Riemann-Stieltjes 적분가능하면 f^2도 $[a, b]$에서 α에 관하여 Riemann-Stieltjes 적분가능함을 보이자. $f:[a, b] \to \mathbb{R}$가 유계함수이므로 모든 $x \in [a, b]$에 대하여 $|f(x)| \le M$인 $M > 0$이 존재한다. $P = \{x_0, x_1, x_2, \cdots, x_n\}$을 $[a, b]$의 임의의 분할이라고 하자. $M_i(f^2) = \sup\{f^2(x) \mid x \in [x_{i-1}, x_i]\}$, $m_i(f^2) = \inf\{f^2(x) \mid x \in [x_{i-1}, x_i]\}$, $M_i(f) = \sup\{f(x) \mid x \in [x_{i-1}, x_i]\}$, $m_i(f) = \inf\{f(x) \mid x \in [x_{i-1}, x_i]\}$ $(i = 1, 2, \cdots, n)$으로 두자. $\epsilon > 0$을 임의의 실수라고 하자. $i = 1, 2, \cdots, n$에 대하여 $M_i(f^2) < f^2(s_i) + \frac{\epsilon}{2}$와 $m_i(f^2) > f^2(t_i) - \frac{\epsilon}{2}$을 만족하는 $s_i, t_i \in [x_{i-1}, x_i]$가 존재한다. 따라서 $0 \le M_i(f^2) - m_i(f^2) < f^2(s_i) - f^2(t_i) + \epsilon \le |f(s_i) + f(t_i)||f(s_i) - f(t_i)| + \epsilon \le 2M[M_i(f) - m_i(f)] + \epsilon$이다. $\epsilon > 0$을 임의의 실수이므로 $0 \le M_i(f^2) - m_i(f^2) \le 2M[M_i(f) - m_i(f)]$이다. 따라서 $0 \le U(f^2, \alpha, P) - L(f^2, \alpha, P) \le 2M[U(f, \alpha, P) - L(f, \alpha, P)]$이다. f가 $[a, b]$에서 α에 관하여 Riemann-Stieltjes 적분가능하므로 정리 6.33에 의하여 임의의 $\epsilon > 0$에 대하여 $U(f, \alpha, P) - L(f, \alpha, P) < \frac{\epsilon}{2M}$인 $[a, b]$의 분할 P가 존재한다. 같은 분할 P에 대하여 $U(f^2, \alpha, P) - L(f^2, \alpha, P) < \epsilon$이다. 정리 6.33에 의하여 f^2은 $[a, b]$에서 α에 관하여 Riemann-Stieltjes 적분가능하다. f와 g가 $[a, b]$에서 α에 관하여 Riemann-Stieltjes 적분가능하면 정리 6.36과 위의 결과에 의하여 $(f+g)^2$, f^2, g^2도 $[a, b]$에서 α에 관하여 Riemann-Stieltjes 적분가능하다. $fg = \frac{1}{2}\{(f+g)^2 - f^2 - g^2\}$이므로 fg도 $[a, b]$에서 α에 관하여 Riemann-Stieltjes 적분가능하다.

7. $\alpha: [a, b] \to \mathbb{R}$가 상수함수이면 모든 $c \in [a, b]$에 대하여 $\int_a^b f\, d\alpha = f(c)[\alpha(b) - \alpha(a)] = 0$이다. $\alpha: [a, b] \to \mathbb{R}$가 상수함수가 아니라고 하자. 그러면 $\alpha(a) < \alpha(b)$이다. f가 $[a, b]$에서 연속이므로 최대·최소값 정리에 의하여 $f(x_1) = m$, $f(x_2) = M$인 $x_1, x_2 \in [a, b]$가 존재한다. 여기서 $M = \sup\{f(x) \mid a \le x \le b\}$, $m = \inf\{f(x) \mid a \le x \le b\}$이다. 모든 $x \in [a, b]$에 대하여 $m \le f(x) \le M$이므로 정리 6.36에 의하여 $m[\alpha(b) - \alpha(a)] \le \int_a^b f\, d\alpha \le M[\alpha(b) - \alpha(a)]$이다. 따라서 $m \le \frac{1}{\alpha(b) - \alpha(a)} \int_a^b f\, d\alpha \le M$이다. f가 $[a, b]$에서 연속이므로 중간값 정리에 의하여 $f(c)$

$= \dfrac{1}{\alpha(b)-\alpha(a)}\int_a^b f d\alpha$인 점 c가 x_1과 x_2 사이에 존재한다. 즉, $\int_a^b f\,d\alpha = f(c)[\alpha(b) - \alpha(a)]$인 점 $c \in [a, b]$가 존재한다.

제 7 장 (무한급수)

7.1

1. (i) 수렴, 급수의 합: $\dfrac{8}{9}$ (ii) 발산 (iii) 수렴, 급수의 합: 6

3. $-1 \le x \le 1$일 때 주어진 급수는 수렴하고, $x = \pm 1$일 때 급수의 합은 0이고 $|x| < 1$일 때 급수의 합은 -1이다.

5. $\lim\limits_{n\to\infty} a_n = \lim\limits_{n\to\infty}(\sqrt{n+1} - \sqrt{n}) = \lim\limits_{n\to\infty}\dfrac{1}{\sqrt{n+1}+\sqrt{n}} = 0$이다. 한편, $S_n = \sum\limits_{k=1}^{n} a_k = (\sqrt{2}-1)+(\sqrt{3}-\sqrt{2})+\cdots+(\sqrt{n+1}-\sqrt{n}) = \sqrt{n+1}-1$이므로 $\lim\limits_{n\to\infty} S_n = \lim\limits_{n\to\infty}(\sqrt{n+1}-1) = \infty$이다. 따라서 $\sum\limits_{n=1}^{\infty} a_n$은 발산한다.

7.2

1. (i) 수렴 (ii) 발산 (iii) 발산 (iv) 수렴 (v) 수렴
(vi) 수렴 (vii) 수렴 (viii) 수렴 (ix) 수렴 (x) 수렴

3. 급수 $\dfrac{1}{1^2}+\dfrac{1}{2^3}+\dfrac{1}{3^2}+\dfrac{1}{4^3}+\cdots$의 n번째 항을 a_n이라고 하면 $0 \le a_n \le \dfrac{1}{n^2}$, $n = 1, 2, 3, \cdots$이다. $\sum\limits_{n=1}^{\infty}\dfrac{1}{n^2}$이 수렴하므로 비교판정법에 의하여 급수 $\dfrac{1}{1^2}+\dfrac{1}{2^3}+\dfrac{1}{3^2}+\dfrac{1}{4^3}+\cdots$은 수렴한다.

5. $\{b_n\}$이 유계인 증가수열이라고 하자. 정리 2.10에 의하여 수열 $\{b_n\}$은 수렴한다. $\lim\limits_{n\to\infty} b_n = b$로 두자. 한편, 급수 $\sum\limits_{n=1}^{\infty} a_n$이 수렴하므로 부분합의 수열 $\{S_n\}$은 수렴한다. 따라서 $\{S_n\}$은 유계이다. 그러므로 모든 자연수 n에 대하여 $|S_n| \le M$인 $M > 0$이 존재한다. $\epsilon > 0$을 임의의 실수라고 하자. $\lim\limits_{n\to\infty}(b - b_n) = 0$이므로 $n \ge N$

$\Rightarrow 0 < b - b_n < \dfrac{\epsilon}{2M}$을 만족하는 자연수 N이 존재한다. 따라서 $m > n \geq N$
$\Rightarrow \left| \sum_{k=n+1}^{m} a_k(b-b_k) \right| = \left| \sum_{k=n+1}^{m-1} S_k[(b-b_k)-(b-b_{k+1})] + S_m(b-b_m) \right.$
$\left. - S_n(b-b_{n+1}) \right| \leq \sum_{k=n+1}^{m-1} |S_k|[(b-b_k)-(b-b_{k+1})] + |S_m|(b-b_m) + |S_n|(b-b_{n+1})$
$\leq M\left(\sum_{k=n+1}^{m-1} [(b-b_k)-(b-b_{k+1})] + (b-b_m) + (b-b_{n+1}) \right) = 2M(b-b_{n+1}) < \epsilon$
이다. 정리 7.5에 의하여 급수 $\sum_{n=1}^{\infty} a_n(b-b_n)$은 수렴한다. 급수 $\sum_{n=1}^{\infty} ba_n$이 수렴하므로 정리 7.4에 의하여 $\sum_{n=1}^{\infty} a_n b_n$도 수렴한다.

7. $\lim_{n\to\infty} \dfrac{\sin^3(1/n)}{1/n^3} = \lim_{n\to\infty} \left\{ \dfrac{\sin(1/n)}{1/n} \right\}^3 = 1$이고 급수 $\sum_{n=1}^{\infty} \dfrac{1}{n^3}$이 수렴하므로 극한비교판정법(연습문제 7.2.4)에 의하여 급수 $\sum_{n=1}^{\infty} \sin^3 \dfrac{1}{n}$은 수렴한다.

9. 주어진 급수의 n번째 항을 a_n이라고 하면 $\sqrt[n]{a_n} = \begin{cases} a^{\frac{n+1}{n}}, & n\text{이 홀수} \\ a^{\frac{n-1}{n}}, & n\text{이 짝수} \end{cases}$ 이다. 따라서 $\lim_{n\to\infty} \sqrt[n]{a_n} = a < 1$이다. 근판정법에 의하여 주어진 급수는 수렴한다.

7.3

1. (i) 조건수렴 (ii) 조건수렴 (iii) 절대수렴 (iv) 발산 (v) 절대수렴
(vi) 절대수렴 (vii) 절대수렴 (viii) 발산 (ix) 절대수렴 (x) 절대수렴

3. $\lim_{n\to\infty} \dfrac{\sin|a_n|}{|a_n|} = \lim_{x\to 0^-} \dfrac{\sin x}{x} = 1$이므로 극한비교판정법(연습문제 7.2.4)에 의하여 $\sum_{n=1}^{\infty} \sin|a_n|$이 수렴할 필요충분조건은 $\sum_{n=1}^{\infty} |a_n|$이 수렴하는 것이다.

5. 주어진 급수의 $3n$번째 부분합은 $S_{3n} = \sum_{k=0}^{n-1}\left(\dfrac{1}{3k+1} + \dfrac{1}{3k+2} - \dfrac{1}{3k+3} \right) \geq \sum_{k=0}^{n-1} \dfrac{1}{3k+1}$ $\geq \sum_{k=0}^{n-1} \dfrac{1}{3k+3} = 3\sum_{k=1}^{n} \dfrac{1}{k}$이다. $T_n = \sum_{k=1}^{n} \dfrac{1}{k}$로 두면 $\sum_{n=1}^{\infty} \dfrac{1}{n}$이 발산하므로 $\lim_{n\to\infty} T_n$은 ∞로 발산한다. 따라서 $\lim_{n\to\infty} S_{3n}$도 ∞로 발산한다. 그러므로 주어진 급수는 발산한다.

7. 모든 자연수 n에 대하여 $|a_n b_n| \leq \dfrac{1}{2}(a_n^2 + b_n^2)$이고 급수 $\sum_{n=1}^{\infty} a_n^2$과 $\sum_{n=1}^{\infty} b_n^2$이 수렴이 수렴하므로 비교판정법에 의하여 급수 $\sum_{n=1}^{\infty} |a_n b_n|$이 수렴한다. 따라서 급수 $\sum_{n=1}^{\infty} a_n b_n$이 절대수렴한다.

제 8 장 (함수열과 함수급수)

8.1

1. (i) $f(x)=\begin{cases}\frac{1}{2}, & x=\pm 1\\ 0, & x\in(-1,\ 1)\end{cases}$, 점별수렴이지만 균등수렴이 아니다.

   (ii) $f(x)=0,\ x\in\mathbb{R}$, 균등수렴이다.

   (iii) $f(x)=\frac{1}{x},\ x\in(0,\ 1]$, 점별수렴이지만 균등수렴이 아니다.

   (iv) $f(x)=\frac{1}{2},\ x\in\mathbb{R}$, 균등수렴이다.

   (v) $f(x)=0,\ x\in[0,\ 1]$, 점별수렴이지만 균등수렴이 아니다.

   (vi) $f(x)=|x|,\ x\in[-1,\ 1]$, 균등수렴이다.

3. (i) $\epsilon>0$을 임의의 실수라고 하자. 함수열 $\{f_n\}$과 $\{g_n\}$이 구간 I에서 각각 함수 f와 g로 균등수렴하므로, $n\geq N_1$, $n\geq N_2$이면 모든 $x\in I$에 대하여 $|f_n(x)-f(x)|<\frac{\epsilon}{2}$, $|g_n(x)-g(x)|<\frac{\epsilon}{2}$을 만족하는 자연수 N_1과 N_2가 존재한다. $N=\max(N_1,\ N_2)$로 두자. $n\geq N$이면 모든 $x\in I$에 대하여 $|(f_n+g_n)(x)-(f+g)(x)|\leq|f_n(x)-f(x)|+|g_n(x)-g(x)|<\epsilon$이다. 따라서 함수열 $\{f_n+g_n\}$은 구간 I에서 $f+g$로 균등수렴한다.

   (ii) $\alpha=0$인 경우는 명백하다. $\alpha\neq 0$라고 하고 $\epsilon>0$을 임의의 실수라고 하자. 함수열 $\{f_n\}$이 구간 I에서 함수 f로 균등수렴하므로, $n\geq N$이면 모든 $x\in I$에 대하여 $|f_n(x)-f(x)|<\frac{\epsilon}{|\alpha|}$을 만족하는 자연수 N이 존재한다. 따라서 $n\geq N$이면 모든 $x\in I$에 대하여 $|(\alpha f_n)(x)-(\alpha f)(x)|=|\alpha||f_n(x)-f(x)|<\epsilon$이다. 따라서 함수열 $\{\alpha f_n\}$은 구간 I에서 αf로 균등수렴한다.

5. (i) 점별수렴이지만 균등수렴이 아니다.

   (ii) 균등수렴이다.

   (iii) 균등수렴이다.

   (iv) 균등수렴이다.

7. $\epsilon>0$을 임의의 실수라고 하자. $S_n=\sum_{k=1}^{n}f_k$, $T_n=\sum_{k=1}^{n}g_k(n=1,\ 2,\ 3,\ \cdots)$으로 두면 $S_n+T_n=\sum_{k=1}^{n}(f_k+g_k)(n=1,\ 2,\ 3,\ \cdots)$이다. 함수급수 $\sum_{k=1}^{\infty}f_k$과 $\sum_{k=1}^{\infty}g_k$가 구간 I에서 균등수렴하므로 부분합의 함수열 $\{S_n\}$과 $\{T_n\}$이 구간 I에서 균등수렴한다. 정리 8.3에 의하여, $m,\ n\geq N_1$, $m,\ n\geq N_2$이면 모든 $x\in I$에 대하여

$|S_n(x)-S_m(x)|<\frac{\epsilon}{2}$, $|T_n(x)-T_m(x)|<\frac{\epsilon}{2}$을 만족하는 자연수 N_1과 N_2가 존재한다. $N=\max(N_1, N_2)$로 두면 $m, n\ge N$이면 모든 $x\in I$에 대하여 $|(S_n+T_n)(x)-(S_m+T_m)(x)|<\epsilon$이다. 정리 8.3에 의하여 함수급수 $\sum_{k=1}^{\infty}(f_k+g_k)$의 부분합의 함수열 $\{S_n+T_n\}$이 구간 I에서 균등수렴한다. 따라서 $\sum_{k=1}^{\infty}(f_k+g_k)$은 구간 I에서 균등수렴한다.

9. 모든 $x\in\mathbb{R}$와 모든 자연수 k에 대하여 $|a_k\sin kx|\le|a_k|$, $|a_k\cos kx|\le|a_k|$이고 $\sum_{k=1}^{\infty}|a_k|$가 수렴하므로 Weierstrass M-판정법에 의하여 함수급수 $\sum_{k=1}^{\infty}a_k\sin kx$와 $\sum_{k=1}^{\infty}a_k\cos kx$가 $\mathbb{R}$에서 균등수렴한다.

8.2

1. (i) $\{f_n\}$이 구간 I에서 f로 균등수렴하므로, $n\ge N$이면 모든 $x\in I$에 대하여 $|f_n(x)-f(x)|<1$을 만족하는 자연수 N이 존재한다. 특히, 모든 $x\in I$에 대하여 $|f_N(x)-f(x)|<1$이다. 함수 f_N이 구간 I에서 유계이므로 모든 $x\in I$에 대하여 $|f_N(x)|\le M$인 $M>0$이 존재한다. 따라서 모든 $x\in I$에 대하여 $|f(x)|\le|f(x)-f_N(x)|+|f_N(x)|<1+M$이다. 그러므로 f는 구간 I에서 유계이다.

(ii) $f_n(x)=\begin{cases}\frac{1}{x}, & x>\frac{1}{n}\\ 0, & x\le\frac{1}{n}\end{cases}$, $f(x)=\begin{cases}\frac{1}{x}, & x>0\\ 0, & x\le 0\end{cases}$로 두면 모든 자연수 n에 대하여 f_n은 $\mathbb{R}$에서 유계함수이고 함수열 $\{f_n\}$이 $\mathbb{R}$에서 함수 f로 점별수렴한다. 그러나 f는 $\mathbb{R}$에서 유계함수가 아니다.

3. 함수열 $\{f_n\}$은 $[0, 1]$에서 $f=0$으로 점별수렴함을 알 수 있다. $f_n'(x)=x^{n-1}\{n-(n+1)x\}=0$으로부터 $x=0,\ \frac{n}{n+1}$을 얻는다. 함수 $f_n(x)$는 $x=\frac{n}{n+1}$에서 최대값을 가지고 $x=0$에서 최소값을 가진다. $f_n\left(\frac{n}{n+1}\right)=\frac{1}{n+1}\left(\frac{n}{n+1}\right)^n$이므로 $A_n=\sup_{x\in[0,1]}|f_n(x)-f(x)|=\sup_{x\in[0,1]}f_n(x)=\frac{1}{n+1}\left(\frac{n}{n+1}\right)^n$이다.

따라서 $\lim_{n\to\infty}A_n=\lim_{n\to\infty}\frac{1}{n+1}\left(\frac{n}{n+1}\right)^n=\lim_{n\to\infty}\frac{1}{n+1}\left(\frac{1}{1+\frac{1}{n}}\right)^n=0\cdot\frac{1}{e}=0$이므로 함수열 $\{f_n\}$은 $[0, 1]$에서 $f=0$으로 균등수렴한다. 모든 자연수 n에 대하여 $f_n'(x)=x^{n-1}\{n-(n+1)x\}$, $x\in[0, 1]$이므로 $\lim_{n\to\infty}f_n'(x)=\begin{cases}0, & 0\le x<1\\ -1, & x=1\end{cases}$ 이다.

5. $\epsilon > 0$을 임의의 실수라고 하자. 함수 f가 $\mathbb{R}$에서 균등연속이므로 $|x-y| < \delta \Rightarrow |f(x) - f(y)| < \epsilon$을 만족하는 $\delta > 0$가 존재한다. $N > \dfrac{1}{\delta}$인 자연수 N을 택하자. $n \geq N$이면 모든 $x \in \mathbb{R}$에 대하여 $|f_n(x) - f(x)| = \left|f\left(x + \dfrac{1}{n}\right) - f(x)\right| < \epsilon$이다. 따라서 함수열 $\{f_n\}$은 $\mathbb{R}$에서 f로 균등수렴한다.

7. 함수열 $\{f_n\}$은 $\mathbb{R}$에서 $f = 0$으로 점별수렴한다. 임의의 자연수 n에 대하여 $A_n = \sup_{x \in \mathbb{R}} |f_n(x) - f(x)| = \sup_{x \in \mathbb{R}} f_n(x) = \dfrac{1}{n}$이다. 따라서 $\lim\limits_{n \to \infty} A_n = \lim\limits_{n \to \infty} \dfrac{1}{n} = 0$이다. 그러므로 함수열 $\{f_n\}$은 $\mathbb{R}$에서 영함수 $f = 0$으로 균등수렴한다. 임의의 자연수 n에 대하여 $\displaystyle\int_{-\infty}^{\infty} f_n(x)dx = 1$이므로 $\displaystyle\int_{-\infty}^{\infty} f(x)dx = 0 \neq 1 = \lim_{n \to \infty} \int_{-\infty}^{\infty} f_n(x)dx$이다.

9. 함수열 $\{f_n\}$은 $[0, 1]$에서 $f = 0$으로 점별수렴한다. 임의의 자연수 n에 대하여 $A_n = \sup_{x \in [0,1]} |f_n(x) - f(x)| = \sup_{x \in [0,1]} f_n(x) = \dfrac{1}{n}$이다. 따라서 $\lim\limits_{n \to \infty} A_n = \lim\limits_{n \to \infty} \dfrac{1}{n} = 0$이다. 그러므로 함수열 $\{f_n\}$은 $[0, 1]$에서 $f = 0$으로 균등수렴한다. 임의의 자연수 n에 대하여 $f_n'(x) = x^{n-1}$, $x \in [0, 1]$이다. 따라서 함수열 $\{f_n'(x)\}$는 $[0, 1]$에서 함수 $g(x) = \begin{cases} 0, & x \in [0, 1) \\ 1, & x = 1 \end{cases}$로 점별수렴한다. 따라서 $\lim\limits_{n \to \infty} f_n'(1) = 1 \neq 0 = f'(1)$이다.

8.3

1. (i) 수렴반경: 3, 수렴구간: $(-3, 3)$
   (ii) 수렴반경: $\sqrt[3]{2}$, 수렴구간: $(-\sqrt[3]{2}, \sqrt[3]{2})$
   (iii) 수렴반경: 1, 수렴구간: $[-1, 1)$
   (iv) 수렴반경: ∞, 수렴구간: $(-\infty, \infty)$
   (v) 수렴반경: 3, 수렴구간: $(-2, 4]$
   (vi) 수렴반경: 0, 수렴구간: $\{-5\}$

3. $\dfrac{\sqrt{3}}{2} + \dfrac{1}{2}\left(x - \dfrac{\pi}{3}\right) - \dfrac{\sqrt{3}}{2}\dfrac{\left(x - \dfrac{\pi}{3}\right)^2}{2!} - \dfrac{1}{2}\dfrac{\left(x - \dfrac{\pi}{3}\right)^3}{3!} + \dfrac{\sqrt{3}}{2}\dfrac{\left(x - \dfrac{\pi}{3}\right)^4}{4!} + \cdots$,
수렴구간: $(-\infty, \infty)$

5. $x + \dfrac{1}{2} \cdot \dfrac{x^3}{3} + \dfrac{1 \cdot 3}{2 \cdot 4} \cdot \dfrac{x^5}{5} + \cdots \ (-1 < x < 1)$

찾아보기

ㅅ

ㅇ

ㅈ

박춘기
강원대학교 자연과학대학 수리정보학부 교수

해석학 탐구

2007년 2월 20일 초판 인쇄
2007년 2월 26일 초판 발행

저 자 / 박춘기
발행자 / 오판근
발행처 / 교우사

주 소 / 서울 동대문구 제기2동 148-19
전 화 / 925-2861, 929-4865
팩 스 / 925-2860
E-mail / kw2861 @ chollian. net
http: // www. kyowoo. co. kr
등록 / 1994. 3. 24 제6-0256호

ISBN 978-89-8172-661-4 (93410)

값 16,000원